大学物理教程（上册）

（第二版）

主　编　徐江荣　石小燕　赵超樱

科学出版社

北京

内 容 简 介

本书是浙江省精品课程"大学物理"的配套教材,也是浙江省高校重点建设教材,分上册、下册和习题集三册出版。本书为上册,内容包括力学篇和电磁学篇,其中力学篇包括质点运动学、质点动力学、刚体力学基础和相对论,电磁学篇系统地介绍静电场、稳恒磁场、变化的电场与变化的磁场。与本书配套的习题集,按教学单元划分,用于每周课堂或课后学生的检测和练习之用。

本书可作为普通高等学校理工类各专业的大学物理教材,也可作为普通高等学校非物理类专业的物理教材或教学参考书。

图书在版编目(CIP)数据

大学物理教程. 上册 / 徐江荣, 石小燕, 赵超樱主编. —2 版. —北京: 科学出版社, 2023.8

ISBN 978-7-03-075928-3

Ⅰ. ①大⋯ Ⅱ. ①徐⋯ ②石⋯ ③赵⋯ Ⅲ. ①物理学-高等学校-教材 Ⅳ. ①O4

中国国家版本馆 CIP 数据核字(2023)第 118304 号

责任编辑:冯 涛 杨 昕 / 责任校对:赵丽杰
责任印制:吕春珉 / 封面设计:东方人华平面设计部

科学出版社 出版
北京东黄城根北街 16 号
邮政编码:100717
http://www.sciencep.com

三河市中晟雅豪印务有限公司印刷
科学出版社发行 各地新华书店经销
*

2010 年 2 月第 一 版	开本:787×1092 1/16
2023 年 8 月第 二 版	印张:17 1/2
2024 年 1 月第二十次印刷	字数:413 000

定价:59.00 元
(如有印装质量问题,我社负责调换〈中晟雅豪〉)
销售部电话 010-62136230 编辑部电话 010-62135397-2032

版权所有,侵权必究

第二版前言

教育是国之大计、党之大计，教育、科技、人才是全面建设社会主义现代化国家的基础性、战略性支撑。全面建设社会主义现代化国家，必须坚持科技是第一生产力、人才是第一资源、创新是第一动力，深入实施科教兴国战略、人才强国战略、创新驱动发展战略。高等教育人才培养要树立质量意识、抓好质量建设、全面提高人才自主培养质量。

物理学是研究物质的基本结构、基本运动形式以及相互作用的学科，其基本理论渗透和应用于现代科学技术的各个领域，是其他自然科学和工程技术各专业的基础，是现代高新技术产生的重要源泉。在追求真理、探索世界的过程中，物理学发展形成了一系列科学的世界观和方法论，深刻地影响着人类对物质世界的基本认识及其思维方式。以物理学基础为内容的"大学物理"课程是高等学校各专业的一门重要的通识性必修基础课。该课程所教授的基本概念、基本理论和基本方法是构成学生科学素养的重要组成部分，是一名科学工作者和工程技术人员所必备的基础知识。

基于此，编者团队根据近年来大学物理教学实际和教学改革的经验和需要做出修订计划，在《大学物理教程》第一版的基础上，将内容分解为基础内容和扩展内容。基础内容延续第一版特色，以常规教学内容为主，保持其知识体系和逻辑框架；依据教学实践确定核心教学内容，特色是体系完整，适合普通工科大学学生的学习需求。书中的仿宋体文字是扩展内容，可选择性阅读，具体包括比较难的经典内容、比较重要的现代物理新知识、工程上的最新应用技术，是物理学中有趣的或重要的应用。扩展内容可以利用大学物理知识进行分析，具有可教性。此外，配套的习题集经过多届学生使用，反响很好，仍旧继续沿用。

本书在第一版的基础上所作的修改，体现在以下几个方面：

（1）增加了相关的数学基础知识，如矢量、矢量的运算；对微积分计算力学问题时的数学技巧做了总结梳理；增加了一些物理概念及知识点，如非惯性系和惯性力的概念、陀螺进动相关内容、麦克斯韦方程组简介、圆偏振光和椭圆偏振光等。删除了第一版中"第六篇 非线性物理与激光技术"的相关内容。

（2）增加了能代表、展示体现我国大国工程和重要科技进展的阅读文档，突出教材内容的实用性、先进性。

（3）遴选了我国物理学界的多位科学家，介绍他们的生平事迹，突显科学研究工作者的传承、奉献精神，使教材内容更生动、有温度，同时增强读者的文化自信。

（4）每章章末的重难点分析与解题指导增加了若干例题，方便学习者总结、复习和提高使用。

（5）重新组织并调整了第一版部分内容的逻辑顺次，修改了表达不到位、不准确的语句，完善了部分示意图，修订了少量公式与示意图标记不符的地方，更新拓展资料内容，使其条理更清晰、更适宜学习者阅读和理解。

本套书共三册，包括大学物理教程上册、下册和大学物理习题集。上册可供 64 学时使用，下册可供 50~64 学时使用，习题集可供学生课后训练和自我测试使用。

本书由徐江荣、石小燕、赵超樱任主编。具体编写修订分工如下：绪论由徐江荣编写；

第 1 章至第 4 章由徐江荣、石小燕、葛力编写；邓凌云参与了第 1、2 章部分内容的修改与完善工作；第 5 章至第 9 章分别由李兴敏、乔丽颜、吴跃丽、赵超樱、周昱编写。

  2005 年，杭州电子科技大学"大学物理"课程被评为浙江省精品课程，本套书是省精品课程建设内容之一；2009 年本书被列为浙江省重点教材；2014 年，本套书入选教育部"十二五"普通高等教育本科国家级规划教材。在此感谢浙江省精品课程和浙江省重点建设教材两个项目的资助。可喜的是，在本套书的建设过程中，大学物理课程组陆续获批七项省级课程和教学项目，其中，省高等教育课堂教学改革项目："大学物理" 3D 课堂教学改革与实践（2015 年）、"物理学原理及工程应用"课程研讨式教学模式的探索与实践（2015 年）、大学物理公共基础课教学中混合式学习模式研究及实践（2016 年）；省级课程思政教学项目："大学物理混合式教学中课程思政体系的建设"（2021 年）；省级课程思政示范课："大学物理 2"（2022 年）；省级线上一流本科课程："大学物理 1"（2020 年）；省级线上一流本科课程："大学物理 2"（2022 年）。有理由相信，这些教改课题可为本课程的教材建设发挥积极作用。

  本课程的教材改革和编写任务重、难度大，同时由于编者水平有限，书中不妥之处在所难免，恳请读者批评指正。

第一版前言

大学物理课的教材很多,也各具特色,所以编写一本好的大学物理教材是一件困难的事。尽管如此,学生在变化,课堂在变化,因此,杭州电子科技大学经过研究,决定编写本书,把多年的教学经验编在其中。本书的内容具有以下三个特点。

第一,根据我校实行八年的分层教学的经验和需要,将本书内容分解为课程核心内容和非核心内容两个部分。核心内容以传统教材中的常规内容为主,其知识体系和框架基本不变,是大学物理这门课的最重要内容。另外,由于物理学的内容庞大,核心内容的选取也是困难的,本书核心内容的选取是依据我们在教学过程中特别是对学生的考核过程中反复实践而确定下来的,既保留一定的体系,又适合现在的学生。非核心内容是比较难的经典内容、比较重要的现代物理新知识,是物理学直接导致的有趣的或重要的应用。但是物理学中,被我们理解为非核心的内容也十分庞大,我们选取的原则是可教性,大部分内容是通过教学实践选取的。

第二,本书有一些灵活的东西,主要体现在非核心内容上。近代物理学部分在知识的演变发展过程中有大量的背景,背景知识是系统的;物理学导致的重要的或者有趣的应用部分是利用大学物理知识可以分析的;就作者所在学校的学科特点而言,有些知识如非线性物理和激光技术,需要专门介绍。

第三,强调可教性。本书核心内容最大的特点是:编写充分考虑课时,有的知识点做了合并、例题做了精选;安排了知识分析和难题分析。非核心内容也必须是可教的。此外还编写了配套的习题集,习题集经过十余届学生使用。

本套书共三册,上册、下册和习题集。上册可供64学时使用,下册可供50~64学时使用,习题集可供学生课后训练的作业使用。上、下册中的楷体文字是选读和补充内容,在教学过程中可选择阅读。

绪论及第一章至第四章由徐江荣教授编写,第五、六章由袁求理副教授编写,第七章至第九章由彭英姿副教授编写,第十章至第十四章由葛凡教授编写,第十五、十六章由黄清龙副教授、徐江荣教授编写,第十七、十八章由钟建伟副教授编写,第十九章由徐江荣教授、赵金涛教授编写,第二十章由钟建伟副教授编写,习题集由赵金涛教授编写;赵金涛教授负责绘制了书中的图,提供了本课程的电子教案文稿。

杭州电子科技大学"大学物理"课程2005年被评为浙江省精品课程,本书是省精品课程建设的内容之一;2009年本书被列为浙江省重点教材;2014年本书入选教育部第二批"十二五"普通高等教育本科国家级规划教材。

本课程的教材改革和编写任务重,难度大,同时由于编者水平有限,书中不妥之处在所难免,恳请读者批评指正!

目 录

绪论 ··· 1

第一篇 力 学

第1章 质点运动学 ·· 9
- 1.1 运动学基本概念 ·· 9
  - 1.1.1 数学基础 ··· 9
  - 1.1.2 物理模型及其运动形式 ·· 10
  - 1.1.3 参考系和坐标系 ··· 11
- 1.2 质点的运动方程 ··· 13
  - 1.2.1 质点的位置矢量 ··· 13
  - 1.2.2 质点的位移、速度和加速度 ·· 14
  - 1.2.3 不同坐标系下运动方程、速度、加速度的表示 ······················· 15
- 1.3 质点的圆周运动 ··· 20
- 1.4 相对运动和伽利略坐标变换 ··· 22
- 1.5 重难点分析与解题指导 ·· 26

第2章 质点动力学 ··· 31
- 2.1 牛顿运动定律 ·· 31
  - 2.1.1 牛顿运动三大定律 ·· 31
  - 2.1.2 常见力和基本力 ··· 33
  - 2.1.3 非惯性参考系和惯性力 ·· 37
- 2.2 动量定理 ··· 39
  - 2.2.1 冲量与动量定理 ··· 39
  - 2.2.2 质点系的动量定理 ·· 42
  - 2.2.3 动量守恒定律 ·· 43
- 2.3 火箭飞行原理 ·· 45
  - 2.3.1 变质量动量定律 ··· 45
  - 2.3.2 三级火箭 ·· 46
  - 2.3.3 长征系列运载火箭 ·· 47
  - 2.3.4 嫦娥工程 ·· 50
- 2.4 功 动能定律 ·· 52
  - 2.4.1 功 ··· 52
  - 2.4.2 动能定理 ·· 53
- 2.5 势能 功能原理和机械能守恒 ··· 57
  - 2.5.1 保守力的功及其势能 ··· 57
  - 2.5.2 万有引力势能 ·· 59

2.5.3 功能原理和机械能守恒定律 60

2.6 重难点分析与解题指导 62

第3章 刚体力学基础 67

3.1 刚体的运动 67
3.1.1 刚体的平动 67
3.1.2 刚体绕定轴的转动 67
3.1.3 刚体的一般运动 69

3.2 力矩 转动惯量 70
3.2.1 力矩 70
3.2.2 刚体的动能 71
3.2.3 刚体的转动惯量 71

3.3 刚体定轴转动动能定理、转动定律和机械能守恒定律 74
3.3.1 力矩的功 74
3.3.2 刚体定轴转动的动能定理 76
3.3.3 定轴转动定律 77
3.3.4 刚体的重力势能 79
3.3.5 刚体的机械能守恒定律 79

3.4 刚体定轴转动角动量定理 角动量守恒定律 80
3.4.1 角动量 80
3.4.2 刚体定轴转动的角动量定理 81
3.4.3 刚体定轴转动的角动量守恒定律 81
3.4.4 角动量守恒的应用 82

3.5 陀螺的进动和卫星的自旋稳定 84
3.5.1 陀螺的进动性 84
3.5.2 卫星的自旋稳定 86
3.5.3 卫星的双自旋稳定 89
3.5.4 卫星的"三轴"稳定 90

3.6 滑板运动及其理论分析 91
3.6.1 滑板运动 91
3.6.2 活力板运动的理论分析 92

3.7 重难点分析与解题指导 95

第4章 相对论 103

4.1 经典时空观的认识 103
4.1.1 经典力学相对性原理 103
4.1.2 以太 105
4.1.3 迈克耳孙-莫雷实验 107
4.1.4 洛伦兹解释和洛伦兹变换 109
4.1.5 庞加莱——相对论的先驱 110

4.2 爱因斯坦相对性原理 112
4.2.1 爱因斯坦和狭义相对论的基本思想 112
4.2.2 狭义相对论的基本原理 115

4.3 狭义相对论运动学 119
4.3.1 同时性的相对性 119
4.3.2 时间延缓效应——动钟变慢 120
4.3.3 长度收缩 121

4.4 狭义相对论动力学 124
4.4.1 相对论质量和动量 124
4.4.2 相对论能量 125
4.4.3 动量和能量的关系 127

4.5 广义相对论简介 128
4.5.1 黎曼和度规张量 128
4.5.2 广义相对论主要内容 129
4.5.3 广义相对论的实验验证 131

4.6 重难点分析与解题指导 135

第二篇 电 磁 学

第5章 真空中的静电场 139

5.1 电荷 库仑定律 139
5.1.1 电荷 139
5.1.2 库仑定律 141

5.2 电场 电场强度 142
5.2.1 电场强度 142
5.2.2 场强叠加原理 144
5.2.3 场强计算 144
5.2.4 带电粒子在外电场中所受的作用 149

5.3 电通量 高斯定理 150
5.3.1 电场线 150
5.3.2 电通量 151
5.3.3 高斯定理 152
5.3.4 高斯定理应用举例 155

5.4 静电场环路定理 电势 159
5.4.1 静电场力的功 159
5.4.2 静电场环路定理 160
5.4.3 电势能 电势 161
5.4.4 电势叠加原理 162
5.4.5 电势的计算 163

5.5 等势面 场强与电势的微分关系 166

		5.5.1 等势面 · 166

        5.5.1 等势面 ·· 166
        5.5.2 场强与电势关系 ·· 167
   5.6 重难点分析与解题指导 ·· 170

第6章 导体和电介质中的静电场 ··· 173

   6.1 静电场中的导体 ·· 173
        6.1.1 导体的静电平衡条件 ·· 173
        6.1.2 静电平衡时导体上的电荷分布 ······························· 174
        6.1.3 导体表面曲率对电荷分布的影响 ····························· 175
        6.1.4 静电平衡的导体表面附近的场强 ····························· 175
        6.1.5 静电屏蔽 ·· 176
        6.1.6 有导体存在时静电场的分析与计算 ·························· 177
   6.2 静电场中的电介质 ·· 180
        6.2.1 电介质极化 ·· 180
        6.2.2 极化强度 ·· 181
        6.2.3 电介质中的电场强度 ·· 182
        6.2.4 $\vec{D}$ 矢量及其有电介质时的高斯定理 ······················ 183
   6.3 电容 电容器 ··· 184
        6.3.1 孤立导体的电容 ··· 184
        6.3.2 电容器 ·· 185
        6.3.3 电容器电容的计算 ··· 185
        6.3.4 电容器的串联与并联 ·· 187
   6.4 静电场的能量 ·· 189
        6.4.1 电容器的能量 ··· 189
        6.4.2 电场能量 ·· 190
   6.5 压电体 铁电体 驻极体 ··· 192
   6.6 重难点分析与解题指导 ·· 194

第7章 真空中的稳恒磁场 ··· 204

   7.1 磁场 磁感应强度 磁场的高斯定理 ······························· 204
        7.1.1 电流 电流密度 ··· 204
        7.1.2 磁感应强度 ·· 205
        7.1.3 磁感应线 磁通量 磁场的高斯定理 ························· 206
   7.2 毕奥-萨伐尔定律 ··· 207
        7.2.1 毕奥-萨伐尔定律介绍 ······································· 207
        7.2.2 毕奥-萨伐尔定律的应用 ····································· 209
   7.3 安培环路定理 ·· 212
        7.3.1 安培环路定理介绍 ··· 212
        7.3.2 安培环路定理的应用 ·· 215
   7.4 磁场对运动电荷的作用 ·· 218

  7.4.1 洛伦兹力　带电粒子在均匀磁场中的运动 218
  7.4.2 洛伦兹力的应用 219
 7.5 磁场对电流的作用 222
  7.5.1 安培定律 222
  7.5.2 磁场对载流线圈的作用 224
  7.5.3 磁场力的功 226
 7.6 重难点分析与解题指导 227

第8章 磁介质中的稳恒磁场 232

 8.1 磁介质及其分类 232
 8.2 抗磁质和顺磁质的微观解释 233
 8.3 有磁介质时的安培环路定理 234
 8.4 铁磁质 236
  8.4.1 铁磁质的磁化规律 236
  8.4.2 铁磁质的特点 237
  8.4.3 铁磁质的微观解释 237
 8.5 磁学性能在数据存储技术中的应用 239
 8.6 重难点分析与解题指导 240

第9章 变化的电场与变化的磁场 243

 9.1 电磁感应的基本定律 243
  9.1.1 电源　电动势 243
  9.1.2 电磁感应定律 243
 9.2 动生电动势 246
 9.3 感生电动势 247
  9.3.1 感生电场 247
  9.3.2 感生电动势与感生电场的关系 248
 9.4 自感和互感 250
  9.4.1 自感 250
  9.4.2 互感 251
 9.5 磁能 252
 9.6 麦克斯韦电磁场方程 254
  9.6.1 位移电流和全电流 254
  9.6.2 麦克斯韦方程组的积分与微分形式 256
 9.7 重难点分析与解题指导 259

参考文献 267

物理学基本常数

物理量	符号	主值	计算使用值
真空中光速	c	299792458 m/s	3.00×10^{8} m/s
万有引力恒量	G	6.6726×10^{-11} N·m²/kg²	6.67×10^{-11} N·m²/kg²
阿伏伽德罗常数	N_A	6.0221367×10^{23} mol⁻¹	6.02×10^{23} mol⁻¹
玻尔兹曼常数	K	1.380658×10^{-23} J/K	1.38×10^{-23} J/K
理想气体在标准状态下的摩尔体积	V_m	22.41410×10^{-3} m³/mol	22.4×10^{-3} m³/mol
摩尔气体常数（普适气体常数）	R	8.314510 J/(mol·L)	8.31 J/(mol·L)
洛喜密脱常数	n_0	2.68678×10^{25} m⁻³	2.687×10^{25} m⁻³
普朗克常数	h	6.6260755×10^{-34} J·s	6.63×10^{-34} J·s
基本电荷	e	1.60217733×10^{-19} C	1.602×10^{-19} C
原子质量单位	u	1.6605655×10^{-27} kg	1.66×10^{-27} kg
电子静止质量	m_e	9.1093897×10^{-31} kg	9.11×10^{-31} kg
电子荷质比	e, m_e	1.7588047×10^{11} C/kg	1.76×10^{11} C/kg
质子静止质量	m_p	1.6726231×10^{-27} kg	1.673×10^{-27} kg
中子静止质量	m_n	1.6749543×10^{-27} kg	1.675×10^{-27} kg
法拉弟常数	F	9.648465×10^{4} C/mol	9.65×10^{4} C/mol
真空电容率	ε_0	$8.854187817\times10^{-12}$ F/m	8.85×10^{-12} F/m
真空磁导率	μ_0	$1.25663706144\times10^{-6}$ N/A²	$4\pi\times10^{-7}$ N/A²
里德伯常数	R_∞	1.097373177×10^{7} m⁻¹	1.097×10^{7} m⁻¹

绪　　论

物理学是通过研究宇宙间物质存在的基本形式、性质、运动和转化、内部结构等方面的内容，进而认识其结构、组成元素、相互作用、运动和转化的基本规律的科学。物理学按照物质的不同存在形式、不同运动形式进行划分，形成其各分支学科。随着物理学各分支学科的发展，人们发现物质的不同存在形式和不同运动形式之间存在着联系，于是各分支学科之间开始互相渗透，物理学也逐步发展成为各分支学科彼此密切联系的统一整体。

1. 物理学源远流长

物理文化的起源，是一个难以简单说明的问题。从古代物理文化成就看，有宇宙观方面的、技术方面的，也有机械运动、热学等方面的成就。从发源地看也是多中心的，由于古代文化传播比较慢，只能从中国、古希腊等多个中心逐步扩展开来，2000多年前，中国老子和古希腊的亚里士多德时代便出现了原始的科学思想，其中包含了物理学的思想。

1）《老子》宇宙生成的原始科学思想

老子以"道"为世界的本原，提出一种宇宙生成的假设，认为宇宙万物有共同的本原。"有物混成，先天地生。寂兮寥兮，独立而不改，周行而不殆，可以为天下母。吾不知其名，字之曰道，强为之名曰大。""道生一，一生二，二生三，三生万物。"又有"道之为物，惟恍惟惚。惚兮恍兮，其中有象；恍兮惚兮，其中有物。窈兮冥兮，其中有精，其精甚真，其中有信"。赋予道无名无为，无形无体，无声无色，无物无象，然而又无处不在，无时不有，万物恃之而生的特征。从中可以看出，老子设想在天地万物产生以前有一个无形、无声、无以名之的东西——"道"，它是产生万物的本原，是天地万物产生、变化的根源。

老子关于宇宙生成的一些观点与两千多年后的今天、现代物理学家的观点有某种惊人的一致性。《物理学之道》一书中明确提出："在过去的几十年里，物理学家和哲学家广泛地讨论了近代物理学所引起的这些变化，但是很少有人认识到它们似乎完全都引向同一方向，朝着与东方神秘主义者所持的宇宙观非常类似的观念变化。"令人惊讶的是，现代宇宙学也得出了同一结论，那就是"宇宙很可能不是永恒的，它是从'无'经过量子跃迁创生出来的"。近十年来，由维伦金（A. Velankin）、哈特尔（J. B. Hartle）、霍金（S. W. Hawking）等根据量子力学的基本原理建立起来的量子宇宙学是第一个科学的宇宙创生论。宇宙创生论认为，宇宙的所有守恒量均为零，能量-质量守恒要求宇宙物质的正能量（正质量）和重力场的负能量（负质量）的总和应等于零；重子数、轻子数等的守恒要求宇宙在创生之初，物质和反物质应严格对称。《老子》这本原始科学著作在宇宙创生等方面给人类留下了伟大的观点。

2）亚里士多德（Aristoteles）《物理学》

亚里士多德的《物理学》是一本伟大的著作，对西方文化产生过深刻的影响，其中不少观点和结论至今仍然正确。该书承认物质是世界的基础，自然界在不停地运动和变化着，这个结论是辩证唯物主义的基本出发点。关于运动的学说是《物理学》的精华，是亚里士多德对自然哲学的一大贡献，他第一次将运动分为实体产生和灭亡、非实体数量上的增加和减少，以及空间方面的变化。《物理学》关于时间和空间的论述是对自然哲学的另一个巨大的贡献，亚里士多德深刻地指出，时间、空间和运动的不可分割性；运动是时间、空间的本质，运动在时间、空间中进行；运动是永恒的，时间是无始无终的；时间和空间都是无限可分的。亚里士多德的时空观在两千多年间都是先进的，后来牛顿（I. Newton）提出的时空观和爱因斯坦（A. Einstein）的时空观都是在亚里士多德时空观上的改良，而不是简单否定。

2. 物理学包罗万象

人类对自然界的认识来自实践，随着实践的扩展和深入，物理学的内容也在不断扩展和深入。以时间来划分，20 世纪以前的物理学称为经典物理，其内容包括力学、光学、热学、电磁学等；20 世纪以后的物理学称为近代物理，1900 年普朗克（M. Planck）发表的量子论及后来形成的量子力学和 1905 年爱因斯坦发表的狭义相对论是近代物理的两大基石。

1）经典力学

经典力学是研究宏观物体做低速机械运动现象和规律的学科。物体的空间位置随时间变化称为机械运动。

力学是物理学中发展最早的一个分支，它与人类的生活和生产联系最密切。古人在生产劳动中对杠杆、螺旋、滑轮、斜面等简单机械的应用，促进了静力学的发展；早在古希腊时代，就已形成比重和重心的概念，出现杠杆原理；公元前二百多年，阿基米德（Archimedes）提出了浮力原理。

16 世纪以后，航海、战争和工业生产的需要，推动了力学的研究实践。钟表工业促进了匀速运动理论形成；水磨机械促进了摩擦和齿轮传动的研究；火炮的运用推动了抛射体的研究；天体运行的规律提供了机械运动最单纯、最直接的数据资料，使人们有可能排除摩擦和空气阻力的干扰，认识运动规律。

16、17 世纪，资本主义生产方式开始兴起，海外贸易和对外扩张刺激了航海的发展，提出了对天文做系统观测的迫切要求。第谷（B. Tycho）顺应这一要求，用毕生精力收集了大量观测数据，为开普勒（J. Kepler）的研究做好了准备。1609 年和 1619 年，开普勒先后提出了行星运动的开普勒三大行星运动定律。1632 年和 1638 年，伽利略（G. Galileo）得出了自由落体定律。伽利略的两部著作《关于托勒密和哥白尼两大世界体系的对话》和《关于力学和运动两种新科学的谈话》（简称"两门新科学"）为力学的发展奠定了思想基础。牛顿把天体的运动规律和地面上的实验研究成果加以综合，进一步得到了力学的基本规律，建立了牛顿三大运动定律和万有引力定律。牛顿建立的力学体系经过伯努利（D. Bernoulli）、拉格朗日（J. L. Lagrange）、达朗贝尔（J. R. Dalembert）等人的推广和完善，形成了系统的理论，发展了流体力学、弹性力学和分析力学等分支，并取得了广泛的应用。

18 世纪古典力学已经相当成熟，成为自然科学中的主导和领先学科。伽利略和牛顿对物理学的功绩，就是把科学思维和实验研究正确地结合在一起，从而为力学的发展开辟了一条正确道路。

2）热学、热力学和经典统计力学

热学研究的是自然界中物质的冷热性质及这些性质变化的规律。一种研究方法是由观察和实验总结归纳出有关热现象的规律，称为热力学；另一种研究方法是从物质的微观结构出发，以每个微观粒子遵循的力学定律为基础，利用统计规律推导出宏观的热学规律，称为统计物理。

热学发展史实际上就是热力学和统计物理学的发展史，可以划分为以下四个时期。

第一个时期是 17 世纪末到 19 世纪中叶。这个时期积累了大量实验和观察事实，关于热的本性展开的研究和争论为热力学理论的建立做了准备，在 19 世纪前半叶出现的热机理论和热功当量原理已经包含了热力学的基本思想。

第二个时期是 19 世纪中叶到 19 世纪 70 年代末。这个时期发展了唯象热力学和分子运动论，这些理论的诞生直接与热功当量原理有关，为热力学第一定律奠定了基础，并结合卡诺（S. Carnot）理论，形成热力学第二定律，热功当量原理与微粒说（唯动说）结合形成了分子运动论。在这段时期，唯象热力学和分子运动论的发展还是彼此隔绝的。

第三个时期是 19 世纪 70 年代末到 20 世纪初。唯象热力学和分子运动论概念的结合最终形成了统计热力学。这个时期玻耳兹曼（L. Boltzmann）提出了关于分子统计的经典理论，吉布斯（J. W. Gibbs）在统计力学方面进行了基础研究工作。

第四个时期始于 20 世纪 30 年代至今。这个时期出现了量子统计物理学和非平衡态理论，形成了现代理论物理学最重要的一个分支。

3）经典电磁学、经典电动力学

经典电磁学是研究宏观电磁现象和客观物体的电磁性质的学科。公元前 6、7 世纪发现了磁石吸铁、磁石指南以及摩擦生电等现象，人们系统地对这些现象进行研究始于 17 世纪。

1600 年，英国医生吉尔伯特（W. Gilbert）发表了《论磁、磁体和地球作为一个巨大的磁体》一书，总结了前人对磁的研究，周密地讨论了地磁的性质，记载了大量实验，使磁学从经验转变为科学。书中同时记载了电学方面的研究，但静电现象的研究要困难得多，因为一直没有找到恰当的方式来产生稳定的静电和对静电进行测量，直到发明了摩擦起电机，才对电现象进行系统的研究成为可能，这时人类才开始对电有初步的认识。

1750 年，米切尔（J. Michell）提出磁极之间的作用力服从平方反比定律；1785 年库仑（C. A. Coulomb）公布了用扭秤实验得到电力的平方反比定律，使电学和磁学进入了定量研究的阶段；1780 年伽伐尼（A. Galvani）发现动物电；1800 年伏打（A. Volta）发明电堆，使稳定电流的产生有了可能，电学由静电走向动电；1820 年奥斯特（H. C. Oersted）发现电流的磁效应。于是，电学与磁学彼此隔绝的情况有了突破，开始了电磁学的新阶段。

19 世纪 20、30 年代，安培（A. M. Ampere）提出了安培右手定则，提出分子电流假说，研究了载流导线之间的相互作用，建立了安培定律，这个时期毕奥-萨伐尔定律也被发现。1831 年英国物理学家法拉第（M. L Faraday）发现电磁感应现象，进一步证实了电现象与磁现象的统一性，法拉第坚信电磁的近距作用，认为物质之间的电力和磁力都需要由媒介传递，媒介就是电场和磁场；1820 年，欧姆（G. S. Ohm）确定了电路的基本规律——欧姆定律；1865 年，麦克斯韦（J. C. Maxwell）用一套方程组概括电磁规律，建立了电磁场理论，预测了光的电磁性质，实现了物理学史上第二次大综合；1888 年，赫兹的实验证实了电磁波的存在。

4）光学和电磁波

光学研究光的性质及其与物质的各种相互作用，光是电磁波。东方墨家《墨经》的光学八条阐述了影、小孔成像、平面镜、凹面镜、凸面镜成像和焦距等几何光学知识。之后又有西方的欧几里得（Euclid）的著作《反射光学》，研究了光的反射；阿拉伯学者阿勒·哈增（Al Hazen）写过一部《光学全书》，讨论了许多光学的现象。

光学真正形成一门科学，应该从建立反射定律和折射定律的时代算起，这两个定律奠定了几何光学的基础。17 世纪望远镜和显微镜的应用大大促进了几何光学的发展。虽然可见光的波长范围在电磁波中只占很窄的一个波段，但是早在人们认识到光是电磁波以前，就对光的波动性质进行了研究；17 世纪对光的本质提出了两种假说：一种假说认为光是由许多微粒组成的，另一种假说认为光是一种波动；19 世纪在实验基础上确定了光波具有干涉现象，后来的实验也进一步证明光是电磁波；20 世纪初又发现光具有粒子性，人们在深入研究微观世界后，才认识到光具有波粒二象性。

5）相对论和相对论力学

在电磁场概念提出以后，人们假设存在一种名叫"以太"的媒质，它弥漫于整个宇宙，渗透到所有的物体中，绝对静止不动，没有质量，对物体的运动不产生任何阻力，也不受万有引力的影响。可以将以太作为一个绝对静止的参考系，因此相对于以太做匀速运动的参考系都是惯性参考系。在惯性参考系中观察，电磁波的传播速度应该随着波的传播方向而改变。但实验表明，在不同的、相对做匀速运动的惯性参考系中，测得的光速同传播方向无关。特别是迈克耳孙（A. A. Michelson）和莫雷（E. Morley）进行的非常精确的实验，可靠地证明了这一点。

这一实验事实显然同经典物理学中关于时间、空间和以太的概念相矛盾。爱因斯坦从这些实验事实出发，对空间、时间的概念进行了深刻的分析，1905 年提出了狭义相对论，从而建立了新的时空观念。

狭义相对论给牛顿万有引力定律带来了新问题，牛顿提出的万有引力被认为是一种超距作用，它的传递不需要时间，产生和到达是同时的，这同狭义相对论提出的光速是传播速度的极限相矛盾。爱因斯坦设想，万有引力效应是空间、时间弯曲的一种表现，从而提出了广义相对论，广义相对论不仅对天体的结构和演化的研究有重要意义，对研究宇宙的结构和演化也有重要意义。

6）原子物理学、量子力学、量子电动力学

原子物理学研究原子的性质、内部结构、内部受激状态，原子与电磁场、电磁波的相互作用，以及原子之间的相互作用。

1897 年，汤姆逊发现了电子，使人们认识到原子具有内部结构；1900 年，德国科学家普朗克提出了黑体辐射场中能量量子化的概念，为量子力学的建立打响了第一枪。1911 年，卢瑟福（L. E. Rutherford）用 α 粒子散射实验发现并建立了原子的核式结构。原子物理学的基本理论主要包括德布罗意（L. de Broglie）、海森堡（W. K. Heisenberg）、薛定谔（E. Schrödinger）、狄拉克（P. Dirac）等所创建的量子力学和量子电动力学。

7）量子统计力学

以量子力学为基础的统计力学称为量子统计力学。经典统计力学以经典力学为基础，因此经典统计力学也具有局限性。例如，随着温度趋于绝对零度，固体的比热也趋于零的实验现象，就无法用经典统计力学来解释。根据微观世界的这些规律改造经典统计力学，得到量子统计力学。应用量子统计力学就能使一系列经典统计力学无法解释的现象，如黑体辐射、低温下的固体比热、固体中的电子为什么对比热的贡献如此小等，都得到了合理的解释。

8）固体物理学

固体物理学是研究固体的性质、微观结构及其内部各种运动，以及这种微观结构和内部运动同固体的宏观性质的关系的学科。固体物理对于技术的发展有很多重要的应用，晶体管发明以后，集成电路技术迅速发展，电子学技术、计算技术乃至整个信息产业也随之迅速发展，其经济影响和社会影响是革命性的，这种影响甚至在日常生活中也处处可见。固体物理学也是材料科学的基础。

9）原子核物理学

原子核是比原子更深一个层次的物质结构。原子核物理学是研究原子核的性质、内部结构、内部运动、内部激发状态、衰变过程、裂变过程，以及它们之间的反应过程的学科。

质子和中子统称为核子，中子不带电，质子带正电荷，因此质子间存在着静电排斥力。万有引力虽然使各核子相互吸引，但是在两个质子之间的静电排斥力比它们之间的万有引力要大万亿亿倍以上。所以，一定存在第三种基本相互作用——强相互作用力。

10）等离子体物理学

等离子体物理是研究等离子体的形成及其各种性质和运动规律的学科。宇宙间的大部分物质处于等离子体状态。例如，太阳中心区的温度超过 1000 万℃，太阳中的绝大部分物质处于等离子体状态，地球高空的电离层也处于等离子体状态。

19 世纪以来对于气体放电的研究、20 世纪初以来对于高空电离层的研究，推动了等离子体的研究工作。从 20 世纪 50 年代起，为了利用轻核聚变反应解决能源问题，促使等离子体物理学研究蓬勃发展。

11）粒子物理学

目前对所能探测到的物质结构最深层次的研究称为粒子物理学，又称为高能物理学。在 20 世纪 20 年代末，人们曾经认为电子和质子是基本粒子，后来又发现了中子。在宇宙射线研究和后来利用高能加速器进行的实验研究中又发现了数以百计的不同种类的粒子。

物质的各种存在形式和运动形式之间存在着普遍联系，随着科学发展，这种联系逐步为人类所发现。物理学也与其他学科相互渗透，产生一系列交叉学科，如化学物理、生物物理、大气物理、海洋物理、地球物理、天体物理等。物理学研究的重大突破导致生产技术的飞跃成为事实。反过来，技术和生产力发展的需求，也有力地推动了物理学研究的发展，固体物理、原子核物理、等离子体物理、激光研究、现代宇宙学等发展迅速，这是与技术和生产力的发展要求分不开的。

3. 物理学修心养性

大学物理的学习，可以分为三种类型：为研究物理而学物理，为技术应用而学物理，为提高文化素养而学物理，即为物理而物理，为应用而物理，为文化而物理。物理课程的教学目的应该具有多样性。

物理科学的价值重大。费曼（R. P. Feynman）认为，物理科学的第一个价值是应用科学知识制造许多产品，做许多事业。但是他提醒人们，科学知识给予人们能力去行善，它本身并没有附带使用说明。物理科学的第二个价值是提供智慧与思辨的享受，这种享受对一些人可以从阅读、学习、思考中得到，而对另一些人而言则要从真正的深入研究中方能得到满足，这种享受的重要性往往被人忽略。科学上已发现的理论和定律，是科学研究的收获，也是科学家得到的最高奖赏。科学家发现这些理论时激动不已，学习者在学习和理解的过程中也得到满足和成就感。物理科学的第三个价值是改变人们对世界概念的认识。人类为了满足自身的物质和精神需要而创造出来的科学知识，成为一种文化背景，改变了人们对自然和世界的认识方式。物理科学的第四个价值是精神价值。物理科学就是对未知世界的永无止境的探索。

科学家们对于研究对象,不知道答案时他是无知的;当他有了大概的猜测时他是不确定的;即使很有把握时,他也会留下质疑的余地。科学家的责任是探索更好的方法,将其留传给下一代。

关于物理教学的目的,费曼也有非常深刻而全面的观点。他认为学习物理有五个方面的理由:一是为了学会怎样动手做测量和计算,以及其知识在各方面的应用;二是培养不仅致力于工业的发展,而且贡献于人类知识进步的科学家;三是认识自然界的美妙,感受世界的稳定性和实在性;四是学习怎样由未知进到已知的科学求知方法;五是通过尝试和纠错,学会一种有普遍意义的自由探索和创造精神。费曼在他的《费曼物理学讲义》的结束语中这样写道:"我讲授的主要目的,不是为你们参加考试做准备,甚至不是为你们服务于工业或军事做准备,我最想做的是给出对于这个奇妙世界的一些欣赏,以及物理学家看待这个世界的方式,我相信这是现今时代里真正文化的主要部分。也许你们不仅将对这种文化进行欣赏,甚至也可能会加入人类理智已经开始的这场伟大的探险中去。"

由此可见,物理学的教学目的是多样性的,教学的功能也是多方面的。在进行物理教与学的过程中,应该有更加广阔的文化视野,应该对人类社会的和谐和全面发展有更深刻的思考,还要关注学生学习的愉快问题,保护他们的好奇心,培养探索精神,以及发起科学应用中的道德问题的探讨等。

物理学研究成果在自然科学的各个领域都起着重要作用,是现代科学技术的基石。许多高新技术都与物理学密切相关。历史上许多与物理学直接有关的重要的技术发明,对人类社会的发展起到了很大的作用。物理学是包含科学方法最多、最丰富的学科,在通用300余种科学方法中,物理学涉及170多种;物理学包含逻辑美、形式美、方法美;物理学是最易对人进行科学素养和科学能力培养的学科。一个人若既能放眼宇宙,又能通识夸克,经常以科学的眼光对他周围的事物进行观察和思考,这个人常常就是脱离了低级趣味、具有较高文化素养的人。"物理学修心养性",当之无愧!

第一篇 力学

第1章 质点运动学

物理学是建立在简化模型基础上的数学表达。怎样选择研究对象并建立合适的物理模型？怎样用适当的数学工具来描述？这些都是物理学的重要方法。质点运动学不涉及产生运动的原因，只是阐述描述运动状态的各个物理量之间的关系，即位置、速度、加速度之间的关系，是物体运动的几何关系。

1.1 运动学基本概念

本节主要介绍与运动学相关的数学基础、运动学的物理模型、参考系和坐标系。

1.1.1 数学基础

1. 矢量

物理学中有一些只有大小没有方向的物理量，如质量 m、温度 T、能量 E 等，称为标量，本章学习的物理量，如距离、路程、速率等都是标量。还有一些既有大小又有方向的物理量，如速度 $\vec{v}$、力 $\vec{F}$、电场强度 $\vec{E}$ 等，称为矢量。物理学中的物理量还有可能是张量，本书不涉及张量，故在此不做赘述。标量与矢量的区分，正确处理物理中矢量的代数和微积分运算问题，是大学阶段的学生必须重点掌握的内容。

可以用符号加箭头或黑体的形式来表示矢量，如矢量 $\vec{A}$ 或 **A**，本书采用前一种表示形式。如图 1-1 所示，有向线段表示一个矢量。

矢量 $\vec{A}$ 的大小可以用符号 A 或矢量的模 $|\vec{A}|$ 表示。

在直角坐标系中，某个矢量可以用其在 x、y、z 三个方向的分量来表示，如 $\vec{A} = A_x\vec{i} + A_y\vec{j} + A_z\vec{k}$，如图 1-2 所示。

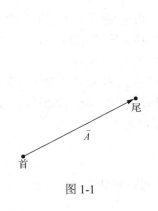

图 1-1

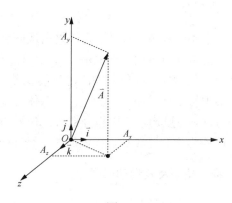

图 1-2

这里 A_x、A_y、A_z 分别表示 $\vec{A}$ 在 x、y、z 轴方向上的分量,它们是标量。$\vec{i}$、$\vec{j}$ 和 $\vec{k}$ 分别表示沿着 x、y、z 轴方向的单位矢量。矢量的方向可以用其与坐标轴的夹角、方向余弦来确定。

(1) 矢量的加减运算。如图 1-3 所示,两个矢量的相加可以表示为 $\vec{A}_合 = \vec{A}_1 + \vec{A}_2$;多个矢量的相加运算,可以用一系列首尾依次相接的矢量最终给出相加的结果,可以表示为 $\vec{A}_合 = \vec{A}_1 + \vec{A}_2 + \vec{A}_3$。

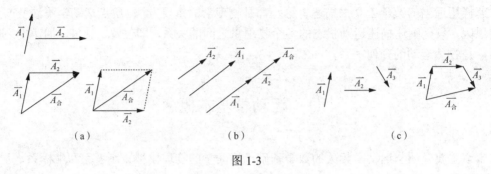

图 1-3

(2) 矢量的内积(又称标量积)运算。两个矢量的内积表示为 $C = \vec{A} \cdot \vec{B} = AB\cos\theta$,如图 1-4 所示。

(3) 矢量的向量积(又称叉积)运算。两个矢量的向量积表示为 $\vec{C} = \vec{A} \times \vec{B}$,运算结果仍然为矢量,运算结果的大小表示为 $C = AB\sin\theta$,矢量的方向可以由右手定则来确定,如图 1-5 所示。

图 1-4　　　　　　　　图 1-5

2. 微积分

不同于中学物理,本书中会频繁出现微积分的相关运算。一些物理量的定义及相互之间的关系,也常常用微积分来表示。例如,1.2 节中的速度是位移矢量对时间的求导,2.4 节中的功是力与位移内积的积分等,还有很多类似这样的定义和应用,需要注意。

本书中很多处都用到了微元法。总体上说,如果某个物理量可以是很多微小的量的简单相加的时候,可以通过使用积分把每一份微小的贡献累积来计算一些复杂的物理量,如转动惯量、电场强度的计算等。详细的方法会在具体的问题中予以说明。

1.1.2　物理模型及其运动形式

(1) 物理模型是对研究对象的一种抽象描述,是研究物理问题时常用的一种方法。力学中的模型主要是质点和刚体。

质点是指忽视物体大小和内部结构，仅将其看作一个有质量的几何点的简化模型。

刚体是在外力的作用下大小和形状都保持不变的物体。

以地球为例，在研究地球绕日公转问题中，可以将地球抽象为质点，即将其看作有质量的点；在研究地球自转的问题时，其大小和形状不应被忽略，应作为刚体来讨论。因此，质点还是刚体，与其真实大小和形状无关，而是要看研究对象处于哪种物理情境。本章主要研究质点的运动。

（2）宏观物体机械运动的形式有平动、转动和振动。

平动状态的物体，其上各点具有相同的位移、速度和加速度，具有相同的运动规律，故一个平动物体可等效为所有质量集中于质心的一个点，即质点。

转动是指物体绕某个轴转动。在定轴转动中，刚体上所有的点都在做圆周运动，它们具有相同的角位移、角速度和角加速度。

振动是物体在某一平衡位置附近做往返运动，其运动具有周期性。

1.1.3 参考系和坐标系

1. 参考系

任何物体的位置总是以其他物体为参考而确定的，这个物体称为参考物或参考系。常用的参考系有太阳参考系、地心参考系和地面参考系，坐标原点分别固定于太阳中心、地心和地球表面，坐标轴指向空间的固定方向，如图 1-6 所示。此外还有坐标固定在实验室的实验室参考系。

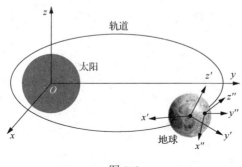

图 1-6

2. 坐标系

牛顿运动定律在其中能严格成立的参考系称为惯性参考系，其他相对于该惯性系以远低于光速的速度做匀速直线运动的参考系也都是惯性参考系。为了定量描述一个物体相对于参考物的空间位置，可在其中建立坐标系。坐标系的建立能够从数量和方向上确定质点的坐标、速度和加速度。常见的坐标系具体如下。

（1）直角坐标系：以三个方向相互垂直且方向不再变化的轴 x、y、z 构成的坐标系，三个坐标方向满足右手定则，如图 1-7（a）所示。

（2）柱面坐标系：以三个方向相互垂直但方向变化的轴 ρ、ϕ、y 构成的坐标系，三个坐标方向满足右手定则，如图 1-7（b）所示。

（3）球面坐标系：以三个方向相互垂直但方向变化的轴 r、ϕ、θ 构成的坐标系，三个坐标方向满足右手定则，如图 1-7（c）所示。

（4）平面极坐标系：如图 1-7（d）所示，O 点作为固定点，即坐标原点（极点），过 O 点的射线 Ox 为极轴。极点与质点 P 所在位置的连线 r 为极径，极径与极轴之间的夹角 θ 为极角，规定 θ 沿逆时针方向转过的角度为正。质点的坐标记作 $P(r,\theta)$，r 为正值。用 r、θ 来确定质点在任一时刻的位置。

（5）自然坐标系：在质点轨迹上取一个合适的位置为原点 O，规定从 O 点沿轨迹到 P 点的距离为 s（s 值为正表明该方向为正方向），用 P 点的切线方向单位矢量 $\bar{\tau}$ 和法线方向单位矢量 $\bar{n}$（与切线方向垂直的方向，指向弯曲的一方）构成的坐标系，如图 1-7（e）所示。

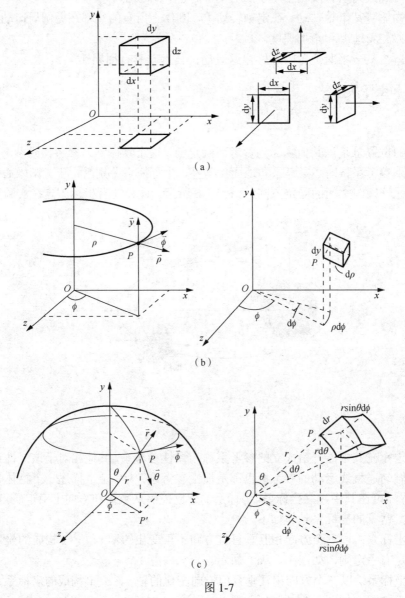

图 1-7

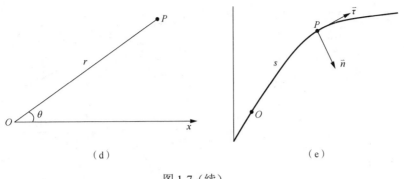

图 1-7（续）

利用参考系和坐标系可以精确描述质点的运动状态。例如，当说到车辆行驶速度时，实际上已经预先选择地面参考系为参照。如果选择地心参考系，则车速就完全不一样了，当车辆向不同方向行驶时，还会有不同的力学效应。如果选择太阳参考系，那就会有更大的变化，甚至很难算清楚车辆向何方运动。

如果仅限于空间，参考系与坐标系是没多少区别的。坐标系与参考系的实质性差异在于通常说的参考系是指时空参考系。爱因斯坦常用尺和钟来比喻空间和时间，可以用尺做一个空间框架，也就是一个坐标系，可以同时看到整个框架或坐标系的一个局部，但是时间不具有这样的性质。虽然时间在变化，但是通过钟看到的只能是时间点，而不是时间轴。人们不能直观地看到时空坐标系，这是与传统坐标系概念的重大区别。这里更深刻的含义在学习爱因斯坦的相对论时会进一步地深入讨论。

1.2 质点的运动方程

质点的运动状态是一个非常准确、定量的概念。它表示质点在 t 时刻所处的位置 $\vec{r}$，以及其运动速度和加速度的情况。可以用一组变量 $(t,\vec{r},\vec{v},\vec{a})$ 来准确确定质点的运动状态。同时注意：①$\vec{r}$、$\vec{v}$、$\vec{a}$ 都可能是时间的函数；②函数 $\vec{r}(t)$、$\vec{v}(t)$、$\vec{a}(t)$ 是有相互关系的。通常只要确定其中的任意一个函数，其他两个函数就可以演算出来。把函数 $\vec{r}(t)$ 称为运动方程，$\vec{v}(t)$ 称为速度方程，$\vec{a}(t)$ 称为加速度方程。本节首先介绍固定时间的 $\vec{r}$、$\vec{v}$、$\vec{a}$ 三个概念。

1.2.1 质点的位置矢量

在所选的参考系中用来确定质点所在位置的矢量叫作位置矢量，简称位矢。位矢是从坐标原点指向质点所在位置的有向线段，如图 1-8（a）所示，用 $\vec{r}$ 表示。在直角坐标系 $OXYZ$ 中，质点 P 的位矢 $\vec{r}$ 为

$$\vec{r} = x\vec{i} + y\vec{j} + z\vec{k} \tag{1-1}$$

位矢的大小记作 $|\vec{r}|$，其值为

$$|\vec{r}| = \sqrt{x^2 + y^2 + z^2} \tag{1-2}$$

如图 1-8（b）所示，位矢的方向用方向余弦来表示，即

$$\cos\alpha = \frac{x}{|\vec{r}|}, \quad \cos\beta = \frac{y}{|\vec{r}|}, \quad \cos\gamma = \frac{z}{|\vec{r}|} \tag{1-3}$$

式中，α、β、γ 为位矢 $\vec{r}$ 与 x、y、z 轴的夹角。

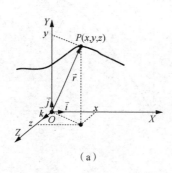
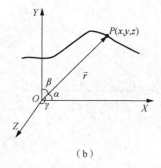

图 1-8

1.2.2 质点的位移、速度和加速度

1. 位移

位移是反映质点位置变化的物理量，用从初始位置指向末了位置的有向线段来表示，如图 1-9 所示。时刻 t 质点的位矢为 $\vec{r}(t)$，时刻 $(t+\Delta t)$ 质点的位矢为 $\vec{r}(t+\Delta t)$，则时间 Δt 内质点的位移为

$$\overrightarrow{PP_1} = \vec{r}(t+\Delta t) - \vec{r}(t) = \Delta \vec{r} = \Delta x \vec{i} + \Delta y \vec{j} + \Delta z \vec{k} \quad (1-4)$$

可以看出位移与选取的坐标系和位置变化过程无关。

路程是质点经过实际路径的长度，用 P 点到 P_1 点的弧长 $\overset{\frown}{PP_1}$ 来表示，路程是标量。

位移大小（位矢增量的大小）$|\Delta \vec{r}| = |\vec{r}(t+\Delta t) - \vec{r}(t)|$ 与位矢大小增量 $\Delta r = |\vec{r}(t+\Delta t)| - |\vec{r}(t)|$ 是有区别的，一般情况下二者并不相等。

图 1-9

要特别注意位移大小 $|\Delta \vec{r}|$、位矢大小的增量 Δr 与路程的不同。

2. 速度

速度是描述质点位置随时间变化快慢的物理量。平均速度是时间 Δt 内位矢对时间的变化率。如图 1-9 所示，在 Δt 时间内，质点从 P 点运动到 P_1 点，其位移与其对应时间间隔的比值是平均速度，即

$$\bar{\vec{v}} = \frac{\vec{r}(t+\Delta t) - \vec{r}(t)}{\Delta t} = \frac{\Delta \vec{r}}{\Delta t} \quad (1-5)$$

平均速度的大小为

$$|\bar{\vec{v}}| = \left|\frac{\Delta \vec{r}}{\Delta t}\right|$$

平均速度矢量方向与位移方向相同。

平均速率是路程 Δs 与其对应时间间隔的比值，即

$$\bar{v} = \frac{\Delta s}{\Delta t} \quad (1-6)$$

平均速率是标量。一般情况下，平均速度的大小并不等于平均速率。例如，质点沿闭合路径运动一周，平均速度大小为 0，而平均速率并不为零。

瞬时速度是 Δt 无限减小趋近于零时，平均速度的极限，即

$$\bar{v} = \lim_{\Delta t \to 0} \frac{\Delta \bar{r}}{\Delta t} = \frac{\mathrm{d}\bar{r}}{\mathrm{d}t} \tag{1-7}$$

可见，瞬时速度是位矢对时间的一阶导数。

瞬时速度的大小为

$$|\bar{v}| = \left|\frac{\mathrm{d}\bar{r}}{\mathrm{d}t}\right|$$

瞬时速率为

$$v = \lim_{\Delta t \to 0} \frac{\Delta s}{\Delta t} = \frac{\mathrm{d}s}{\mathrm{d}t} = \left|\frac{\mathrm{d}\bar{r}}{\mathrm{d}t}\right| = |\bar{v}| \tag{1-8}$$

特别注意：平均速度、平均速率和瞬时速度是三个不同的概念，要理解它们的联系和区别。

3. 加速度

加速度是描述质点速度随时间变化快慢的物理量。如图 1-10 所示，时刻 t 质点的速度是 $\bar{v}(t)$，时刻 $t + \Delta t$ 质点的速度是 $\bar{v}(t + \Delta t)$，时间 Δt 内质点速度的增量为

$$\Delta \bar{v} = \bar{v}(t + \Delta t) - \bar{v}(t)$$

（1）平均加速度：速度增量与其对应时间间隔 Δt 的比值，表示如下：

$$\bar{\bar{a}} = \frac{\bar{v}(t + \Delta t) - \bar{v}(t)}{\Delta t} = \frac{\Delta \bar{v}}{\Delta t} \tag{1-9}$$

平均加速度矢量方向与速度增量的方向一致。

（2）瞬时加速度：Δt 无限减小趋近于零时，平均加速度的极限，即

$$\bar{a} = \lim_{\Delta t \to 0} \bar{\bar{a}} = \lim_{\Delta t \to 0} \frac{\Delta \bar{v}}{\Delta t} = \frac{\mathrm{d}\bar{v}}{\mathrm{d}t} = \frac{\mathrm{d}^2 \bar{r}}{\mathrm{d}t^2} \tag{1-10}$$

时刻 t 的加速度等于速度对时间的一阶导数，也等于位矢对时间的二阶导数。

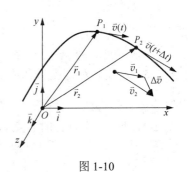

图 1-10

加速度的大小为

$$|\bar{a}| = \left|\frac{\mathrm{d}^2 \bar{r}}{\mathrm{d}t^2}\right|$$

1.2.3 不同坐标系下运动方程、速度、加速度的表示

1. 运动方程

在选定的参考系中，质点相对于某一特定坐标系，位置随时间变化的关系称为质点运动方程。以下给出运动方程的多种表达方式，分别适用于不同情境。

① 坐标法：$x = f_1(t)$，$y = f_2(t)$，$z = f_3(t)$；
② 位矢法：$\bar{r} = \bar{r}(t)$；
③ 自然坐标法：$s = f(t)$；

④ 轨迹法：$f(x,y,z)=0$，轨迹方程就是消去时间 t（不含时）的运动方程。

2. 速度、加速度的直角坐标表示

如图 1-8（a）所示，在直角坐标系中，$\vec{i}$、$\vec{j}$、$\vec{k}$ 方向不变，t 时刻质点的位置 $P(x,y,z)$，t 时刻质点的位矢 $\vec{r}=x\vec{i}+y\vec{j}+z\vec{k}$，质点的速度为

$$\vec{v}=\frac{\mathrm{d}\vec{r}}{\mathrm{d}t}=\frac{\mathrm{d}x}{\mathrm{d}t}\vec{i}+\frac{\mathrm{d}y}{\mathrm{d}t}\vec{j}+\frac{\mathrm{d}z}{\mathrm{d}t}\vec{k}=v_x\vec{i}+v_y\vec{j}+v_z\vec{k} \tag{1-11}$$

速度的大小为

$$|\vec{v}|=\sqrt{v_x^2+v_y^2+v_z^2}$$

用方向余弦表示速度的方向，即

$$\cos\alpha=\frac{v_x}{|\vec{v}|},\quad \cos\beta=\frac{v_y}{|\vec{v}|},\quad \cos\gamma=\frac{v_z}{|\vec{v}|}$$

质点的加速度为

$$\vec{a}=\frac{\mathrm{d}\vec{v}}{\mathrm{d}t}=\frac{\mathrm{d}v_x}{\mathrm{d}t}\vec{i}+\frac{\mathrm{d}v_y}{\mathrm{d}t}\vec{j}+\frac{\mathrm{d}v_z}{\mathrm{d}t}\vec{k}=a_x\vec{i}+a_y\vec{j}+a_z\vec{k} \tag{1-12}$$

其中

$$a_x=\frac{\mathrm{d}v_x}{\mathrm{d}t}=\frac{\mathrm{d}^2x}{\mathrm{d}t^2},\quad a_y=\frac{\mathrm{d}v_y}{\mathrm{d}t}=\frac{\mathrm{d}^2y}{\mathrm{d}t^2},\quad a_z=\frac{\mathrm{d}v_z}{\mathrm{d}t}=\frac{\mathrm{d}^2z}{\mathrm{d}t^2}$$

加速度的大小为

$$|\vec{a}|=\sqrt{a_x^2+a_y^2+a_z^2}=\sqrt{\left(\frac{\mathrm{d}^2x}{\mathrm{d}t^2}\right)^2+\left(\frac{\mathrm{d}^2y}{\mathrm{d}t^2}\right)^2+\left(\frac{\mathrm{d}^2z}{\mathrm{d}t^2}\right)^2}$$

加速度的方向余弦为

$$\cos\alpha=\frac{a_x}{|\vec{a}|},\quad \cos\beta=\frac{a_y}{|\vec{a}|},\quad \cos\gamma=\frac{a_z}{|\vec{a}|}$$

3. 速度和加速度的自然坐标表示

如何在自然坐标系下描述质点的运动状态？以抛体运动为例，假设足球的运动轨迹如图 1-11 所示，选择计时起点为自然坐标系的坐标原点，时刻 t，质点在曲线上的自然坐标为 $s(t)$，在 $t+\Delta t$ 时刻，质点的自然坐标为 $s(t+\Delta t)$，质点的自然坐标增量为

$$\overset{\frown}{P_1P_2}=\Delta s=s(t+\Delta t)-s(t)$$

根据速度的定义，有

$$\vec{v}=\lim_{\Delta t\to 0}\frac{\Delta\vec{r}}{\Delta t}=\lim_{\substack{\Delta t\to 0\\ \Delta s\to 0}}\frac{\Delta\vec{r}}{\Delta s}\frac{\Delta s}{\Delta t}=\left(\lim_{\Delta s\to 0}\frac{\Delta\vec{r}}{\Delta s}\right)\left(\lim_{\Delta t\to 0}\frac{\Delta s}{\Delta t}\right)=\left(\lim_{\Delta s\to 0}\frac{\Delta\vec{r}}{\Delta s}\right)\frac{\mathrm{d}s}{\mathrm{d}t}$$

当 $\Delta s\to 0$（P_2 点趋近 P_1 点时），$|\Delta\vec{r}|=\Delta s$，$\Delta\vec{r}$ 沿 P_1 点的切线方向，因此

$$\lim_{\Delta s\to 0}\frac{\Delta\vec{r}}{\Delta s}=\vec{\tau}$$

$\vec{\tau}$ 为切向单位矢量，质点的速度为

$$\vec{v}=\frac{\mathrm{d}s}{\mathrm{d}t}\vec{\tau}=v\vec{\tau} \tag{1-13}$$

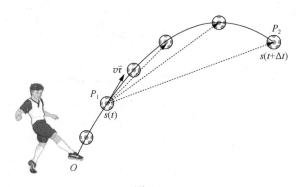

图 1-11

如图 1-12（a）所示，根据加速度定义，有：

$$\vec{a} = \frac{d\vec{v}}{dt} = \frac{d(v\vec{\tau})}{dt}$$

式中，v 和 $\vec{\tau}$ 分别表示速度的大小和方向，通常二者是时间的函数，因此上式可以写成：

$$\vec{a} = \frac{d(v\vec{\tau})}{dt} = \overbrace{\frac{dv}{dt}\vec{\tau}}^{\text{I}} + \overbrace{v\frac{d\vec{\tau}}{dt}}^{\text{II}} \tag{1-14}$$

第 I 项：方向为过 P_1 点的切线方向，也就是 P_1 点速度的方向，称为切向加速度，切向加速度改变速度的大小，用 $\vec{a}_\tau$ 表示如下：

$$\vec{a}_\tau = \frac{dv}{dt}\vec{\tau} \tag{1-15}$$

第 II 项是什么呢？当 $\Delta t \to 0$，P_2 点趋近于 P_1 点，$d\vec{\tau}$ 的方向与切向单位矢量 $\vec{\tau}$ 垂直，即沿法向，可以用法向单位矢量 $\vec{n}$ 来表示 $d\vec{\tau}$ 的方向，因此得 $d\vec{\tau} = |d\vec{\tau}|\vec{n}$。

如图 1-12（b）所示，在一腰长为 $|\vec{\tau}|$ 的等腰三角形中，$|d\vec{\tau}| = |\vec{\tau}| \cdot d\theta$，故第 II 项可以写成：

$$v\frac{d\vec{\tau}}{dt} = v\frac{d\theta}{dt}|\vec{\tau}|\vec{n} = v\frac{ds}{\rho dt}\vec{n} = \frac{v^2}{\rho}\vec{n} \tag{1-16}$$

式中，ρ 是质点运动轨迹内切圆曲率半径。可以用 $\vec{a}_n$ 表示第 II 项：

$$\vec{a}_n = \frac{v^2}{\rho}\vec{n} \tag{1-17}$$

$\vec{a}_n$ 称为法向加速度，法向加速度改变速度方向。

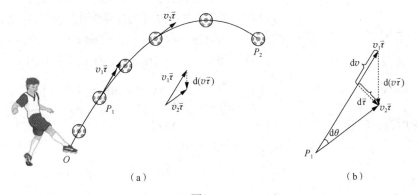

图 1-12

质点做曲线运动时的加速度表示如下：

$$\vec{a} = \vec{a}_\tau + \vec{a}_n = \frac{dv}{dt}\vec{\tau} + \frac{v^2}{\rho}\vec{n} \qquad (1\text{-}18)$$

加速度的大小为

$$a = |\vec{a}| = \sqrt{a_n^2 + a_\tau^2} = \sqrt{\left(\frac{v^2}{\rho}\right)^2 + \left(\frac{dv}{dt}\right)^2} \qquad (1\text{-}19)$$

如图 1-13（a）所示，加速度的方向为

$$\beta = \tan^{-1}\frac{a_\tau}{a_n} \qquad (1\text{-}20)$$

对于抛体运动，加速度为重力加速度 g，方向竖直向下。

如图 1-13（b）所示，$\theta(\vec{v},\vec{a}) < 90°$ 时为加速运动，$\theta(\vec{v},\vec{a}) > 90°$ 时为减速运动。如果 $\vec{a} = \frac{dv}{dt}\vec{\tau} = a_\tau\vec{\tau}$，则质点做直线运动。如果 $\vec{a} = \frac{v^2}{\rho}\vec{n} = a_n\vec{n}$，则质点做匀速曲线运动；如果 ρ 为常数，则质点做圆周运动，此时 ρ 等于圆周运动的半径 R。质点运动中轨迹上任意点对应的曲率半径为

$$\rho = \frac{v^2}{\sqrt{a^2 - \left(\frac{dv}{dt}\right)^2}} = \frac{v^2}{a_n} \qquad (1\text{-}21)$$

图 1-13

【例题 1-1】 分析加速度为 a 的匀加速直线运动的运动规律。

解： 假设质点沿水平方向运动，运动发生在一维方向上，故位移、速度、加速度视为标量讨论。如图 1-14 所示，$t = 0$ 时，质点在坐标原点，其位置坐标 $x = 0$，质点的速度为 v_0。

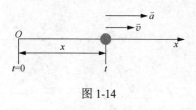

图 1-14

（1）匀加速运动中加速度为常矢量，由

$$a = \frac{dv}{dt} \Rightarrow dv = a dt \Rightarrow \int_{v_0}^{v} dv = \int_0^t a dt$$

可得速度为

$$v = v_0 + at$$

由

$$v = \frac{dx}{dt} \Rightarrow dx = (v_0 + at)dt \Rightarrow \int_0^x dx = \int_0^t (v_0 + at)dt$$

可得运动方程为
$$x = x_0 + v_0 t + \frac{at^2}{2}$$

（2）匀加速直线运动中是一维问题，质点的位移、速度、加速度可看作标量，已知加速度为 a，$t=0$ 时，$x_0=0$，$v=v_0$。因为
$$a = \frac{dv}{dt} \Rightarrow a = \frac{dv}{dt} = \frac{dv}{dx}\frac{dx}{dt} = v\frac{dv}{dx}$$
所以有
$$\int_{v_0}^{v} v\,dv = \int_{0}^{x} a\,dx$$
可得速度随坐标的变化关系为
$$v^2 = v_0^2 + 2ax$$

【例题 1-2】如图 1-15 所示，质点以角速度 $\omega = \pi/3$ 做匀速圆周运动，圆周半径 $r = 0.5\text{m}$。求质点的速度。

解：在如图 1-15 所示的直角坐标系中进行讨论。给出 P 点的坐标，即得到质点的运动学方程为
$$x = 0.5\cos\frac{\pi}{3}t, \quad y = 0.5\sin\frac{\pi}{3}t$$
质点的位矢为
$$\vec{r} = 0.5\cos\frac{\pi}{3}t\,\vec{i} + 0.5\sin\frac{\pi}{3}t\,\vec{j}$$
由速度的定义得
$$\vec{v} = \frac{dx}{dt}\vec{i} + \frac{dy}{dt}\vec{j} = -\frac{\pi}{6}\sin\frac{\pi}{3}t\,\vec{i} + \frac{\pi}{6}\cos\frac{\pi}{3}t\,\vec{j}$$

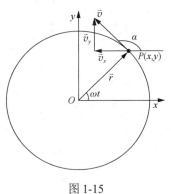

图 1-15

速度的大小为
$$|\vec{v}| = \sqrt{\left(\frac{dx}{dt}\right)^2 + \left(\frac{dy}{dt}\right)^2} = \frac{\pi}{6}(\text{m/s})$$
速度的方向为
$$\cos\alpha = \frac{v_x}{|\vec{v}|} = \frac{-\frac{\pi}{6}\sin\frac{\pi}{3}t}{\pi/6} = -\sin\frac{\pi}{3}t$$
可得
$$\alpha = \frac{\pi}{2} + \frac{\pi}{3}t$$

【例题 1-3】如图 1-16 所示，半径为 R 的滑轮，绕水平轴 O_1 转动。轮的边缘绕有绳，绳的一端连接一重物，其运动方程为 $y = bt^2/2$。求轮缘上任意一点 M 的速度和加速度。

解：设 $t=0$ 时重物位于 $y=0$，轮缘上的 M 点位于自然坐标原点 O'。任意时刻 t，M 点运动学方程记作：

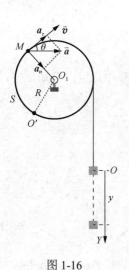

图 1-16

$$s = \frac{1}{2}bt^2$$

M 点的速率为

$$v = \frac{ds}{dt} = bt$$

方向沿 M 点的切线方向。

法向加速度为

$$\vec{a}_n = \frac{v^2}{R}\vec{n} = \frac{b^2t^2}{R}\vec{n}$$

切向加速度为

$$\vec{a}_\tau = \frac{dv}{dt}\vec{\tau} = b\vec{\tau}$$

M 点的加速度为

$$\vec{a} = a_n\vec{n} + a_\tau\vec{\tau} = \frac{b^2t^2}{R}\vec{n} + b\vec{\tau}$$

加速度的大小为

$$|\vec{a}| = \sqrt{a_n^2 + a_\tau^2} = \sqrt{\left(\frac{b^2t^2}{R}\right)^2 + b^2}$$

加速度的方向为

$$\tan\theta = \frac{a_n}{a_\tau} = \frac{bt^2}{R}$$

1.3 质点的圆周运动

对于圆周运动，也可以采用角位置、角位移、角速度和角加速度来做角量描述。

如图 1-17 所示，当质点做半径为 R 的圆周运动时，采用极坐标表示。t 时刻质点在 B 的角位置坐标为 $\theta(t)$，即弧 $\overset{\frown}{AB}$ 所对应的圆心张角，则质点的运动方程记作：

$$\theta = \theta(t) \tag{1-22}$$

$t + \Delta t$ 时刻质点角位置坐标为 $\theta(t + \Delta t) = \theta(t) + \Delta\theta$，单位为 rad。

由此可得角位移为

$$\Delta\theta = \theta(t + \Delta t) - \theta(t) \tag{1-23}$$

与之前速度定义类似，平均角速度是角位移 $\Delta\theta$ 与对应时间间隔 Δt 的比值，即

$$\bar{\omega} = \frac{\Delta\theta}{\Delta t}$$

瞬时角速度是时间间隔 Δt 趋近于零时取极限的结果（角速度）：

$$\omega = \lim_{\Delta t \to 0}\frac{\Delta\theta}{\Delta t} = \frac{d\theta}{dt} \tag{1-24}$$

角速度是角位移对时间的一阶导数，单位为 rad/s。

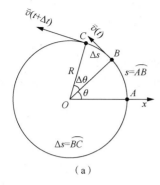 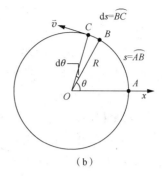

图 1-17

角速度增量为
$$\Delta\omega = \omega(t+\Delta t) - \omega(t)$$

平均角加速度为
$$\bar{\beta} = \frac{\Delta\omega}{\Delta t}$$

瞬时角加速度（角加速度）为
$$\beta = \lim_{\Delta t \to 0} \frac{\Delta\omega}{\Delta t} = \frac{d\omega}{dt} = \frac{d^2\theta}{dt^2} \tag{1-25}$$

角加速度是角速度对时间的一阶导数、角位移对时间的二阶导数，单位为 rad/s^2。

圆周运动中速率和角速度的关系如下：
$$ds = Rd\theta \Rightarrow v = \frac{ds}{dt} = R\omega \tag{1-26}$$

圆周运动的加速度也可以用角量表示，将 $v = R\omega$ 代入两个方向的加速度，得
$$a_n = \frac{v^2}{R} = R\omega^2, \quad a_\tau = \frac{dv}{dt} = \frac{Rd\omega}{dt} = R\beta$$

对于做匀变速圆周运动的质点，角加速度 β 为常数。根据 $\beta = \frac{d\omega}{dt}$ 和 $\omega = \frac{d\theta}{dt}$，利用初始条件 $t=0$，$\omega = \omega_0$，$\theta = \theta_0$，经过积分运算得

$$\begin{cases} \omega = \omega_0 + \beta t \\ \theta = \theta_0 + \omega_0 t + \frac{1}{2}\beta t^2 \\ \omega^2 = \omega_0^2 + 2\beta(\theta - \theta_0) \end{cases} \tag{1-27}$$

【**例题 1-4**】计算地球自转时北京、上海和广州三地的速度和加速度。

解：地球的自转周期为
$$T = 1d = 24 \times 60 \times 60 = 86400(s)$$

故地球自转的角速度为
$$\omega = 2\pi/T = 2\pi/86400 = 7.27 \times 10^{-5}(s^{-1})$$

如图 1-18 所示，北京、上海和广州分别位于地球上不同的纬度，三地均在一个与赤道平面平行的不同半径的圆周上做圆周运动，已知地球半径 $R = 6370km$，三地所在处对应的圆周运动的速率记作：

$$v = \omega R' = \omega R\cos\varphi = 4.65\times 10^2 \cos\varphi (\text{m/s})$$

加速度为

$$a_n = \omega^2 R' = \omega^2 R\cos\varphi = 3.37\times 10^{-2} \cos\varphi (\text{m/s}^2)$$

已知北京、上海和广州三地的纬度分别为北纬 $39°57'$、$31°12'$、$23°00'$，故可以计算出三地的速度和加速度分别为

北京：$v = 356(\text{m/s})$，$a_n = 2.58\times 10^{-2}(\text{m/s}^2)$；

上海：$v = 398(\text{m/s})$，$a_n = 2.89\times 10^{-2}(\text{m/s}^2)$；

广州：$v = 428(\text{m/s})$，$a_n = 3.10\times 10^{-2}(\text{m/s}^2)$。

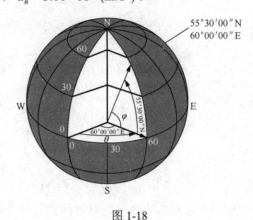

图 1-18

1.4 相对运动和伽利略坐标变换

描述物体的运动规律需要选择适当的参考系。凡是牛顿运动定律适用的参考系均称为惯性参考系。反之，牛顿运动定律在其间不成立的参考系称为非惯性参考系。可以依据观察和经验来定义和判断一个参考系是否为惯性参考系。例如，地面小桌板上有个苹果，若没人捡起，苹果所受合外力为零，会一直静止，直至腐烂。当搭乘飞机时，面前小桌板上的苹果，在飞机滑跑、起飞或降落阶段，在飞机座位上可眼见苹果在合外力为零的情况下从小桌板滚落。可见，此时搭乘的飞机或飞机机舱并不是一个惯性参考系。地面是惯性参考系，其他相对于地面做匀速直线运动的参考系也都可看作惯性参考系。

牛顿在《自然哲学的数学原理》一书中论述了空间和运动的关系：空间分为绝对空间和相对空间，运动分为绝对运动和相对运动；绝对空间中，物体所在的空间是静止的；相对空间中物体所在的空间是运动的；绝对运动是物体从绝对"处所"转移到另外一个绝对"处所"，相对运动是物体从相对"处所"转移到另外一个相对"处所"；物体的绝对运动和相对运动之间满足伽利略坐标变换关系。

设地面静止参考系为 S，相对于地面运动的参考系为 S'，以速度 $\vec{v}_0$ 做匀速直线运动（如运动的车）。t 时刻 S' 系的坐标原点 O' 在 S 系中的观察位矢为 $\vec{r}_0$，如图1-19所示。在 S 系中，质点的位矢为 $\vec{r}$，在 S' 系中，质点的位矢为 $\vec{r}'$。根据绝对时空观，位矢、时间间隔的测量与参考系无关，所以有

$$\vec{r} = \vec{r}_0 + \vec{r}' \tag{1-28}$$

位矢对时间一阶导数为

$$\vec{v} = \vec{v}_0 + \vec{v}' \tag{1-29}$$

位矢对时间二阶导数为

$$\vec{a} = \vec{a}_0 + \vec{a}' \tag{1-30}$$

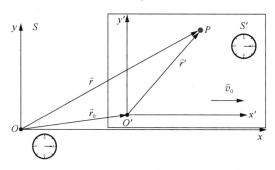

图 1-19

质点相对于 S 系的运动为绝对运动,具有绝对速度 $\vec{v}$ 和绝对加速度 $\vec{a}$,质点相对于 S' 系的运动为相对运动,具有相对速度 $\vec{v}'$ 和相对加速度 $\vec{a}'$。S' 系相对于 S 系的运动为牵连运动,具有牵连速度 $\vec{v}_0$ 和牵连加速度 $\vec{a}_0$,其中 $a_0 = 0$。

在建立上述关系的过程中,$\vec{r}$、$\vec{r}_0$ 是 S 系的观察者观察的结果,而 $\vec{r}'$ 是 S' 系的观察者观察的结果,三者可以做矢量运算,说明 $\vec{r}'$ 不论从 S 系还是 S' 系来看,都是一样的,可见长度的测量与观察者是否运动无关,这里包含了牛顿绝对空间的思想。同理,在上面的讨论中,并未区分不同参考系的时间,日常经验告诉我们,时间的度量不依赖于观察者,时间是绝对而客观的,这就是牛顿的绝对时间。通过对相对论的学习会发现,绝对空间和绝对时间是对时空狭隘的认知,但是在以宏观低速运动为研究对象时依然正确。

根据式(1-28)可知,伽利略坐标变换的直角坐标表示如下:

$$\begin{cases} x = x' + ut \\ y = y' \\ z = z' \\ t = t' \end{cases} \quad 或 \quad \begin{cases} x' = x - ut \\ y' = y \\ z' = z \\ t' = t \end{cases}$$

【例题 1-5】一个人相对于江水以 4.0km/h 的速度划船前进,如图 1-20 所示。试求:(1)江水流速为 3.5km/h 时,沿何方向划行方可垂直过江?(2)江宽 $l = 2.0$km,需要多长时间可以渡过?(3)若此人顺流划行 2.0h,则需要多长时间可回到原处?

解:(1)船相对于水的运动是相对运动 v',船相对于岸的运动是绝对运动 v,水相对于岸的运动是牵连运动 v_0,船相对于岸的速度为 $\vec{v} = \vec{v}_0 + \vec{v}'$,根据题意,有 $\vec{v} \perp \vec{v}_0$,所以有 $\vec{v}' = 4.0$km/h,$\vec{v}_0 = 3.5$km/h,可得

$$\sin\theta = \frac{|\vec{v}_0|}{|\vec{v}'|} = 0.875 \Rightarrow \theta = 61°$$

24　大学物理教程（上册）（第二版）

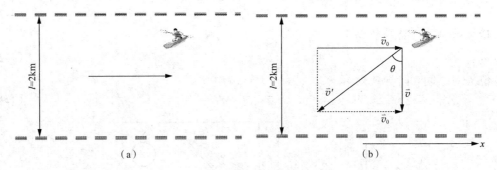

图 1-20

（2）根据题意，有
$$|\vec{v}| = |\vec{v}'|\cos 61°$$
$$t = \frac{l}{|\vec{v}|} = 1.03(\text{h})$$

（3）顺流划行时，船的绝对速度大小为
$$v = v' + v_0 = 7.5(\text{km/h})$$

2.0h 后位于出发点 $2 \times 7.5 = 15$km 处。逆流划行时，船的绝对速度大小为
$$v = v' - v_0 = 0.5(\text{km/h})$$

回到原点所需的时间为
$$t = \frac{15}{v} = 30(\text{h})$$

【例题 1-6】飞机飞行中受横风影响分析。试求：（1）如图 1-21（a）所示，气流方向为正东，速度为 100km/h，飞机相对于气流向正北方向飞行，速度为 240km/h，飞机相对于地面的速度是多少？（2）如图 1-21（b）所示，气流方向为正东，速度为 100km/h，飞机相对于气流向北偏西方向飞行，速度为 240km/h，飞机相对于地面的速度是多少？

解：（1）飞机相对于气流的速度是空速，相对于地面的速度是地速，飞机相对于地面的速度为
$$\vec{v}_{地速} = \vec{v}_{空速} + \vec{v}_{气流速度}$$
$$v_{地速} = \sqrt{v_{空速}^2 + v_{气流速度}^2} = \sqrt{240^2 + 100^2} = 260(\text{km/h})$$

方向为北偏东，即
$$\theta = \arctan\frac{100}{240} = 22.6°$$

（2）飞机相对于地面的速度为
$$\vec{v}_{地速} = \vec{v}_{空速} + \vec{v}_{气流速度}$$
$$v_{地速} = \sqrt{v_{空速}^2 - v_{气流速度}^2} = \sqrt{240^2 - 100^2} = 218.2(\text{km/h})$$

方向为正北。

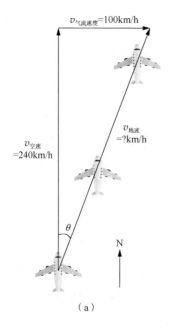 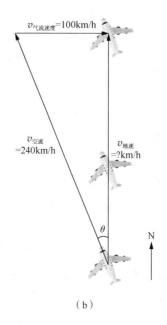

图 1-21

科学家小故事

钱学森

钱学森，1911 年出生于上海，1929—1934 年就读于国立交通大学机械工程系；1935 年 9 月进入美国麻省理工学院航空系学习，此前到杭州笕桥飞机场和南京、南昌飞机修理厂实习 1 年；1936 年 9 月转入美国加州理工学院航空系，在世界著名力学大师冯·卡门（von Karman）教授指导下，从事航空工程理论和应用力学的学习研究，先后获航空工程硕士学位，航空、数学博士学位；1947 年任麻省理工学院教授；1956 年任中国科学院力学研究所所长；1957 年补选为中国科学院学部委员（院士）；1965 年任中华人民共和国第七机械工业部副部长；1970 年任中国人民解放军国防科学技术委员会副主任；1986 年 6 月任中国科学技术协会主席；1994 年当选中国工程院院士。

钱学森在应用力学的空气动力学方面和固体力学方面都做过开拓性的工作。与冯·卡门合作进行的可压缩边界层的研究，揭示了这一领域的一些温度变化情况，创立了卡门-钱学森方法。与郭永怀合作最早在跨声速流动问题中引入上下临界马赫数的概念；提出物理力学概念，主张从物质的微观规律确定其宏观力学特性，开拓了高温高压的新领域；主持完成了"喷气和火箭技术的建立"规划，参与了近程导弹、中近程导弹和中国第一颗人造卫星的研制，直接领导了用中近程导弹运载原子弹"两弹结合"实验，参与了中国近程导弹运载原子弹"两弹结合"试验，参与制定了中国第一个星际航空的发展规划，发展建立了工程控制论和系统学等；编著《物理力学讲义》，把物理力学扩展到原子分子设计的工程技术上；发展了系统学和开放的复杂巨系统的方法论；提出创建思维科学这一科学技术部门；提出用"人体功能态"理论来描述人体这一开放的复杂巨系统，研究系统的结构、功能和行为；将当代科学技术发展状况归纳为十个紧密相联的科学技术部门。

钱学森被国务院、中央军委授予"国家杰出贡献科学家"荣誉称号，被中央军委授予一级英雄模范奖章，被中央中央、国务院、中央军委授予"两弹一星"功勋奖章。

1.5 重难点分析与解题指导

重难点分析

运动学涉及的问题很难清楚地将它分出属于哪一种类型,往往是综合在一起的,可以根据问题的具体情况分析它属于哪几类问题的综合,能够运用怎样的数学技巧,这样在分析过程中比较容易找到解题途径。

解题指导

1. 与运动方程相关问题是运动学问题

求解与运动方程相关的问题可以粗略分为以下三类。

(1) 已知运动方程 $\vec{r}=\vec{r}(t)$,求速度 $\vec{v}$ 和加速度 $\vec{a}$。这类问题的主要运算过程是求导。具体需要考虑各种坐标系中速度、加速度分量的表达形式。

(2) 已知 $\vec{a}=\vec{a}(t)$ 或 $\vec{a}=\vec{a}(\vec{v})$ 或 $\vec{a}=\vec{a}(\vec{r})$,求 $\vec{v}=\vec{v}(t)$、$\vec{r}=\vec{r}(t)$。显然这类问题是第一类问题的逆过程,它的基本计算方法是积分,有时也要解一些简单的微分方程。对于已知 $\vec{a}=\vec{a}(t)$ 这种情况,只要用积分公式可直接积分,对于后两种情况,要通过适当的积分变换后才能积分。

(3) 已知 $\vec{r}=\vec{r}(t)$ 的具体函数式,或者已知质点运动的具体情况,求质点运动的轨道及曲率半径 ρ。运动轨道,即求不含时间参数 t 的轨道方程。求质点运动轨道的曲率半径,可以通过先求出法向加速度 a_n,然后由 $\rho=v^2/a_n$ 求出 ρ,在此不做具体展开分析。

【例题 1-7】如图 1-22 所示。已知质点做匀速圆周运动,圆周半径为 r,角速度为 ω,用直角坐标法、位矢法和自然法来表示质点的运动方程。求质点运动的速度和加速度,并分析其运动。

解:质点的位置坐标为

$$\begin{cases} x=r\cos\omega t \\ y=r\sin\omega t \end{cases}$$

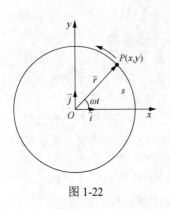

图 1-22

质点的位矢方程为

$$\vec{r}=x\vec{i}+y\vec{j}=r\cos\omega t\vec{i}+r\sin\omega t\vec{j}$$

质点的自然坐标为

$$s=r\omega t$$

位矢 $\vec{r}$ 对时间求导可得粒子的速度为

$$\vec{v}=\frac{d\vec{r}}{dt}=-r\omega\sin\omega t\vec{i}+r\omega\cos\omega t\vec{j}$$

速度对时间求导可得粒子的加速度为

$$\vec{a}=\frac{d\vec{v}}{dt}=-r\omega^2\cos\omega t\vec{i}-r\omega^2\sin\omega t\vec{j}$$

粒子加速度的方向与位矢方向相反,始终指向原点(圆心)。

【例题 1-8】如图 1-23 所示,直杆 AB 在固定导轨上滑动,杆的倾角 $\varphi=\omega t$,ω 为常量。求 M 点的运动方程及轨迹,证明加速度的方向始终指向椭圆中心。

解：M 点的坐标及运动方程为
$$x = a\cos\varphi = a\cos\omega t$$
$$y = b\sin\varphi = b\sin\omega t$$
M 点的位矢及运动方程为
$$\vec{r} = x\vec{i} + y\vec{j} = a\cos\omega t\vec{i} + b\sin\omega t\vec{j}$$
M 点的轨迹为
$$\frac{x^2}{a^2} + \frac{y^2}{b^2} = 1$$
M 点的加速度在 x、y 轴上的投影为
$$a_x = \frac{d^2 x}{dt^2} = -\omega^2 a\cos\omega t$$
$$a_y = \frac{d^2 y}{dt^2} = -\omega^2 b\sin\omega t$$
M 点的加速度为
$$\vec{a} = -\omega^2(a\cos\omega t\vec{i} + b\sin\omega t\vec{j}) = -\omega^2\vec{r}$$

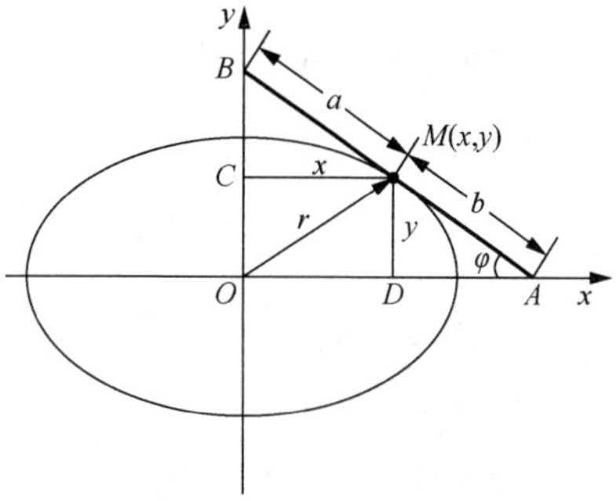

图 1-23

所以加速度的方向始终指向椭圆中心。

2. 求解质点运动状态时，往往涉及变化的物理量

要充分注意哪些物理量是变化的？随着哪个量变化？可以转换成哪个变量？这时涉及变化的物理量是一个函数，在进行微分和积分运算时要特别注意变量的关系。常用的数学技巧具体如下。

（1）分离变量法。如果已知 $a = f(v)$，则有
$$\frac{dv}{dt} = f(v)$$
将上式变换为
$$\frac{dv}{f(v)} = dt$$
变换后，方可两边同时进行积分：
$$\int\frac{dv}{f(v)} = \int dt \Rightarrow \int_{v_0}^{v}\frac{dv}{f(v)} = \int_{t_0}^{t}dt$$
得到速度 $v(t)$，进一步得到 $x(t)$。

（2）换元法。如果已知 $a = f(x)$，则 $\frac{dv}{dt} = f(x)$ 显然不能直接积分，需要做如下数学变换：
$$\frac{dv}{dt} = \frac{dv}{dx}\frac{dx}{dt} = v\frac{dv}{dx} \Rightarrow v\frac{dv}{dx} = f(x) \Rightarrow \int v dv = \int f(x)dx$$
由此可以解出速度函数 $v(x)$，再变换求出 $x = x(t)$。对于这类简单的数学变换必须要熟悉，解决物理问题的过程是离不开数学运算技巧的。

【例题 1-9】一个粒子沿着 x 轴运动，其加速度 $a(t) = 6t$，初始速度 $v_0 = v(t=0) = -27$，初始位置 $x_0 = x(t=0) = 4$。求粒子的运动方程。

解：在直线运动中，$a = \frac{dv}{dt} = 6t$，因为 $v(t) = \frac{dx}{dt} = -27 + 3t^2$，所以有

$$dx = (3t^2 - 27)dt$$

因为 $dv = 6tdt$，对上式两边同时积分，可得

$$\int_{v_0}^{v(t)} dv = \int_0^t 6t dt$$

$$v(t) - v_0 = 3t^2 \big|_0^t = 3t^2$$

可以得到速度为

$$v(t) = v_0 + 3t^2 = -27 + 3t^2$$

对上式两边同时积分，可得

$$\int_{x_0}^{x(t)} dx = \int_0^t (3t^2 - 27)dt$$

$$x(t) - x_0 = (t^3 - 27t)\big|_0^t = t^3 - 27t$$

可得运动方程为

$$x(t) = x_0 + t^3 - 27t = t^3 - 27t + 4$$

【例题 1-10】如图 1-24 所示，岸上的人拉湖中的船，船以匀速度 $\vec{v}_0$ 向岸靠近，求船距岸 x 时，人收绳的速率和加速度大小。

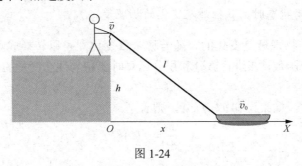

图 1-24

解：取图 1-24 所示的坐标系，船到人手这一段绳长 $l = \sqrt{x^2 + h^2}$，船速 $v_0 = \dfrac{dx}{dt}$，人收绳速率为

$$v = \frac{dl}{dt} = \frac{1}{2} \frac{2x}{\sqrt{x^2 + h^2}} \frac{dx}{dt} = \frac{x}{\sqrt{x^2 + h^2}} v_0$$

加速度大小为

$$a = \frac{dv}{dt} = \frac{d}{dt}\left(\frac{x}{\sqrt{x^2 + h^2}} v_0\right) = \frac{h^2}{(x^2 + h^2)^{3/2}} \frac{dx}{dt} = \frac{h^2}{(x^2 + h^2)^{3/2}} v_0^2$$

【例题 1-11】一个浸没在某液体中的小球，由静止释放下沉，其加速度 $a = 6 - v$，若液体足够深，求小球下沉的速度 v 与时间 t 的关系。

解：研究对象是浸没在液体中的小球，已知其加速度为

$$a = 6 - v = \frac{dv}{dt} = -\frac{d(6-v)}{dt}$$

分离变量，即

$$\frac{d(6-v)}{6-v} = -dt$$

两边积分,有

$$\int_0^v \frac{\mathrm{d}(6-v)}{6-v} = -\int_0^t \mathrm{d}t$$

得

$$\ln\frac{6-v}{6-0} = -t \Rightarrow v = 6(1-\mathrm{e}^{-t})$$

可见,小球下沉的速度随时间逐渐增大,但增加的幅度按指数规律迅速减小(图 1-25),即速度很快趋向于一个极限:$v_{\max} = 6\mathrm{m/s}$。实际上,当 $t = 5\mathrm{s}$ 时,$v = 5.9596\mathrm{m/s}$;$t = 10\mathrm{s}$ 时,$v = 5.9997\mathrm{m/s}$,已经非常接近极限速度了。

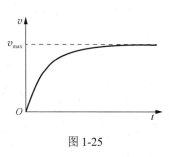

图 1-25

【**例题 1-12**】在一直线运动中,质点的加速度 $a = 2 + 6x^2$,初始时 $v|_{x=0} = 0$。求质点运动速度和位置之间的函数关系。

解:在加速度的定义中,它是速度对时间的导数。本题中加速度是位移的函数,利用换元法把时间变量消去换成与位置有关的变量,即

$$a = \frac{\mathrm{d}v}{\mathrm{d}t} = \frac{\mathrm{d}v}{\mathrm{d}x}\frac{\mathrm{d}x}{\mathrm{d}t} = \frac{\mathrm{d}v}{\mathrm{d}x}v = 2 + 6x^2$$

上述方程中只含与速度和位置有关的变量。

用分离变量法,把与位置、速度有关的项分别移动到方程的两边,有

$$v\mathrm{d}v = (2+6x^2)\mathrm{d}x$$

两边分别积分,有

$$\int_{v(0)}^{v(x)} v\mathrm{d}v = \int_0^x (2+6x^2)\mathrm{d}x$$

可得

$$\frac{1}{2}\left[v^2(x) - v^2(0)\right] = 2x + 2x^3$$

$$v(x) = 2\sqrt{x + x^3}$$

请注意:这里得到的速度不再是时间的函数,而是位置的函数。在本书中经常见到类似 $\left[v^2(r) - v^2(0)\right]/2 = \int_0^r \vec{a}(r) \cdot \mathrm{d}\vec{r}$ 的表达形式。此时我们关心的是速度随位置的变化,而不再是速度随时间的变化。这样的表达形式在考虑做功、应用动能定理和功能原理解决问题时会非常方便。

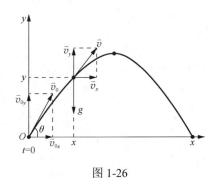

图 1-26

【**例题 1-13**】在直角坐标系中分析抛体运动。

解:如图 1-26 所示,仅受重力影响的质点以初始速度 $\vec{v}_0$、倾角 θ 斜向上抛出。初始条件 $t = 0$ 时,$x_0 = y_0 = 0$,$v_{0x} = v_0\cos\theta$,$v_{0y} = v_0\sin\theta$,任意位置质点的加速度为 $a_x = 0$,$a_y = -g$。

(1)求速度方程。由题意可知

$$\begin{cases} a_x = \dfrac{dv_x}{dt} = 0 \\ a_y = \dfrac{dv_y}{dt} = -g \end{cases} \Rightarrow \begin{cases} dv_x = 0 \\ dv_y = -gdt \end{cases} \Rightarrow \begin{cases} \int dv_x = 0 \\ \int dv_y = -\int gdt \end{cases} \Rightarrow \begin{cases} v_x = c_1 \\ v_y = -gt + c_2 \end{cases}$$

将初始条件 $t=0$ 时 $\begin{cases} v_{0x} = v_0\cos\theta \\ v_{0y} = v_0\sin\theta \end{cases}$ 代入，得到任意时刻的速度为

$$\begin{cases} v_x = v_0\cos\theta \\ v_y = v_0\sin\theta - gt \end{cases}$$

（2）求运动方程和轨道方程。由题意可知

$$\begin{cases} dx = v_0\cos\theta dt \\ dy = (v_0\sin\theta - gt)dt \end{cases} \Rightarrow \begin{cases} \int dx = \int v_0\cos\theta dt \\ \int dy = \int (v_0\sin\theta - gt)dt \end{cases}$$

代入初始条件 $t=0$ 时 $x_0 = y_0 = 0$，得到任意时刻的位置为

$$\begin{cases} x = v_0 t\cos\theta \\ y = v_0 t\sin\theta - \dfrac{1}{2}gt^2 \end{cases}$$

从上式中消去时间 t 得到轨道方程为

$$y = x\tan\theta - \dfrac{g}{2v_0^2\cos^2\theta}x^2$$

（3）重力场中的斜抛运动可分解为独立的两个运动的叠加。由题意可知

$$\begin{cases} x = v_0 t\cos\theta \\ y = v_0 t\sin\theta - \dfrac{1}{2}gt^2 \end{cases}$$

可以得到质点的矢量运动方程为

$$\vec{r} = x\vec{i} + y\vec{j} = v_0 t\cos\theta\vec{i} + \left(v_0 t\sin\theta - \dfrac{1}{2}gt^2\right)\vec{j}$$

可见，斜抛运动可分解为水平方向匀速运动和在重力场中竖直方向的上抛运动。如果改写为

$$\vec{r} = x\vec{i} + y\vec{j} = (v_0 t\cos\theta\vec{i} + v_0 t\sin\theta\vec{j}) + \left(-\dfrac{1}{2}gt^2\right)\vec{j}$$

则斜抛运动可分解为与水平方向成 θ 角的匀速运动和在重力场中的自由落体运动。

第 2 章 质点动力学

质点运动学讲解了质点几何运动规律,没有涉及力和运动之间的关系,这个问题正是质点动力学所要解决的问题。本章主要内容有牛顿运动三大定律及它的三个推论,这三个推论是动量定律、动能定理和角动量定理。角动量定理将在刚体力学基础中描述。

2.1 牛顿运动定律

2.1.1 牛顿运动三大定律

1. 牛顿第一定律

任何物体,在不受外力作用时,总保持静止状态或匀速直线运动状态,直到其他物体对它施加作用力迫使它改变这种状态为止,这就是牛顿第一定律,牛顿第一定律也称惯性定律。该定律科学地阐明了力和惯性这两个物理概念,正确地解释了力和运动状态的关系,说明力并不是维持物体运动的条件,而是改变物体运动状态的原因;提出了一切物体都具有保持其运动状态不变的性质——惯性。牛顿第一定律主要是从天文观察中间接推导而来的,是抽象概括的结论,不能单纯按字面定义,而是应用实验直接验证。与实际情况较接近的说法是:任何物体在所受外力的合力为零时,都保持原有的运动状态不变,即原来静止的继续静止,原来运动的继续做匀速直线运动。惯性是物体的一种固有属性,表现为物体对其运动状态变化的一种阻抗程度,质量是对物体惯性大小的量度。

2. 牛顿第二定律

牛顿第二定律的一般表述为:物体运动的加速度的大小与其所受合力的大小成正比,与其质量成反比,加速度的方向与所受合力的方向相同。即作用于该物体上各力的合力等于物体的质量与在该力作用下所产生的加速度的乘积。这里所指的物体是质点。合外力的方向决定了物体加速度的方向,加速度的方向反映了物体所受的合外力的方向。加速度和合外力是即时相对应的。物体在每一时刻的即时加速度,是与那一时刻所受的合外力成正比的。恒力产生恒定的加速度,变力产生变加速度,若力的作用消失,则加速度也消失。物体在合外力作用下如何运动,视合外力是恒力还是变力,以及初始运动状态而定。

牛顿第一定律定性地指出了力与运动的关系,牛顿第二定律则给出力与运动的定量关系。怎样定量描述运动呢?牛顿定义的运动是物体质量和速度的乘积,这就是动量,即

$$\vec{p} = m\vec{v}$$

牛顿第二定律中"运动的变化"阐明了其含义就是"运动量的变化",即物体动量的变化(对时间的变化率)与所受外力成正比,且变化量的方向就是合外力的方向,用公式表示如下:

$$\vec{F} = \frac{d(\vec{p})}{dt} = \frac{d(m\vec{v})}{dt} = m\frac{d\vec{v}}{dt} = m\frac{d^2\vec{r}}{dt^2} = m\vec{a} \tag{2-1}$$

1）关于牛顿第二定律的几点说明

（1）动量概念比速度、加速度等概念更普遍和重要；现代物理实验已经证明，当物体速度达到接近光速时，

$$\vec{F} = \frac{d(m\vec{v})}{dt} = m\frac{d\vec{v}}{dt} + \frac{dm}{dt}\vec{v} \tag{2-2}$$

仍然成立，$\vec{F}=m\vec{a}$ 不再适用，因为质量要变化。

（2）如果物体受到的合外力为

$$\vec{F} = \sum_i \vec{F}_i$$

每一个外力作用下产生的加速度的矢量和等于合外力作用下产生的加速度，又称力的叠加原理。

（3）牛顿第二定律在不同的坐标系中有不同的形式。在直角坐标系中的形式为

$$\begin{cases} F_x = \sum_i F_{ix} = m\dfrac{d^2 x}{dt^2} = ma_x \\ F_y = \sum_i F_{iy} = m\dfrac{d^2 y}{dt^2} = ma_y \\ F_z = \sum_i F_{iz} = m\dfrac{d^2 z}{dt^2} = ma_z \end{cases} \tag{2-3}$$

在自然坐标系中的形式为

$$\begin{cases} F_\tau = \sum_i F_{i\tau} = m\dfrac{dv}{dt} = ma_\tau \\ F_n = \sum_i F_{in} = m\dfrac{v^2}{\rho} = ma_n \end{cases} \tag{2-4}$$

（4）在连续介质中，牛顿第二定律变为复杂的非线性偏微分方程，在直角坐标系中的形式为

$$\begin{cases} \dfrac{\partial u}{\partial t} + u\dfrac{\partial u}{\partial x} + v\dfrac{\partial u}{\partial y} + w\dfrac{\partial u}{\partial z} = -\dfrac{1}{\rho}\dfrac{\partial p}{\partial x} + \nu\left(\dfrac{\partial^2 u}{\partial x^2} + \dfrac{\partial^2 u}{\partial y^2} + \dfrac{\partial^2 u}{\partial z^2}\right) + F_x \\ \dfrac{\partial v}{\partial t} + u\dfrac{\partial v}{\partial x} + v\dfrac{\partial v}{\partial y} + w\dfrac{\partial v}{\partial z} = -\dfrac{1}{\rho}\dfrac{\partial p}{\partial y} + \nu\left(\dfrac{\partial^2 v}{\partial x^2} + \dfrac{\partial^2 v}{\partial y^2} + \dfrac{\partial^2 v}{\partial z^2}\right) + F_y \\ \dfrac{\partial w}{\partial t} + u\dfrac{\partial w}{\partial x} + v\dfrac{\partial w}{\partial y} + w\dfrac{\partial w}{\partial z} = -\dfrac{1}{\rho}\dfrac{\partial p}{\partial z} + \nu\left(\dfrac{\partial^2 w}{\partial x^2} + \dfrac{\partial^2 w}{\partial y^2} + \dfrac{\partial^2 w}{\partial z^2}\right) + F_z \end{cases}$$

用流体力学中的随体导数，可以改写为

$$\begin{cases} \dfrac{du}{dt} = -\dfrac{1}{\rho}\dfrac{\partial p}{\partial x} + \nu\left(\dfrac{\partial^2 u}{\partial x^2} + \dfrac{\partial^2 u}{\partial y^2} + \dfrac{\partial^2 u}{\partial z^2}\right) + F_x \\ \dfrac{dv}{dt} = -\dfrac{1}{\rho}\dfrac{\partial p}{\partial y} + \nu\left(\dfrac{\partial^2 v}{\partial x^2} + \dfrac{\partial^2 v}{\partial y^2} + \dfrac{\partial^2 v}{\partial z^2}\right) + F_y \\ \dfrac{dw}{dt} = -\dfrac{1}{\rho}\dfrac{\partial p}{\partial z} + \nu\left(\dfrac{\partial^2 w}{\partial x^2} + \dfrac{\partial^2 w}{\partial y^2} + \dfrac{\partial^2 w}{\partial z^2}\right) + F_z \end{cases} \tag{2-5}$$

式（2-5）就是著名的描述黏性不可压缩流体的 N-S 方程，其中 u、v、w 为流体微团三个方向的速度；ρ 为流体的密度；ν 为流体的黏性；p 为流体内部的压强；F_x、F_y、F_z 为流体微团三个方向上的体积力，如重力。用牛顿第二定律可以这样解释如下：

单位质量流体微团的加速度=压力梯度产生的力+流体黏性力+体积力

2）牛顿第二定律的适用范围

（1）牛顿运动定律适用的参考系就是惯性参考系，否则就是非惯性参考系，这一点在相对论中还要进一步讨论；相对于惯性参考系做匀速直线运动的也是惯性参考系，牛顿运动定律都是适用的，牛顿运动定律的形式也保持不变。地球和太阳都是很好的惯性参考系。

（2）现代物理学研究表明，在低速（比光速小得多）和宏观（用实物粒子波长尺度来判断）领域牛顿定律都适用。高速领域用相对论，微观领域用量子力学。

（3）通常遇见的工程问题和自然现象，以低速和宏观为主，因此牛顿力学依然是工程技术的基础理论。

3. 牛顿第三定律

牛顿第三定律是力学中重要的基本定律之一，又称作用与反作用定律。任何物体间的作用力和反作用力性质相同，同时存在，同时消失，它们的大小相等，方向相反，作用在同一条直线上，分别作用在两个不同物体上。

作用力与反作用力没有本质的区别，不能认为一个力是起因，另一个力是结果。两个力中的任何一个力都可以被认为是作用力，另一个力相对于它就成为反作用力。在低速运动范围，不论是运动物体间还是静止物体间的相互作用，不论是加速运动物体间还是匀速运动物体间的相互作用，不论是短暂的还是持续的相互作用，都遵循牛顿第三定律。

2.1.2 常见力和基本力

1. 常见力

在力学研究的范围里，常见的力有如下几种。

1）重力

地球表面附近的物体受到地球的吸引，由于地球的吸引而使物体受到的力称为重力。在重力作用下，任何物体的加速度为 g。质量为 m 的物体受到的重力大小 $W=mg$，重力和加速度的方向竖直向下，如图 2-1 所示。

2）弹力

发生形变的物体，恢复原状时对与它接触的物体产生的力称为弹力。弹力产生在直接接触的物体之间，并以物体之间的形变为先决条件。弹力的表现形式多样，主要有以下三种。

（1）两个物体通过一定面积相互挤压。通过一定面积相互接触，压紧的两个物体均发生形变。如图 2-2 所示，桌面上的方形重物对桌面挤压，引起桌面形变；球对方形重物挤压，引起重物表面形变；桌面对重物、重物对球之间有一个向上的弹力。力的大小取决于相互挤压的程度，力的方向垂直于接触面而指向对方。物体间的相互作用力满足牛顿第三定律。

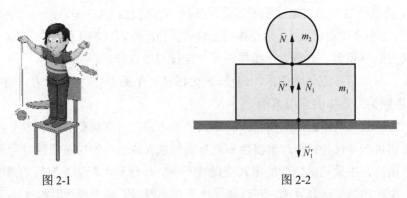

图 2-1　　　　　　　　　　　　　　　图 2-2

（2）绳或线对物体的拉力。如图 2-3（a）所示，由于绳发生了形变而产生拉力，力的大小取决于绳被拉紧的程度，力的方向沿着绳指向绳要收缩的方向。绳产生拉力时，绳内各个小段之间也有互相的弹力作用。如图 2-3（b）所示，想象两个人牵拉绳两端，保持静力平衡，此时可以在张紧的绳上某处截断，绳子被分割成两段，被割断的绳子之间的相互作用弹力叫作张力（好比第三个人在此处牵拉）。在许多实际问题中，讨论对象是轻质的、不可伸缩的绳，绳因质量小可以忽略或无加速度，依据牛顿运动定律可知，绳子内部各段之间的相互作用力——张力相等，等于外力。

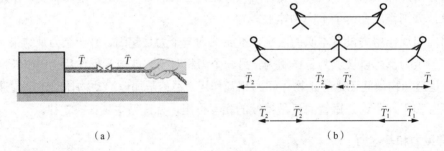

图 2-3

（3）弹簧的弹力。弹簧被拉伸或压缩，对连接体产生弹力。这种力总是力图让弹簧恢复原状，又称为恢复力。在弹性限度内，弹力大小 F 和弹簧形变量 x 成正比，遵守胡克定律 $F=-kx$（k 为刚度系数），力的方向总与弹簧位移方向相反，指向平衡点。

3）摩擦力

两个物体相互接触，接触面粗糙，且沿着接触面的方向有相对滑动时，产生阻碍物体运动的力称为摩擦力。摩擦力的方向总是与相对滑动的方向相反，其大小 $f_k = \mu_k N$，μ_k 是动摩擦系数，与接触面的材料和表面的状态有关，还与物体的相对速度有关，在大多数情况下，它随速度的增大而减小。静摩擦力是一个物体在另一个物体表面上具有相对运动趋势，但并没有发生相对运动时所受到的阻碍物体相对运动趋势的力，其方向总是与相对运动趋势方向相反。最大静摩擦力 $f_{s\max} = \mu_s N$，μ_s 叫作最大静摩擦系数，取决于接触面材料与表面状态，它的大小通常在工程手册中给出。

对于给定的一对接触面来说，$\mu_s > \mu_k$，一般两者都小于 1。在通常的速率范围内，可认为 μ_k 与速率无关。在一般问题的简要分析中，还可认为 μ_k 和 μ_s 相等。

4）流体阻力

流体中的物体与流体有相对运动，物体受到流体阻力。流体阻力取决于物体的大小和形状，还与相对速度的大小有关，其方向与物体相对于流体的速度方向相反。当物体的相对速率较小，流体可从物体周围平顺流过时，流体阻力记作 $f_d = kv$，k 与流体的性质、黏性、密度因素有关。相对速率较大时，阻力大小和相对速率的平方成正比。例如，对于在空气中落下的物体，其所受空气阻力大小记作 $f_d = \frac{1}{2} C\rho A v^2$，其中 C、ρ、A 分别代表空气阻力系数（0.4 到 1.0）、空气的密度和物体有效横截面积。因此可以理解物体从高空下坠时终极速度的概念，即此时物体在空气流体中达到了受力平衡，从而在某一阶段保持匀速直线运动状态。

2. 基本力

尽管力的种类看起来如此复杂，但是近代科学已经证明，自然界中只存在四种基本的力。这四种力为引力、电磁力、强力、弱力。日常生活和工程技术中经常遇到的力有重力、弹力、摩擦力等，是工程技术应用需要的不同分类，其本质还是四种基本力。

1）引力

任何两个物质质点之间的吸引力所满足的规律称为万有引力定律，由牛顿发现。引力又称万有引力，其大小与它们质量的乘积成正比，与它们距离的平方成反比，即

$$F = G \frac{m_1 m_2}{r^2}$$

式中，G 为引力常量，$G = 6.67 \times 10^{-11} [\text{m}^3/(\text{kg} \cdot \text{s}^2)]$。引力的方向沿两个物体的连线。根据现在尚待证实的物理理论，物体间的引力是以一种称为"引力子"的粒子作为传递媒介的。

2）电磁力

电磁力是指带电的粒子或带电的宏观物体间的作用力，它以光子作为传递媒介。两个相距 r、静止的带电粒子 q_1 和 q_2 之间的作用力，由库仑定律描述为

$$f = \frac{k q_1 q_2}{r^2}$$

式中，比例系数 $k = 9 \times 10^9 \text{ N} \cdot \text{m}^2 / \text{C}^2$。

对电磁力的几点说明如下：

（1）电磁力比引力要大得多，两个相邻质子之间的电磁力为 10^2N，引力为 10^{-34}N。

（2）运动的电荷相互间除了有静电力作用外，还有磁力相互作用。磁力实际上是电磁力的一种表现。

（3）分子或原子都是由电荷组成的系统，它们之间的作用力就是电磁力。中性分子或原子间也有相互作用力，这是因为虽然每个中性分子或原子的正负电荷数值相等，但是在它们内部正负电荷有一定的分布，对外部电荷的作用并没有完全抵消，所以仍显示出有电磁力的作用。中性分子或原子间的电磁力可以说是一种残余电磁力。

（4）相互接触的物体之间的弹力、摩擦力、流体阻力，以及气体压力、浮力、融结力等都是相互靠近的原子或分子之间的作用力的宏观表现，从根本上说也是电磁力。

3）强力

核内部的质子之间还存在一种比电磁力还要强的自然力，正是这种力把原子核内的质子以及中子紧紧地束缚在一起。这种存在于质子、中子、介子等强子之间的作用力称为强力。

强力是夸克所带的"色荷"之间的作用力,也称色力,色力以胶子作为传递媒介。两个相邻质子之间的强力可以达到 10^4 N,力程约为 10^{-15} m。

4) 弱力

弱力也是各种粒子之间的一种相互作用,仅在粒子间的某些反应(β衰变)中才显示出它的重要性。弱力是以 W^+、W^-、Z^0 等称为中间玻色子的粒子作为传递媒介的。

弱力的力程比强力还要短,而且力很弱。两个相邻的质子之间的弱力大约仅有 10^{-2} N。质子的四种基本相互作用力的比较如表 2-1 所示。

表 2-1 质子的四种基本相互作用力的比较(两个质子的距离等于质子的直径)

项目	引力	电磁力	强力	弱力
力程	长程	长程	短程	短程
作用范围	$0 \to \infty$	$0 \to \infty$	$r < 10^{-15}$ m	$r < 10^{-17}$ m
相邻质子间的作用力大小	10^{-34} N	10^2 N	10^4 N	10^{-2} N

已经有理论和实验证实:在粒子能量大于一定值(如 100GeV)的情况下,电磁力和弱力实际上是一种力,称为电弱力。现在,物理学家正在努力,以期建立起总括电弱色相互作用的"大统一理论"。人们还期望,有朝一日能够建立将四种基本相互作用统一起来的"超统一理论"。

【例题 2-1】如图 2-4 所示,质量为 m 的物体,以初速度 v_0 沿水平方向向右运动,所受到的阻力与速率 v 成正比,比例系数为 k。求物体的运动方程。

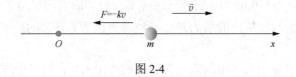

图 2-4

解:建立如图 2-4 所示的坐标系。

初始条件 $t=0$,$v=v_0$,$x=0$,物体受到的外力 $F=-kv$。根据牛顿第二定律,有

$$m\frac{d^2x}{dt^2} = -kv$$

分离变量得

$$\frac{dv}{v} = -\frac{k}{m}dt$$

两边积分得

$$\int_{v_0}^{v} \frac{dv}{v} = -\int_0^t \frac{k}{m}dt$$

速度为

$$v = v_0 e^{-\frac{k}{m}t}$$

由于 $v = \frac{dx}{dt} = v_0 e^{-\frac{k}{m}t}$,分离变量得

$$dx = v dt = v_0 e^{-\frac{k}{m}t} dt$$

两边积分,有

$$\int_0^x dx = \int_0^t v_0 e^{-\frac{k}{m}t} dt$$

得到物体的运动方程为

$$x = \frac{mv_0}{k}\left(1 - e^{-\frac{k}{m}t}\right)$$

【例题 2-2】如图 2-5 所示，一个质量为 m 的珠子系在绳的一端，绳的另一端绑在墙上的钉子上，绳长为 l。先拉动珠子使绳保持水平静止，然后松手使珠子下落。求绳摆动 θ 角时珠子的速率和绳的张力。

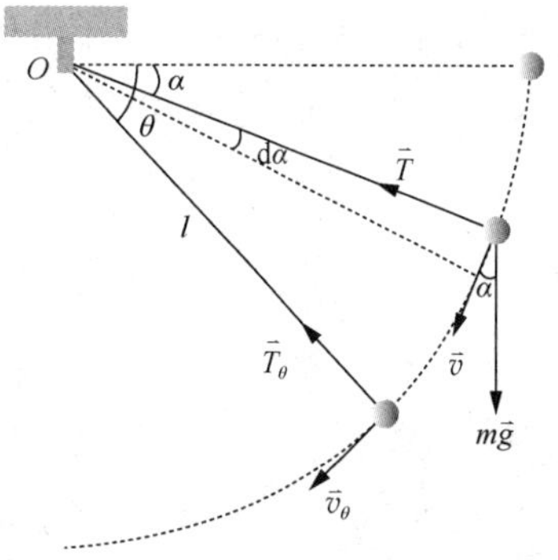

珠子受的力：绳的拉力 T 和重力 mg。珠子沿圆周运动，按切向和法向来列牛顿第二定律分量式，对珠子，在任意时刻，当摆动角度为 α 时，牛顿第二定律的切向分量式为

$$mg\cos\alpha = ma_\tau = m\frac{dv}{dt}$$

两边乘以 ds，得

$$mg\cos\alpha ds = m\frac{dv}{dt}ds = m\frac{ds}{dt}dv$$

分离变量得

$$mg\cos\alpha ds = mvdv$$

进一步应用线量和角量关系 $ds = ld\alpha$ 得到

$$mgl\cos\alpha d\alpha = mvdv$$

图 2-5

两边积分得

$$\int_0^\theta gl\cos\alpha d\alpha = \int_0^{v_\theta} vdv \Rightarrow gl\sin\theta = \frac{1}{2}v_\theta^2 \Rightarrow v_\theta = \sqrt{2gl\sin\theta}$$

珠子摆动 θ 角时，牛顿第二定律的法向分量式为

$$T_\theta - mg\sin\theta = m\frac{v_\theta^2}{l}$$

绳对珠子的拉力（线中的张力）为

$$T_\theta = 3mg\sin\theta$$

2.1.3 非惯性参考系和惯性力

地面参考系是个足够好的惯性参考系。一般地说，凡是对一个惯性参考系做匀速直线运动的一切物体都是惯性参考系。一切对地面参考系做匀速直线运动的物体，也都是惯性参考系，对地面参考系做加速运动的物体，则是非惯性参考系。牛顿定律对非惯性参考系是不成立的。例如，飞机在滑跑、起飞或降落阶段，小桌板上的苹果会在所受合外力为零的情况下从小桌板滚落，可见，此时的飞机是一个非惯性参考系。站台上停有一辆小车，相对于地面参考系来说，静止的小车所受合力为零，其加速度为零，这符合牛顿运动定律。如果以加速启动的列车作为参考系，在列车车厢内的人看到小车是向着列车车尾方向做加速运动的。两种情况下，小车受力的情况并无变化，合力仍然是零，却有了加速度，这违反了牛顿运动定律。因此，加速运动的列车是个非惯性参考系，相对于它，牛顿运动定律不成立。

如图 2-6（a）所示，从左向右，当人依次处于静止、加速下行、加速上行和自由坠落的电梯箱中，人脚下的体重秤上显示人的体重示数如图标记。若以加速下行、加速上行和自由坠落的电梯箱为参考系，可以看到三种情况下人相对于电梯箱保持静止，由牛顿第二定律可知，此时人受到的合外力为零。但是在地面的观察者看来，人与电梯具有相同的加速度，保持加速下行、加速上行或自由落体运动，可见电梯是一个非惯性参考系。

如图 2-6（b）所示，以电梯匀加速上升为例进行分析。假设人的质量 $m = 70\text{kg}$，站在电梯箱内的体重秤上。电梯箱相对于地面以 $a = 0.5\text{m/s}^2$ 的加速度匀加速上升，则在地面参考系即惯性参考系 $S(Oxy)$ 中人的动力学方程为

$$\vec{F}_{惯} = m\vec{a}$$

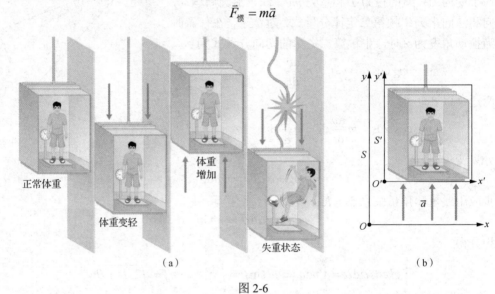

图 2-6

人受到的惯性力 $\vec{F}_{惯}$ 是一个虚拟力，来自非惯性参考系本身的加速效应，考虑这一惯性力的作用，在电梯箱这一非惯性参考系 $S'(Oxy)$ 内，人除了受到真实的重力和地面对其支撑力之外，还受惯性力的作用。在电梯箱这一非惯性参考系内，因为人相对于电梯静止，所以依据牛顿第一定律，其所受的力达到平衡，即

$$mg - N - F_{惯} = 0$$
$$N = F_{惯} + mg = m(a + g) = 735(\text{N})$$

可见，当电梯加速上升时，体重秤上的读数 N 不等于物体所受的重力。此时 $N > mg$，故体重秤上的读数大于地面上人的体重。当加速下降时，$N < mg$。前一种情况叫作超重，后一种情况叫作失重。尤其在电梯以重力加速度下降时，失重最严重，此时体重秤上的读数将为零，即图 2-6（a）中第四种情况。

在现代航天技术中，惯性力是必须考虑的一个因素。在火箭点火时，飞船起飞加速度高达 $6g$ 以上，这时人必须躺在座椅上，否则强大的惯性力会使人脑部失血而昏晕。当飞船在轨道上做无动力飞行时，其情形与做自由落体的电梯一样，宇航员处于失重状态，这将妨碍宇航员正常的生活和执行任务。

2.2 动量定理

在物理学中，动量是与物体的质量和速度相关的物理量。动量表示为物体的质量和速度的乘积。一个物体的动量是指这个物体在它运动方向上保持运动的趋势。动量实际上是牛顿第一定律的一个推论。动量是一个守恒量，表示在一个封闭系统内动量的总和不可改变。

动量守恒定律是最早发现的一条守恒定律，它起源于 16、17 世纪西欧的哲学家们对宇宙运动的哲学思考。观察周围运动着的物体，看到它们中的大多数，如跳动的皮球、飞行的子弹、走动的时钟、运转的机器，都会停下来。看来宇宙中运动的总量似乎在减少。整个宇宙是不是也像一台机器那样，总有一天会停下来呢？但是，千百年来对天体运动的观测，并没有发现宇宙中的运动有减少的迹象。生活在 16、17 世纪的许多哲学家认为，宇宙中运动的总量是不会减少的，只要能找到一个合适的物理量来量度运动，就会看到运动的总量是守恒的。这个合适的物理量到底是什么呢？

法国哲学家兼数学家、物理学家笛卡儿提出，质量和速率的乘积是一个合适的物理量。可是后来荷兰数学家、物理学家惠更斯在研究碰撞问题时发现：按照笛卡儿的定义，两个物体运动的总量在碰撞前后不一定守恒。牛顿在总结前人工作的基础上，把笛卡儿的定义做了重要的修改，即不用质量和速率的乘积，而用质量和速度的乘积，这样就找到了量度运动的合适的物理量。牛顿把它称为"运动量"，就是现在说的动量。1687 年，牛顿在《自然哲学的数学原理》一书中指出，某一方向的运动的总和减去相反方向的运动的总和所得的运动量，不因物体间的相互作用而发生变化；两个或两个以上相互作用的物体的共同重心的运动状态，也不因这些物体间的相互作用而改变，总是保持静止或做匀速直线运动。

近代的科学实验和理论分析都表明，在自然界中，大到天体间的相互作用，小到质子、中子等基本粒子间的相互作用，都遵守动量守恒定律。因此，它是自然界中最重要、最普遍的客观规律之一，比牛顿运动定律的适用范围更广。

2.2.1 冲量与动量定理

动量定理是质点动力学的核心定律，涉及以下三个方面。

1. 微分形式动量定理

将牛顿第二定律 $\vec{F} = \mathrm{d}(m\vec{v})/\mathrm{d}t$ 变换为

$$\vec{F}\mathrm{d}t = \mathrm{d}(m\vec{v}) \tag{2-6}$$

定义 $\mathrm{d}\vec{I} = \vec{F}\mathrm{d}t$ 为合力 $\vec{F}$ 的元冲量，$\mathrm{d}\vec{p} = \mathrm{d}(m\vec{v})$ 为质点动量的增量。式（2-6）表明作用于质点合外力的元冲量等于质点动量的微分，称为动量定理的微分形式。

2. 积分形式动量定理

如图 2-7 所示，变力 $\vec{F}(t)$ 作用于质点上。t_1 时刻：$\vec{p}_1 = m\vec{v}_1$；t_2 时刻：$\vec{p}_2 = m\vec{v}_2$。对微分形式动量定理的积分为

$$\int_{t_1}^{t_2} \vec{F}\mathrm{d}t = \int_{m\vec{v}_1}^{m\vec{v}_2} \mathrm{d}(m\vec{v})$$

得到积分形式动量定理，其中 $\vec{F}$ 在 t_1 到 t_2 间的冲量定义为

$$I = \int_{t_1}^{t_2} \vec{F} dt = m\vec{v}_2 - m\vec{v}_1 \tag{2-7}$$

在直角坐标系中，有

$$\begin{cases} I_x = \int_{t_1}^{t_2} F_x dt = mv_{2x} - m\vec{v}_{1x} \\ I_y = \int_{t_1}^{t_2} F_y dt = mv_{2y} - mv_{1y} \\ I_z = \int_{t_1}^{t_2} F_z dt = mv_{2z} - mv_{1z} \end{cases}$$

3. 平均冲力

在碰撞过程中，作用力往往很大，且随时间变化，但作用时间很短，这种力称为冲力。引入平均冲力来估计冲力的大小。图 2-8 所示为篮球撞击台面的冲力与时间的变化关系，令

$$\vec{I} = \int_{t_1}^{t_2} \vec{F} dt = \bar{\vec{F}}(t_2 - t_1)$$

平均冲力为

$$\bar{\vec{F}} = \frac{\int_{t_1}^{t_2} \vec{F} dt}{t_2 - t_1} = \frac{\vec{p}_2 - \vec{p}_1}{t_2 - t_1} \tag{2-8}$$

平均冲力的方向与物体动量的增量方向一致。

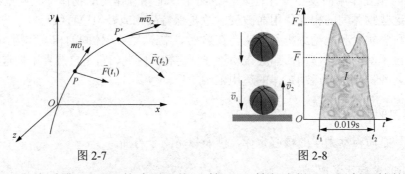

图 2-7　　　　图 2-8

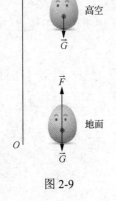

图 2-9

【**例题 2-3**】将质量 $m = 60\text{g}$ 的鸡蛋，从 6 楼、26 楼竖直抛下（设每层楼的平均高度为 3m），求鸡蛋落地时对地面的平均冲击力。假设鸡蛋和地面的接触时间为 0.01s，忽略空气阻力。

解：研究对象为鸡蛋，选择如图 2-9 所示的坐标系，鸡蛋运动发生在一维方向上，故以下讨论中采用矢量的标量表示。

从高度 h 处坠落地面，到达地面前的瞬时速度 $v = \sqrt{2gh}$，方向竖直向下。

鸡蛋与地面发生碰撞，受到地面对其作用力，根据牛顿第三定律，该力与鸡蛋对地面的作用力大小相等，由动量定理可知：

$$(\bar{F} - mg)\Delta t = p_2 - (-p_1) = 0 - (-mv)$$

计算可得地面对鸡蛋的平均冲击力为

$$\bar{F} = \frac{mv}{\Delta t} + mg = \frac{m\sqrt{2gh}}{\Delta t} + mg$$

当鸡蛋从 6 楼和 26 楼竖直下落到达地面时对地面的平均冲击力分别为

$$\bar{F}_{6楼} = \frac{0.06 \times \sqrt{20 \times 18}}{0.01} + 0.6 = 114.4(\text{N})$$

$$\bar{F}_{26楼} = \frac{0.06 \times \sqrt{20 \times 78}}{0.01} + 0.6 = 237.6(\text{N})$$

相比鸡蛋的自重 0.6N，鸡蛋从 6 楼与 26 楼竖直下落到达地面产生的平均冲击力分别是其自重的 190 倍与 396 倍，由此可见高空抛物可能危及人的生命财产安全。2021 年，《中华人民共和国民法典》在总结《中华人民共和国侵权责任法》实施经验的基础上，对高空抛物问题作出有针对性的规定，以期更好解决高空抛物引发的民事纠纷。

【例题 2-4】 质量 $m = 140$ kg 的棒球以速率 $v = 40$ m/s 沿水平方向飞向击球手，被击中后以相同的速率沿 $\theta = 60°$ 的仰角飞出，如图 2-10 所示。计算棒球受到棒的平均冲击力。假设棒球和棒的接触时间 $\Delta t = 1.2$ ms。

解： 选取如图 2-10（a）所示的坐标，研究对象为棒球。棒球速度变化与动量变化如图 2-10（b）所示。

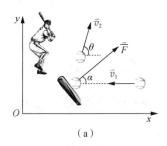
（a）

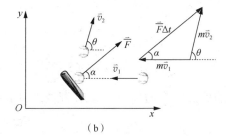
（b）

图 2-10

棒对棒球的平均冲击力为

$$\bar{\bar{F}} = \frac{\bar{p}_2 - \bar{p}_1}{\Delta t}$$

在所选坐标轴上的分量表达式为

$$\begin{cases} \bar{F}_x = \dfrac{mv_{2x} - mv_{1x}}{\Delta t} \\ \bar{F}_y = \dfrac{mv_{2y} - mv_{1y}}{\Delta t} \end{cases}$$

根据已知条件，棒击打前后棒球的速度为

$$\begin{cases} v_{1x} = -v, & v_{1y} = 0 \\ v_{2x} = v\cos\theta, & v_{2y} = v\sin\theta \end{cases}$$

x 方向棒球受到棒的平均冲击力为

$$\bar{F}_x = \frac{mv\cos\theta - m(-v)}{\Delta t} = 7.0 \times 10^3(\text{N})$$

y 方向棒球受到棒的平均冲击力为

$$\overline{F}_y = \frac{mv\sin\theta - m \cdot 0}{\Delta t} = 4.0 \times 10^3 (\text{N})$$

棒对棒球的平均冲击力大小为

$$\overline{F} = \sqrt{\overline{F}_x^2 + \overline{F}_y^2} = 8.1 \times 10^3 (\text{N})$$

此冲击力约为棒球自重的 5900 倍！平均冲击力的方向为

$$\tan\alpha = \frac{\overline{F}_y}{\overline{F}_x} = 0.57$$

可得

$$\alpha = 30°$$

也可以根据 $\overline{F}\Delta t$、$m\overline{v}_2$ 和 $m\overline{v}_1$ 构成的矢量三角形来计算，结果相同。

2.2.2 质点系的动量定理

两个质点构成的系统，如图 2-11 所示。外力来自系统以外对系统内所有质点的作用力，内力是系统内质点之间的相互作用力。质点 1 受到的外力和内力为 $\vec{F}_1 + \vec{f}$，质点 2 受到的外力和内力为 $\vec{F}_2 + \vec{f}'$，两个质点相互作用的内力是一对作用力与反作用力 $\vec{f} = -\vec{f}'$。对两个质点分别应用牛顿第二定律，可得

$$\begin{cases} \vec{F}_1 + \vec{f} = \dfrac{d\vec{p}_1}{dt} \\ \vec{F}_2 + \vec{f}' = \dfrac{d\vec{p}_2}{dt} \end{cases} \Rightarrow \vec{F}_1 + \vec{F}_2 = \frac{d}{dt}(\vec{p}_1 + \vec{p}_2)$$

系统受到的外力为 $\vec{F} = \vec{F}_1 + \vec{F}_2$，系统总的动量 $\vec{p} = \vec{p}_1 + \vec{p}_2$，两个质点构成的系统的动量定理为

$$\vec{F}dt = d\vec{p} \tag{2-9}$$

由多个质点构成的系统称为质点系，如图 2-12 所示。系统受到的外力为

$$\vec{F} = \sum_i \vec{F}_i$$

系统内质点之间相互作用的内力为

$$\vec{f} = \sum_{i,j,i\neq j} \vec{f}_{ij} = 0$$

系统内质点总的动量为

$$\vec{p} = \sum_i \vec{p}_i$$

所以

$$\frac{d\vec{p}}{dt} = \frac{d}{dt}\sum_i \vec{p}_i = \sum_i \frac{d\vec{p}_i}{dt} = \sum_i \vec{F}_i = \vec{F}$$

质点系动量定理的微分形式为

$$\vec{F}dt = d\vec{p}$$

质点系动量定理的积分形式为

$$\sum_i \int_{t_1}^{t_2} \vec{F}_i dt = \sum_i \vec{p}_{i2} - \sum_i \vec{p}_{i1} \tag{2-10}$$

即合外力的冲量等于系统动量的增量。

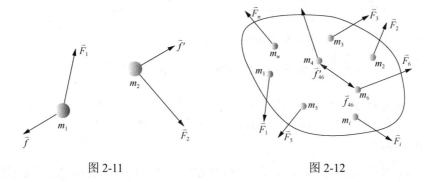

图 2-11   图 2-12

【例题 2-5】 如图 2-13 所示，一辆装煤车以 $v=3\text{m/s}$ 的速率从煤斗下面通过，每秒落入煤车的煤 $\Delta m = 500\text{kg}$。如果煤车的速率保持不变，应该用多大的牵引力拉煤车？（不计煤车与钢轨之间的摩擦）

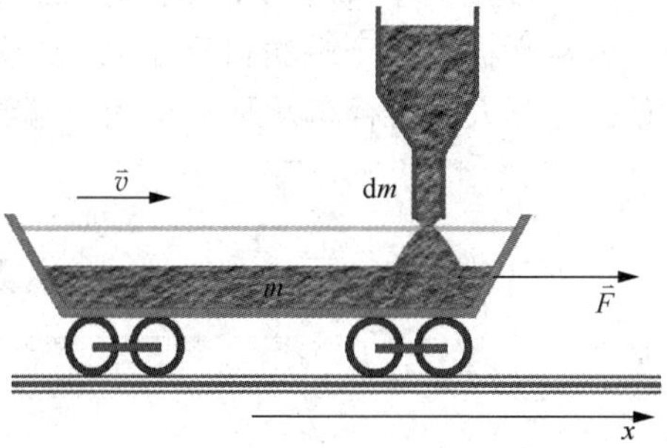

解： t 时刻煤车和已经落入煤车的煤的质量为 m，dt 时间间隔落入煤车的煤的质量为 dm，研究 m 和 dm 构成的系统，t 时刻系统水平方向的动量为

$$p_1 = mv + dm \cdot 0 = mv$$

$t + dt$ 时刻系统水平方向的动量为

$$p_2 = mv + dm \cdot v = (m + dm)v$$

根据质点系动量定理得

$$F \cdot dt = p_2 - p_1 = dm \cdot v$$

作用于系统水平方向上的牵引力为

$$F = \frac{dm}{dt} v$$

将 $v = 3\text{m/s}$ 和 $\dfrac{dm}{dt} = 500\text{kg/s}$ 代入得

$$F = 500 \times 3 = 1.5 \times 10^3 \text{(N)}$$

图 2-13

2.2.3 动量守恒定律

如果 $\sum\limits_i \vec{F}_i = 0$，由质点系动量定理得到质点系动量守恒定律为

$$d\left(\sum_i m_i \vec{v}_i\right) = 0$$

于是有

$$\sum_i m_i \vec{v}_i = \vec{C} \tag{2-11}$$

即在某一时间间隔内，若质点系所受合外力自始至终为零，则在该时间内质点系动量守恒。式（2-11）在直角坐标系表述为

$$\begin{cases} 如果 F_x = 0, & 则 \sum_i m_i v_{ix} = p_x = 常数 \\ 如果 F_y = 0, & 则 \sum_i m_i v_{iy} = p_y = 常数 \\ 如果 F_z = 0, & 则 \sum_i m_i v_{iz} = p_z = 常数 \end{cases}$$

若质点系的动量不守恒，但动量在某个坐标轴上的投影总保持不变，也很有现实意义。若作用于质点系的合外力在 x 轴方向的投影 F_x 恒等于零，则质点系在 x 轴方向动量守恒，其他方向 F_y 和 F_z 也成立。

动量守恒定律是关于自然界一切物理过程所遵循的一条基本定律，在宏观领域、微观领域、低速和高速领域均成立。

【例题 2-6】 如图 2-14 所示，在水平光滑导轨上有一长度为 l、质量为 m_2 的平板车，有一人从平板车的一端骑自行车到另一端，人和自行车的质量为 m_1，人和平板车最初静止不动。计算人骑自行车从平板车的一端到另一端时，平板车和人相对于地面移动的距离。

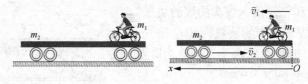

图 2-14

解：研究对象为骑车人和平板车，以地面为参考系，研究对象构成的系统在水平方向上所受合外力始终为零，故系统水平方向动量守恒。如图 2-14 建立坐标系，运动发生在一维、水平方向，故做矢量标量化处理，由动量守恒可知

$$m_1 v_1 + m_2 v_2 = 0 \Rightarrow v_2 = \frac{-m_1 v_1}{m_2}$$

人相对于地面移动的距离为

$$x_1 = \int_0^t v_1 \mathrm{d}t$$

平板车相对于地面移动的距离为

$$x_2 = \int_0^t v_2 \mathrm{d}t = -\frac{m_1}{m_2} \int_0^t v_1 \mathrm{d}t$$

平板车的长度为

$$l = x_1 + (-x_2) = \left(1 + \frac{m_1}{m_2}\right) \int_0^t v_1 \mathrm{d}t$$

人相对于地面移动的距离为

$$x_1 = \int_0^t v_1 \mathrm{d}t = \frac{m_2}{m_1 + m_2} l$$

平板车相对于地面移动距离为

$$x_2 = \int_0^t v_2 \mathrm{d}t = -\frac{m_1}{m_1 + m_2} l$$

2.3 火箭飞行原理

火箭是一种运输工具，它的任务是将具有一定质量的航天器（又称有效载荷）送入太空。航天器在太空中的运行情况与它进入太空时的初始速度的大小和方向有关。一般地说，如果航天器进入飞行轨道的速度小于第一宇宙速度（7.91km/s），则航天器将落回地面；如果航天器进入轨道的速度介于第一宇宙速度与第二宇宙速度（11.2km/s）之间，则它在地球引力场内飞行，成为人造地球卫星；当航天器进入轨道的速度介于第二宇宙速度与第三宇宙速度（16.7km/s）之间时，它就飞离地球成为太阳系内的人造行星；当航天器进入轨道的速度达到或超过第三宇宙速度时，它就能飞离太阳系。本小节分析火箭的飞行推进原理。

2.3.1 变质量动量定律

如图 2-15 所示，设火箭在自由空间飞行。时刻 t，火箭的质量为 M（火箭体和剩余的燃料），速率为 v。时刻 $t+\mathrm{d}t$，火箭喷出质量为 $\mathrm{d}m$ 的气体，气体相对于火箭喷出速率 u 为常数，火箭体的速率增加为 $v+\mathrm{d}v$，$t+\mathrm{d}t$ 时刻系统的总动量为

$$\mathrm{d}m(v-u)+(M-\mathrm{d}m)(v+\mathrm{d}v)$$

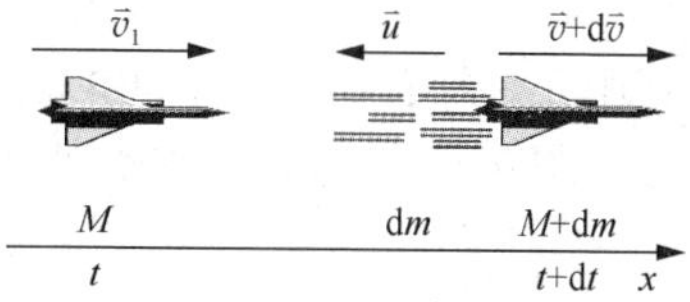

喷出气体的质量等于火箭质量的减小，即

$$\mathrm{d}m=-\mathrm{d}M$$

$t+\mathrm{d}t$ 时刻，系统的总动量为

$$-\mathrm{d}M(v-u)+(M+\mathrm{d}M)(v+\mathrm{d}v)$$

气体喷出前后火箭系统的动量守恒，即

$$-\mathrm{d}M(v-u)+(M+\mathrm{d}M)(v+\mathrm{d}v)=Mv$$

略去二阶小量 $\mathrm{d}M\cdot\mathrm{d}v$，可得

$$u\mathrm{d}M+M\mathrm{d}v=0 \Rightarrow \mathrm{d}v=-u\frac{\mathrm{d}M}{M}$$

火箭点火时的质量为 M_i、初速率为 v_i；燃料燃尽后火箭质量为 M_t、末速率为 v_t，则有

$$\int_{v_i}^{v_t}\mathrm{d}v=-u\int_{M_i}^{M_t}\frac{\mathrm{d}M}{M} \Rightarrow v_t-v_i=u\ln\frac{M_i}{M_t} \tag{2-12}$$

以上讨论在不考虑空气动力和地球引力情况下得到的火箭速度增量的理想公式。可见，可以从两个方面提升火箭速度增量，一是提升燃料燃烧后气体喷出速率 u；二是提升初始和末了火箭质量比，因为火箭速度增量与气体喷出速率和始末火箭质量比的自然对数值成正比。

任一时刻火箭受到喷出气体的作用力为

$$F=M\frac{\mathrm{d}v}{\mathrm{d}t} \tag{2-13}$$

将 $\mathrm{d}v=-u\dfrac{\mathrm{d}M}{M}$ 和 $\mathrm{d}m=-\mathrm{d}M$ 代入，得

$$F=u\frac{\mathrm{d}m}{\mathrm{d}t} \tag{2-14}$$

图 2-15

火箭受到的推动力与气体喷出的相对速率和气体燃烧速率成正比。

2.3.2 三级火箭

1. 为什么不能用一级火箭发射人造卫星

假设：①卫星轨道为过地球中心的某一平面上的圆，卫星在此轨道上做匀速圆周运动；②地球是固定于空间中的均匀球体，其他星球对卫星的引力忽略不计。

根据万有引力定律，地球对卫星的引力为

$$F = \frac{km}{r^2}$$

在地面有

$$\frac{km}{R^2} = mg$$

故引力为

$$F = mg\left(\frac{R}{r}\right)^2$$

式中，r 为卫星距离地面的高度；R 为地球的半径。

卫星所受到的引力也就是它做匀速圆周运动的向心力，故有

$$F = m\frac{v^2}{r}$$

从而有

$$v = R\sqrt{\frac{g}{r}}$$

根据上式可以计算卫星能在轨道上运动的最低速度，如表 2-2 所示。

表 2-2　卫星能在轨道上运动的最低速度

卫星距离地面高度/km	100	200	400	600	800	1000
卫星速度/（km/s）	7.86	7.80	7.69	7.58	7.47	7.37

现将火箭-卫星系统的质量分为三部分：m_P（有效负载，如卫星），m_F（燃料质量），m_S（结构质量，如外壳、燃料容器及推进器）。最终质量为 $m_P + m_S$，初始速度为 0，末速度为

$$v = u\ln\frac{m_F + m_P + m_S}{m_P + m_S} \tag{2-15}$$

火箭推进力在加速整个火箭时，其实际效益越来越低。如果结构质量在燃料燃烧过程中不断减少，那么末速度能达到要求吗？根据目前的技术条件和燃料性能，u 只能达到 3km/s，即使发射空壳火箭，其末速度也不超过 6.6km/s。因此，现有技术条件下根本不可能用一级火箭发射人造卫星。

2. 多级火箭卫星系统

记火箭级数为 n，当第 i 级火箭的燃料烧尽时，第 $i+1$ 级火箭立即自动点火，并抛弃已经无用的第 i 级火箭。用 $m_i = m_F + m_S$ 表示第 i 级火箭的质量，m_F 表示有效负载。为简单起见，先做如下假设：

① 各级火箭具有相同的结构系数 λ，即 i 级火箭中 λm_i 为结构质量，$(1-\lambda)m_i$ 为燃料质量。
② 燃烧级初始质量与其负载质量之比保持不变，并记比值为 k。

1）考虑二级火箭

当第一级火箭燃料燃尽时，其末速度为

$$v_1 = u \ln \frac{m_1 + m_2 + m_P}{\lambda m_1 + m_2 + m_P}$$

当第二级火箭燃料燃尽时，其末速度为

$$v_2 = v_1 + u \ln \frac{m_2 + m_P}{\lambda m_2 + m_P} = u \ln \left(\frac{m_1 + m_2 + m_P}{\lambda m_1 + m_2 + m_P} \cdot \frac{m_2 + m_P}{\lambda m_2 + m_P} \right) \tag{2-16}$$

又由假设②，将 $m_2 = k m_P$，$m_1 = k(m_2 + m_P)$，代入式（2-16），并仍设 $u = 3$ km/s，且为了计算方便，近似取 $\lambda = 0.1$，则有

$$v_2 = 3 \ln \left[\frac{\left(\dfrac{m_1}{m_2 + m_P} + 1\right)}{\left(\dfrac{0.1 m_1}{m_2 + m_P} + 1\right)} \cdot \frac{\left(\dfrac{m_2}{m_P} + 1\right)}{\left(\dfrac{0.1 m_2}{m_P} + 1\right)} \right] = \frac{k+1}{0.1k+1} = e^{\frac{10.5}{6}} \approx 5.75 \text{(km/s)}$$

若 $v_2 = 10.5$ km/s，则应使 $k \approx 11.2$，即

$$\frac{m_1 + m_2 + m_P}{m_P} \approx 149 \text{(kg)}$$

类似地，可以推算三级火箭的末速度为

$$v_3 = u \ln \left(\frac{m_1 + m_2 + m_3 + m_P}{\lambda m_1 + m_2 + m_3 + m_P} \cdot \frac{m_2 + m_3 + m_P}{\lambda m_2 + m_3 + m_P} \cdot \frac{m_3 + m_P}{\lambda m_3 + m_P} \right) \tag{2-17}$$

在同样假设下，有

$$v_3 = 3 \ln \left(\frac{k+1}{0.1k+1} \right)^3 = 9 \ln \left(\frac{k+1}{0.1k+1} \right)$$

若 $v_3 = 10.5$ km/s，则 $(k+1)/(0.1k+1) \approx 3.21$，$k \approx 3.25$，而 $(m_1 + m_2 + m_3 + m_P)/m_P \approx 77$。

2）考虑 n 级火箭

记 n 级火箭的总质量（包含有效负载 m_P）为 m_0，在相同的假设下可以计算出相应的 m_0/m_P 的值，如表 2-3 所示。

表 2-3　火箭级数与总质量的对应关系

n/级数	1	2	3	4	5	…	∞
火箭质量/t		149	77	65	60	…	50

若燃料的价钱很便宜，推进器的价钱很贵且制作工艺非常复杂，也可选择二级火箭。由于工艺的复杂性及每节火箭都需配备一个推进器，因此使用四级或四级以上火箭并不经济，而三级火箭可以提供一个最好的方案。

2.3.3　长征系列运载火箭

中国航天事业始于 1956 年，半个世纪以来，中国独立自主开展了探月与深空探测、高分辨对地观测、载人航天和北斗导航重大航天任务，在若干重要技术领域已跻身世界先进行

列，取得了举世瞩目的成就。其中，长征系列运载火箭技术构成的中国航天运输系统，是中国航天事业发展的重要保障，起步于20世纪60年代，1970年4月24日长征一号运载火箭首次成功发射东方红一号卫星。长征火箭已经拥有退役、现役共计4代20种型号，具备发射低、中、高不同地球轨道、不同类型卫星及载人飞船的能力，并具备无人深空探测能力。图2-16（a）所示为前三代运载火箭，图2-16（b）所示为新一代运载火箭。

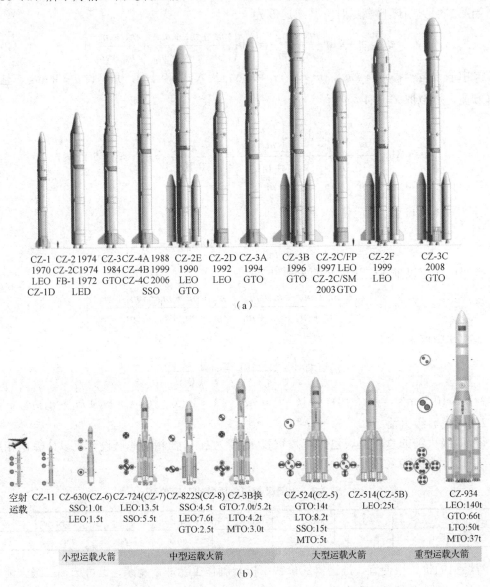

图 2-16

长征三号甲运载火箭自1994年2月8日首次发射成功以来，至今发射成功率为100%，因此被称为"金牌火箭"。如图2-17所示，长征三号甲运载火箭的一、二、三级发动机就像接力赛跑的一组运动员，通过接力赛，将嫦娥一号探月卫星送入所要求的地球同步转移轨道。

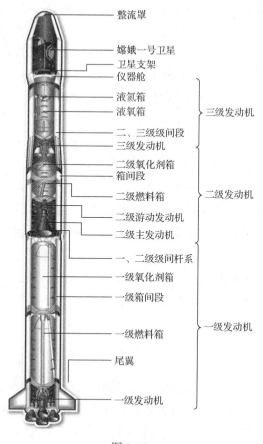

图 2-17

2007 年 10 月 24 日 18 时 5 分 4 秒，长征三号甲运载火箭在接到点火起飞的指令后，四台发动机同时点火，12s 后，在控制系统作用下，发动机向一个方向摇摆，火箭开始向发射方向倾斜，起飞 70s 后，它已飞上 12km 高空，飞行的速度也超过音速。火箭飞行 146s，一级发动机关机。18 时 7 分 32 秒，在飞行了 148s 后，火箭一、二级发动机成功分离。紧接着，火箭的第二级发动机点火，开始跑接力赛的第二棒。二级发动机由一台额定推力为 742kN 的主发动机和四台额定推力为 47.1kN 的液体火箭发动机组成，它的任务是继续提高火箭的飞行速度。火箭继续飞行 95.3s，飞行高度超过 120km。18 时 9 分 7 秒，飞行 243s，火箭已冲出地球大气层，用来保护嫦娥一号探月卫星免受气流冲刷的卫星整流罩已经完成使命，为了减轻重量，使火箭更快加速，控制系统发出卫星整流罩分离指令，将卫星整流罩抛掉。18 时 9 分 34 秒，火箭飞行 270s，二级发动机关机。火箭继续飞行 117.3s 后，二、三级发动机成功分离，三级发动机点火。接第三棒的是火箭的第三级发动机，它由具有真空二次启动能力的两台氢氧发动机组成，每台推力 82.76kN，可做双向摇摆。三级发动机点火后 341s，火箭达到了进入预定停泊轨道所需要的速度，两台氢氧发动机立即关闭。18 时 15 分 13 秒，三级发动机一次关机。此时，火箭已经飞行了 10min，飞行距离约 2270km，飞行高度约 200km，速度约 7.8km/s。星箭结合体进入滑行段，滑行 10min 后，火箭飞行约 6560km，到达赤道上空要求的位置。18 时 25 分 53 秒，三级火箭发动机二次点火成功，开始为火箭加速。由于第一次发动机点火已消耗了大部分液体推进剂，使火箭自重轻了很多，更有利于火箭加速冲刺。在火箭发射点火后至 1373s，三级发动机二次关机，经过末速修正，火箭到达预定轨道，开始调姿。18 时 29 分 37 秒，火箭飞行 1473s，控制系统发出卫星与运载火箭分离指令，嫦娥一号卫星与长征三号甲运载火箭成功分离。此时长征三号甲运载火箭已按要求将嫦娥一号卫星送入近地点 200km、远地点 51000km 的超地球同步转移轨道。前后历时 24min，飞行距离超过 8500km，飞行高度约 320km，飞行速度约 10.32km/s。

火箭喷射飞行原理也被用于实现航天员太空行走、卫星姿态调整控制，是航天技术领域的一项关键技术。2017 年 6 月 19 日 0 时 11 分，在西昌卫星发射中心由长征三号乙运载火箭发射了一颗中星 9A 卫星，由于火箭工作出现异常，这颗刚飞出地球后不久中星 9A 在距离预定轨道高度还有 20000 多千米的地方被遗落在"半路"上。此时它距地面 16000km，为了减少由于发射异常带来的巨大损失，地面控制启动，中星 9A 靠着自带的燃料独自在太空中"徒步"行进、爬升，完成了一次长达 16 天的"太空自救"。其间，在地面工作人员控制下，变轨发动机先后完成了 10 次重新点火，准确进行了轨道调整，多次频繁穿越地球周边的中、低轨道的辐射带，最终成功定点于东经 101.4° 赤道上空的预定轨道。尽管因为消耗了过多的燃料，这颗卫星"折寿"了，但是它毕竟还可以工作 5 年，变轨发动机拯救了一颗卫星！

2.3.4 嫦娥工程

嫦娥工程是多种高端技术联合的系统工程，反映了国家的综合实力，分为无人月球探测、载人登月和建立月球基地三个阶段。我国航天科技工作者早在 1994 年就进行了探月活动必要性和可行性研究，1996 年完成了探月卫星的技术方案研究，1998 年完成了卫星关键技术研究，之后又开展了深化论证工作。经过 10 年的酝酿，最终确定整个探月工程分为"绕""落""回" 3 个阶段。

2007 年 10 月 24 日，我国研制并成功发射了第一颗月球探测卫星——嫦娥一号。嫦娥一号圆满完成了第一步"绕"的工作。2009 年 3 月 1 日，在经过 494 天的飞行之后，嫦娥一号卫星在地面控制下，主动撞击月球完成使命。但这只是硬着陆，而嫦娥工程二期目标是软着陆。2010 年 10 月 1 日我国研制并成功发射了第二颗月球探测卫星——嫦娥二号，嫦娥二号完美进入环月轨道。2013 年 12 月 14 日 21 时 11 分 18.695 秒，在月球表面有"彩虹之湾"美称的虹湾地区，嫦娥三号卫星携带着"玉兔"号月球车，成功实施了软着陆（图 2-18）；2018—2019 年，嫦娥四号拍回了月球背面第一张照片。2020 年 12 月 17 日 1 时 59 分，嫦娥五号返回器带着从月球采集的 1731g 月壤和进行航天育种的植物种子，在内蒙古四子王旗预定区域成功着陆。嫦娥五号的圆满回归标志着我国在航天探月工程领域取得了举世瞩目的成就（图 2-19）。至此，我国已经掌握绕月探测基本技术，开展月球科学探测，获取月球表面三维影像，分析月球表面有用元素含量和物质类型的分布特点，探测月壤特性，探测地月空间环境，构建月球探测航天工程系统，为月球探测后续工程积累经验。嫦娥五号的顺利返回意味着我国在探月航天工程中已经成功地实现了"绕、落、回"的这一阶段性目标。

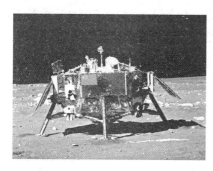

图 2-18

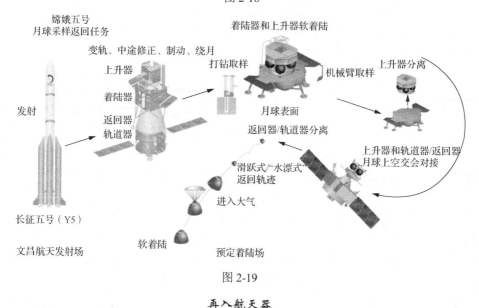

图 2-19

再入航天器

再入航天器是完成航天任务以后重返地球的一种航天器。航天器再入有两种方式,一种是以导弹弹头为代表的弹道再入式,另一种是以载人飞船为代表的飞船再入式。弹道再入式的特点是再入角大("再入角"是航天器飞行轨道与地平面的夹角),其轨迹为抛物线,具有耗时、航程短的特点,但航天器减加速度、过载和峰值加热率高。飞船再入式由于要考虑宇航员的承受能力(过载应小于 5g),因此飞船以小再入角在大气层中经历较长的时间和路程,通过空气阻力缓慢地消耗其动能降低飞行高度,减加速度和过载小,耗时且航程长,峰值加热率虽然低,但是总加热量并未降低。以上两种再入方式均限于环绕地球第一宇宙速度(7.9km/s)再入。

嫦娥五号返回器从月地转移轨道进入地球大气层时,是以第二宇宙速度(11.2km/s)而来,其"打水漂"式的再入引发了众多科技爱好者的关注和讨论。

嫦娥五号返回器若以弹道再入式进入地球稠密大气层,由于减加速度过大,将会引起过高的热载荷,周围温度高达 10000K,峰值加热率也会非常高,需要增强返回器壳体结构和热防护层设计。若采用飞船再入式,峰值加热率会减小,理论上烧蚀防热层厚度也会有所减小,但是由于再入时间长,总加热量并未减少,因此隔热层可能要增加。"打水漂"式再入也叫半弹道跳跃式再入。以第二宇宙速度飞行的返回器先以较小的再入角进入地球大气层,在相对稀薄的上层大气中飞行一段距离后,调整姿态获得升力,再凭借升力重新跳到大气层外。通过空气阻力和重力的作用消耗返回器动能，使其飞行速度降到小于或等于第一宇宙速度，并再次进入大气层，按中远程导弹弹头式再入返回，为保护返回器及其载荷，在其距离地面 10~12km 时打开降落伞缓慢落地。

2.4 功 动能定律

2.4.1 功

冲量是力对时间的积累，是矢量；功是力对空间的积累效应，是标量。

如图 2-20 所示，若质点在恒力 $\vec{F}$ 的作用下做直线运动，位移大小为 s，则力 $\vec{F}$ 对质点做的功为

$$A = Fs\cos\varphi$$

可见，功是力在位移方向的分量与位移大小的乘积，即力和位移大小的乘积乘以二者夹角的余弦。在数学上，可以写成如下力和位移矢量内积运算的形式，功的单位是焦耳（J）：

$$A = \vec{F} \cdot \vec{s} \tag{2-18}$$

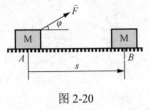

图 2-20

如图 2-21（a）所示，质点在外力 $\vec{F}$ 作用下做曲线运动，在任一小段位移 $d\vec{r}$ 内外力对质点做的元功为

$$dA = \vec{F} \cdot d\vec{r} = Fdr\cos\varphi \tag{2-19}$$

由式（2-19）可以看出功有正负：当 $0 \leqslant \varphi < \pi/2$ 时，$dA > 0$，外力对质点做正功；当 $\pi/2 < \varphi \leqslant \pi$ 时，$dA < 0$，外力对质点做负功。

如图 2-21（b）所示，质点在外力 $\vec{F}$ 作用下，从 A 点运动到 B 点，外力对质点做的功可以根据叠加的思路得到：

$$A = \int dA = \int_A^B \vec{F} \cdot d\vec{r} \tag{2-20}$$

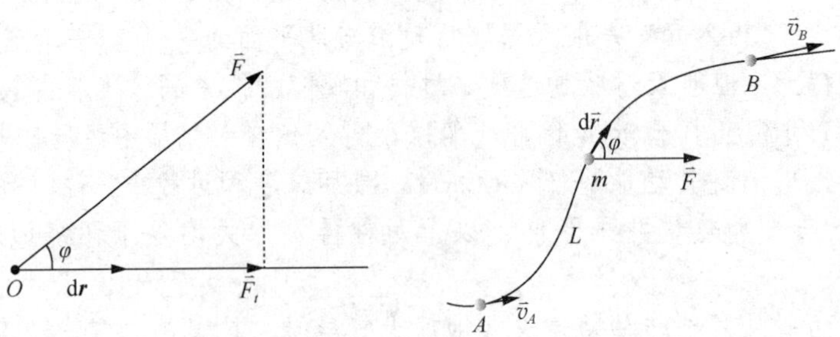

图 2-21

1. 合力的功

如图 2-22（a）所示，质点在多个力的作用下，沿着路径从 A 点运动到 B 点，其间每个力均全程作用在物体上，合力对质点做的功等于其中各个力分别单独作用下所做的功之和，是各个功的代数叠加的结果，即

$$A = A_{1AB} + A_{2AB} + A_{3AB} + \cdots + A_{nAB}$$

根据功的定义、数学运算关系可得

$$A = \int_A^B \vec{F}_1 \cdot d\vec{r} + \int_A^B \vec{F}_2 \cdot d\vec{r} + \int_A^B \vec{F}_3 \cdot d\vec{r} + \cdots + \int_A^B \vec{F}_n \cdot d\vec{r} = \int_A^B (\vec{F}_1 + \vec{F}_2 + \vec{F}_3 + \cdots + \vec{F}_n) \cdot d\vec{r}$$

$$= \int_A^B \vec{F}_{合} \cdot d\vec{r}$$

2. 成对力的功

对于多质点体系，质点间有相互作用力。以简单的双质点体系为例，如图 2-22（b）所示，根据牛顿第三定律，质点间的相互作用力满足 $\vec{f}_1 = -\vec{f}_2$。故这样一对作用力和反作用力（成对力）做的功为

$$dA = dA_1 + dA_2 = \vec{f}_1 \cdot d\vec{r}_1 + \vec{f}_2 \cdot d\vec{r}_2$$

将 $\vec{f}_1 = -\vec{f}_2$ 代入得

$$dA = \vec{f}_1 \cdot (d\vec{r}_1 - d\vec{r}_2) \quad \text{或} \quad dA = \vec{f}_2 \cdot (d\vec{r}_2 - d\vec{r}_1)$$

可见，成对力做的功与质点间的相对位移有关；当 $\Delta \vec{r} = d\vec{r}_2 - d\vec{r}_1 \neq 0$，即 $d\vec{r}_1 \neq d\vec{r}_2$ 时，成对力做的功不为零。例如，相互靠在一起的两个物体做相同的运动，相互之间的作用力做功之和为零；两个物体之间的内力为万有引力或库仑力时，作用力和反作用力做功之和不为零。

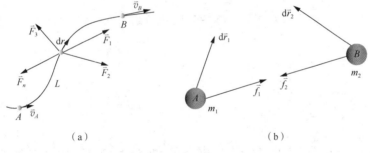

图 2-22

3. 功率

功率为单位时间内力做的功，表示为

$$P = \frac{dA}{dt} \quad (2\text{-}21)$$

将 $dA = \vec{F} \cdot d\vec{r}$ 代入得

$$P = \vec{F} \cdot \vec{v} \quad (2\text{-}22)$$

功率的单位是瓦特（W），1W=1J/s。

2.4.2 动能定理

1. 质点动能定理

如图 2-23 所示，在外力作用下，质点沿某一路径运动，根据牛顿第二定律，有

$$\vec{F} = m\vec{a} = m\frac{d\vec{v}}{dt} = m\frac{d\vec{v}}{ds}\frac{ds}{dt} = mv\frac{d\vec{v}}{ds}$$

上式等号两边乘以 $\mathrm{d}\vec{r}$ 有

$$\vec{F}\cdot\mathrm{d}\vec{r}=mv\frac{\mathrm{d}\vec{v}}{\mathrm{d}s}\cdot\mathrm{d}\vec{r}=mv\mathrm{d}\vec{v}\cdot\vec{\tau}=mv\mathrm{d}v=\mathrm{d}\left(\frac{1}{2}mv^2\right) \quad (2\text{-}23)$$

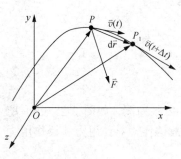

图 2-23

式中，$\frac{1}{2}mv^2$ 是质点的动能，通常用 E_k 来表示。由此可知，$\mathrm{d}E_k=\mathrm{d}\left(\frac{1}{2}mv^2\right)$ 是质点动能的微增量，$\mathrm{d}A=\vec{F}\cdot\mathrm{d}\vec{r}$，即力在质点上做的元功等于质点动能的微增量，即动能定理的微分形式为

$$\mathrm{d}A=\mathrm{d}\left(\frac{1}{2}mv^2\right) \quad (2\text{-}24)$$

如图 2-22（a）所示，质点沿 L 从 A 点运动到 B 点，外力做的功为

$$A=\int_A^B\mathrm{d}\left(\frac{1}{2}mv^2\right)=\frac{1}{2}mv_B^2-\frac{1}{2}mv_A^2 \quad (2\text{-}25)$$

式（2-25）表明作用于质点上合力做的功等于质点动能的增量，即动能定理的积分形式。

2. 质点系动能定理

（1）如图 2-24 所示，两个质点构成的体系，对于 m_1，有

$$\int_{A_1}^{B_1}\vec{F}_1\cdot\mathrm{d}\vec{r}_1+\int_{A_1}^{B_1}\vec{f}_1\cdot\mathrm{d}\vec{r}_1=\frac{1}{2}m_1v_{1B}^2-\frac{1}{2}m_1v_{1A}^2$$

对于 m_2，有

$$\int_{A_2}^{B_2}\vec{F}_2\cdot\mathrm{d}\vec{r}_2+\int_{A_2}^{B_2}\vec{f}_2\cdot\mathrm{d}\vec{r}_2=\frac{1}{2}m_2v_{2B}^2-\frac{1}{2}m_2v_{2A}^2$$

两式相加得

$$\underbrace{\left(\int_{A_1}^{B_1}\vec{F}_1\cdot\mathrm{d}\vec{r}_1+\int_{A_2}^{B_2}\vec{F}_2\cdot\mathrm{d}\vec{r}_2\right)}_{\text{外力做功}}+\underbrace{\left(\int_{A_2}^{B_2}\vec{f}_2\cdot\mathrm{d}\vec{r}_2+\int_{A_1}^{B_1}\vec{f}_1\cdot\mathrm{d}\vec{r}_1\right)}_{\text{质点间内力做功}}=\underbrace{\left(\frac{1}{2}m_1v_{1B}^2+\frac{1}{2}m_2v_{2B}^2\right)}_{\text{两质点末尾时刻动能}}-\underbrace{\left(\frac{1}{2}m_1v_{1A}^2+\frac{1}{2}m_2v_{2A}^2\right)}_{\text{两质点初始时刻动能}}$$

所以外力做的功和内力做的功等于两个质点动能的增量

$$A_{\text{ext}}+A_{\text{int}}=E_{kB}-E_{kA} \quad (2\text{-}26)$$

（2）多个质点构成的系统动能定理。如图 2-25 所示，对于第 i 个质点，所受的外力 $\vec{F}_i^{\text{ext}}$、内力 $\vec{f}_i^{\text{int}}$，外力做的功 A_i^{ext}，内力做的功 A_i^{int}，初始速率 v_{i1}，末尾速率 v_{i2}。对第 i 个质点应用动能定理，有

$$A_i^{\text{ext}}+A_i^{\text{int}}=\frac{1}{2}m_iv_{i2}^2-\frac{1}{2}m_iv_{i1}^2$$

对所有系统内的质点求和，即

$$\underbrace{\sum_i A_i^{\text{ext}}}_{\text{外力做功}}+\underbrace{\sum_i A_i^{\text{int}}}_{\text{内力做功}}=\underbrace{\sum_i\frac{1}{2}m_iv_{i2}^2}_{\text{末尾时刻动能}}-\underbrace{\sum_i\frac{1}{2}m_iv_{i1}^2}_{\text{初始时刻动能}}$$

所以质点系动能定理可写为

$$\sum_i A_i^{\text{ext}}+\sum_i A_i^{\text{int}}=E_{k2}-E_{k1} \quad (2\text{-}27)$$

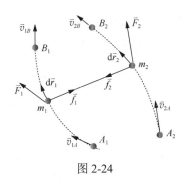
图 2-24

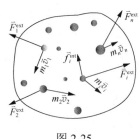
图 2-25

需要强调一点，质点系成对出现的内力对动量的贡献和对功的贡献是不同的，内力对动量没有贡献，而对功的贡献是有条件的。当质点之间没有相对运动，即没有发生相对位移时，内力对功没有贡献，否则内力就做功。

3. 柯尼希定理

由多个质点构成的系统，质点系相对于惯性参考系 S 运动，$\vec{v}_i$ 为第 i 个质点相对于 S 系的速度，$\vec{v}_i'$ 为第 i 个质点相对于 S' 系的速度，$\vec{v}_C$ 为 S' 系的质心相对于 S' 系的速度。相对于 S 系，S' 系的动能为

$$E_k = \sum_i \frac{1}{2} m_i \vec{v}_i^2 = \sum_i \frac{1}{2} m_i (\vec{v}_C + \vec{v}_i')^2 = \underbrace{\frac{1}{2} m v_C^2}_{\text{I}} + \underbrace{\vec{v}_C \cdot \sum_i m_i \vec{v}_i'}_{\text{II}} + \underbrace{\sum_i \frac{1}{2} m_i \vec{v}_i'^2}_{\text{III}}$$

Ⅰ项：质量 $m = \sum_i m_i$ 的质点相对于 S 系的动能，又称为质点系轨道动能。

Ⅱ项：S' 系为零参考系，$\sum_i m_i \vec{v}_i' = 0$。

Ⅲ项：质点相对于 S' 系的动能，又称为质点系的内动能。

一个质心参考系相对于惯性参考系的动能等于该质点系的轨道动能和内动能之和，称为柯尼希定理，即

$$E_k = \frac{1}{2} m v_C^2 + \sum_i \frac{1}{2} m_i \vec{v}_i'^2 = E_{kC} + E_{k,\text{int}} \tag{2-28}$$

【例题 2-7】如图 2-26 所示。现有一质量为 M 的物体，刚度系数为 k、质量可忽略不计的弹簧及轻质平板 A 板。(1) 自弹簧原长处 O 点，突然无初速地加上质量为 M 的物体，求弹簧的最大压缩量；(2) 如果考虑 A 板，其质量为 m，求放上质量为 M 的物体，弹簧的最大压缩量。

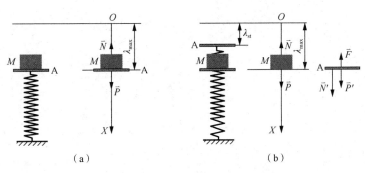
图 2-26

解：（1）如图 2-26（a）所示，不计 A 板质量，研究对象是质量为 M 的物体。选取弹簧原长处为坐标原点，物体受重力 P 和 A 板对物体的支持力 N，其中 $N = kx$。无初速度地放上物体后，弹簧的最大压缩量为 $\lambda_{\max}$。

压缩弹簧至最大压缩量，重力做功为

$$A_1 = Mg\lambda_{\max}$$

弹性力做功为

$$A_2 = \int_0^{\lambda_{\max}} (-kx)\mathrm{d}x = -\frac{1}{2}k\lambda_{\max}^2$$

系统初始状态动能 $E_0 = 0$，末状态动能 $E_k = 0$。应用动能定理，有

$$Mg\lambda_{\max} + \left(-\frac{1}{2}k\lambda_{\max}^2\right) = 0 - 0 = 0$$

因此，弹簧的最大压缩量为

$$\lambda_{\max} = 2\frac{Mg}{k}$$

拓展讨论：

① 物体在 $x_2 = \lambda_{\max} = 2\dfrac{Mg}{k}$ 处是否平衡？

② 物体会以压缩量为 $\dfrac{Mg}{k}$ 的位置为平衡点保持上下振动，这个说法正确吗？

（2）如图 2-26（b）所示，研究对象：质量为 M 的物体和质量为 m 的 A 板构成的体系。物体受到重力 P 和 A 板对物体的支持力 N 作用。A 板受重力 mg、弹性力 F 和物体对 A 板的压力 N'。A 板对物体的支持力 N 和物体对 A 板的压力 N' 是一对作用力与反作用力，两个力具有相同的位移，做的功之和为零。

物体和 A 板的重力做的功分别为

$$A_1 = Mg(\lambda_{\max} - \lambda_{\mathrm{st}})$$
$$A_1' = mg(\lambda_{\max} - \lambda_{\mathrm{st}})$$

弹性力做功为

$$A_2 = \int_{\lambda_{\mathrm{st}}}^{\lambda_{\max}} (-kx)\mathrm{d}x = -\frac{1}{2}k\lambda_{\max}^2 + \frac{1}{2}k\lambda_{\mathrm{st}}^2$$

系统初始状态的动能 $E_0 = 0$，末了状态的动能 $E_k = 0$。应用动能定理 $A_1 + A_1' + A_2 = 0$，有

$$(M+m)(\lambda_{\max} - \lambda_{\mathrm{st}})g - \frac{1}{2}k(\lambda_{\max}^2 - \lambda_{\mathrm{st}}^2) = 0$$

$$(M+m)g - \frac{1}{2}k(\lambda_{\max} + \lambda_{\mathrm{st}}) = 0$$

将 $\lambda_{\mathrm{st}} = \dfrac{mg}{k}$ 代入上式，得

$$\lambda_{\max} = 2\frac{Mg}{k} + \frac{mg}{k}$$

拓展讨论：

① 物体和 A 板在 $x_2 = \lambda_{\max} = 2\dfrac{Mg}{k} + \dfrac{mg}{k}$ 是否平衡？

② 物体和 A 板会以压缩量为 $\dfrac{M+m}{k}g$ 的位置为平衡位置,做上下振动,这个说法正确吗?

2.5 势能 功能原理和机械能守恒

做功与路径无关的力为保守力,如重力、弹簧力、万有引力、静电场力,或者说保守力沿闭合路径做功为零;做功与路径有关的力为非保守力,如摩擦力、流体阻力;空间存在保守力,则此空间存在保守力场,保守力场中与位置有关的能量称为势能;保守力做功将能量在动能和势能之间转换,非保守力做功将机械能转换为其他形式的能,如热能。

2.5.1 保守力的功及其势能

1. 重力的功及其势能

如图 2-27(a)所示,重力做功为
$$dA = \vec{F} \cdot d\vec{r} = -mg\vec{j} \cdot (dx\vec{i} + dy\vec{j} + dz\vec{k}) = -mgdy$$
$$A = \int_{h_a}^{h_b} -mgdy = -(mgh_b - mgh_a)$$

重力做功与路径无关,只与相对高度有关。

如图 2-27(b)所示,选取直角坐标系 $Oxyz$,Oxz 面内的点 M_0 为零势能点,质点在 M 点的重力势能为

$$E_p = \int_y^0 (-mg)dy = mgy \qquad (2\text{-}29)$$

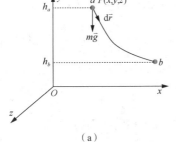
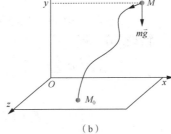

图 2-27

2. 弹性力的功及其势能

如图 2-28(a)所示,质点位置由 x_1 移动到 x_2,弹性力做的功为
$$A = \int_{x_1}^{x_2} (-kx)dx = -\left(\frac{1}{2}kx_2^2 - \frac{1}{2}kx_1^2\right)$$

弹簧力做功与路径无关,只与始末位置有关。选取 O 点弹簧原长处的位置为势能零点,将物体从 A 点移动到原点 O,弹性势能[弹性势能曲线如图 2-28(b)所示]为

$$E_p = \int_x^0 (-kx)dx = \frac{1}{2}kx^2 \qquad (2\text{-}30)$$

综合重力势能和弹性势能的计算可以看出，任意 P 点的势能可以定义为从零势能点到该点相应保守力做功的负值，数学表达为

$$E_\mathrm{p} = -\int_{零势能点}^{P点} \vec{F}_{保守力} \cdot \mathrm{d}\vec{r} \qquad (2\text{-}31)$$

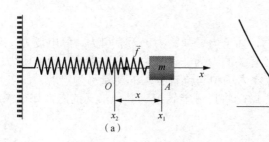

图 2-28

3. 势能定理

重力做的功 $A = -(mgh_b - mgh_a)$，弹性力做的功 $A = -\left(\dfrac{1}{2}kx_2^2 - \dfrac{1}{2}kx_1^2\right)$。从以上分析可知，在保守力场中，保守力做的功为势能增量的负值，即

$$A = -(E_{\mathrm{p}2} - E_{\mathrm{p}1}) \qquad (2\text{-}32)$$

保守力做的元功等于势能微增量的负值，称为势能定理，即

$$\mathrm{d}A = -\mathrm{d}E_\mathrm{p} \qquad (2\text{-}33)$$

在直角坐标系中，微分形式的势能定理为

$$\mathrm{d}A = \vec{F} \cdot \mathrm{d}\vec{r}$$
$$= (F_x\vec{i} + F_y\vec{j} + F_z\vec{k}) \cdot (\mathrm{d}x\vec{i} + \mathrm{d}y\vec{j} + \mathrm{d}z\vec{k})$$
$$= F_x\mathrm{d}x + F_y\mathrm{d}y + F_z\mathrm{d}z$$

积分形式是一个线积分，即

$$A = \int_{\vec{r}_1}^{\vec{r}_2} \vec{F} \cdot \mathrm{d}\vec{r}$$
$$= \int_{\vec{r}_1}^{\vec{r}_2} (F_x\vec{i} + F_y\vec{j} + F_z\vec{k}) \cdot (\mathrm{d}x\vec{i} + \mathrm{d}y\vec{j} + \mathrm{d}z\vec{k})$$
$$= \int_{x_1}^{x_2} F_x\mathrm{d}x + \int_{y_1}^{y_2} F_y\mathrm{d}y + \int_{z_1}^{z_2} F_z\mathrm{d}z$$

进一步在三维空间中引入势能函数，即

$$\mathrm{d}E_\mathrm{p}(x,y,z) = \dfrac{\partial E_\mathrm{p}}{\partial x}\mathrm{d}x + \dfrac{\partial E_\mathrm{p}}{\partial y}\mathrm{d}y + \dfrac{\partial E_\mathrm{p}}{\partial z}\mathrm{d}z \qquad (2\text{-}34)$$

根据势能定理 $\mathrm{d}A = -\mathrm{d}E_\mathrm{p}$，有

$$F_x\mathrm{d}x + F_y\mathrm{d}y + F_z\mathrm{d}z = \left(-\dfrac{\partial E_\mathrm{p}}{\partial x}\right)\mathrm{d}x + \left(-\dfrac{\partial E_\mathrm{p}}{\partial y}\right)\mathrm{d}y + \left(-\dfrac{\partial E_\mathrm{p}}{\partial z}\right)\mathrm{d}z$$

$$F_x = -\dfrac{\partial E_\mathrm{p}}{\partial x},\ F_y = -\dfrac{\partial E_\mathrm{p}}{\partial y},\ F_z = -\dfrac{\partial E_\mathrm{p}}{\partial z} \qquad (2\text{-}35)$$

保守力等于势能梯度的负值，即

$$\vec{F} = -\nabla E_p，\text{ 其中 } \nabla = \frac{\partial}{\partial x}\vec{i} + \frac{\partial}{\partial y}\vec{j} + \frac{\partial}{\partial z}\vec{k} \tag{2-36}$$

【例题 2-8】 如图 2-29 所示，一个刚度系数 $k = 200\text{N/m}$ 的轻弹簧，竖直静止在桌面上。现在其上端轻轻地放一个质量 $m = 2.0\text{kg}$ 的砝码后松手。求：（1）此后砝码下降的最大距离 $y_{\max}$；（2）砝码下降 $\frac{1}{2}y_{\max}$ 时的速度。

解：（1）砝码受到的重力和弹性力均为保守力。选取弹簧静止时的上端为重力势能和弹性势能的零点。砝码下降到最大距离 $y_{\max}$ 处，重力和弹性力做的功分别为

$$A_g = -[(-mgy_{\max}) - 0] = mgy_{\max}$$

$$A_e = -\left(\frac{1}{2}ky_{\max}^2 - 0\right) = -\frac{1}{2}ky_{\max}^2$$

砝码在 O 点和下落到最低点时的速率 $v_1 = 0$，$v_2 = 0$，根据动能定理，有

$$A_g + A_e = \frac{1}{2}mv_2^2 - \frac{1}{2}mv_1^2$$

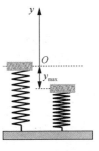

图 2-29

由于 $A_g + A_e = 0$，$mgy_{\max} = \frac{1}{2}ky_{\max}^2$，砝码下降的最大距离为

$$y_{\max} = \frac{2mg}{k} = 0.20(\text{m})$$

（2）砝码下降 $\frac{1}{2}y_{\max}$ 时重力和弹性力分别做的功为

$$A_g = -\left[\left(-\frac{1}{2}mgy_{\max}\right) - 0\right] = \frac{1}{2}mgy_{\max}$$

$$A_e = -\left[\frac{1}{2}k\left(\frac{1}{2}y_{\max}\right)^2 - 0\right] = -\frac{1}{8}ky_{\max}^2$$

根据动能定理，有

$$A_g + A_e = \frac{1}{2}mv^2 - \frac{1}{2}mv_1^2 \Rightarrow \frac{1}{2}mgy_{\max} - \frac{1}{8}ky_{\max}^2 = \frac{1}{2}mv^2$$

砝码下降 $\frac{1}{2}y_{\max}$ 时的速率为

$$v = \sqrt{gy_{\max} - \frac{k}{4m}y_{\max}^2} = 0.98(\text{m/s})$$

2.5.2 万有引力势能

如图 2-30 所示，质量为 m_1 的质点在 O 点固定不动，质量为 m_2 的质点受到的万有引力为

$$f = G\frac{m_1 m_2}{r^2}$$

式中，G 为引力常量，引力方向指向 m_1。

如图 2-30 所示，质点 m_2 从 A' 点沿任意路径运动到 B' 点，引力做的功为

$$A_{AB} = \int_A^B \vec{f} \cdot d\vec{r} = \int_A^B G\frac{m_1 m_2}{r^2}|d\vec{r}|\cos\varphi$$

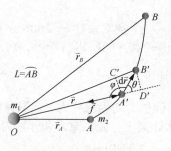

图 2-30

式中，$|d\vec{r}|\cos\varphi = |d\vec{r}|\cos(\pi-\theta) = -|d\vec{r}|\cos\theta$，因为 $|d\vec{r}|$ 是微小长度，$|d\vec{r}|\cos\theta = \overline{A'D'} = \overline{C'B'} = dr$，所以 $|d\vec{r}|\cos\varphi = -dr$。进一步得

$$A_{AB} = \int_A^B -G\frac{m_1 m_2}{r^2} dr = G\frac{m_1 m_2}{r_B} - G\frac{m_1 m_2}{r_A}$$

引力做的功与路径无关，只取决于两个质点始末的相对位置，引力是保守力。根据势能定理 $A = -(E_{p2} - E_{p1})$，引力做功为

$$A_{AB} = -\left[\left(-G\frac{m_1 m_2}{r_B}\right) - \left(-G\frac{m_1 m_2}{r_A}\right)\right] \quad (2-37)$$

引力势能为

$$E_p = -G\frac{m_1 m_2}{r} \quad (2-38)$$

该结果也可以根据势能的定义得到。选取质点 m_2 距离质点 m_1 无穷远处为引力势能零点，如图 2-31 所示，质点 m_2 在 P 点的引力势能为

$$E_p = -\int_r^\infty \left(-G\frac{m_1 m_2}{r^2}\right)dr = -G\frac{m_1 m_2}{r} \quad (2-39)$$

引力势能曲线如图 2-32 所示，引力势能为负，是因为将无穷远处作为势能零点，也可以选取其他点作为势能零点，使引力势能为正。

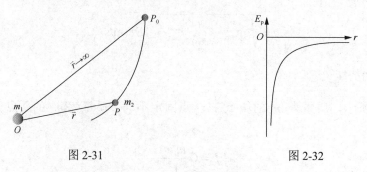

图 2-31　　　　　　图 2-32

2.5.3 功能原理和机械能守恒定律

对于一个质点系，其受力可分为外力和内力（其中，内力又分为保守内力和非保守内力），

假设受合外力做的功为 A_{ext}，保守内力做的功为 $A_{\text{int, cons}}$，非保守内力做的功为 $A_{\text{int, n-cons}}$，系统由状态 A 变化到根据质点系的动能定理，有

$$A_{\text{ext}} + A_{\text{int, cons}} + A_{\text{int, n-cons}} = E_{kB} - E_{kA}$$

系统由状态 A 变化到状态 B，由势能定理可知，保守内力做的功为

$$A_{\text{int, cons}} = -(E_{pB} - E_{pA})$$

所以

$$A_{\text{ext}} + A_{\text{int, n-cons}} = (E_{kB} + E_{pB}) - (E_{kA} + E_{pA})$$

系统的机械能为

$$E = E_k + E_p$$

可得

$$A_{\text{ext}} + A_{\text{int, n-cons}} = E_B - E_A \tag{2-40}$$

式（2-40）称为功能原理，外力做的功和非保守内力做的功之和等于系统机械能的增量。如果外力做的功为零，同时系统内非保守力做的功为零，则系统的机械能守恒。

【例题 2-9】如图 2-33 所示，一个质量为 m 的珠子系在线的一端，线的另一端绑在墙上的钉子上，线长为 l。先拉动珠子使线保持水平静止，然后松手使珠子下落。求线摆下 θ 角时珠子的速率。

解：选取珠子和地球构成的系统，O 点为重力势能零点，向上为坐标正方向。重力为保守内力，珠子受线的拉力 T 总是与位移方向垂直，做的功为零。珠子沿圆周从 A 点运动到 B 点，系统的机械能守恒。

A 点系统的机械能为

$$E_A = 0$$

B 点系统的机械能为

$$E_B = \frac{1}{2}mv_\theta^2 + (-mgl\sin\theta)$$

机械能守恒，有

$$E_B = E_A = \frac{1}{2}mv_\theta^2 + (-mgl\sin\theta) = 0$$

线摆下 θ 角时珠子的速率为

$$v_\theta = \sqrt{2gl\sin\theta}$$

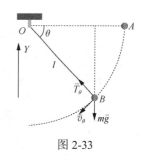

图 2-33

自然界的三大守恒定律，即动量守恒定律、角动量守恒定律、能量守恒定律。其他还有一些守恒定律，如质量守恒定律、电荷守恒定律，粒子反应中的重子数、轻子数、奇异数、宇称的守恒定律。守恒定律反映一个系统变化过程的规律，当进行的过程满足一定的整体条件时，就可以不必考虑过程的细节，从而能对系统的初、末状态的某些特征作出一些结论：如果系统受到的外力为零，则系统的动量守恒；如果系统受到的外力矩为零，则系统的角动量守恒；如果所有外力对系统做的功和非保守内力做的功的和为零，则系统的机械能守恒。

如果一个系统在应用合适的守恒定律以后，却没能得出正确的结论，就必须对系统发展的过程做进一步细致的研究，寻找导致描述系统的守恒定律不成立的因素。如果系统受到的外力不为零，力对时间的积累不为零，系统的动量不守恒，则描述系统的运动规律是动量定理；

如果系统受到的外力矩不为零，外力矩对空间转过的角度积累不为零，系统的角动量不守恒，则描述系统的运动规律是角动量定理；如果所有外力对系统做的功，或非保守内力做的功不为零，力对空间的积累不为零，系统的机械能不守恒，则描述系统的运动规律是功能原理。

现代物理研究表明，一条守恒定律总是与自然界的普遍属性相联系。自然界的普遍属性主要体现为时空对称性：由空间平移对称性可以导出动量守恒定律；由空间转动对称性可以导出角动量守恒定律；由时间平移对称性可以导出能量守恒定律。由电荷的正负对称性可以导出电荷守恒定律；由能量的正负对称性可以导出宇宙正负物质守恒定律。系统一旦受外界的作用，会使时空对称性受到破坏，系统相应的守恒定律不再成立。

2.6 重难点分析与解题指导

重难点分析

运用动力学方程分析求解质点的运动状态方程、功能原理的应用是动力学的重难点问题。

解题指导

1. 运用牛顿运动定律解题策略

认物体：选定物体作为研究对象。

看运动：运动状态（轨迹、速度和加速度）。

查受力：分析物体受的所有力，画出受力图。

列方程：选取合适的坐标系，根据牛顿第二定律建立方程，求解方程。

【例题 2-10】如图 2-34 所示，从地面垂直发射质量为 m 的宇宙飞船，不计空气阻力及其他影响，求宇宙飞船脱离地球引力所需的最小速度。

解：研究对象为宇宙飞船，仅受万有引力作用，如图选取直角坐标 Ox。宇宙飞船的动力学方程为

$$-F = ma = m\frac{dv}{dt}$$

根据万有引力定律，有

$$-G\frac{M_{地}m}{x^2} = m\frac{dv}{dt}, \quad G = \frac{gR_{地}^2}{M_{地}}$$

$$-G\frac{M_{地}m}{x^2} = m\frac{dv}{dt} = m\frac{dv}{dx}\cdot\frac{dx}{dt} = mv\frac{dv}{dx}$$

$$\int_{v_0}^{v} v\,dv = -\int_{R_{地}}^{x} gR^2\frac{dx}{x^2}$$

$$v^2 = v_0^2 - 2gR_{地}^2\left(\frac{1}{R_{地}} - \frac{1}{x}\right)$$

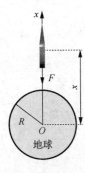

图 2-34

（1）宇宙飞船脱离地球引力：$x \to \infty$，$v \geqslant 0$，有
$$v_0^2 = 2gR_{地}$$
即第二宇宙速度为
$$v_0 = \sqrt{2gR_{地}} = 11.2 (\text{km/s})$$

（2）宇宙飞船绕地球做圆周运动：$x \approx R_{地}$，有
$$G\frac{M_{地}m}{R_{地}^2} = m\frac{v^2}{x}$$
即第一宇宙速度为
$$v = \sqrt{gR_{地}} = 7.9 (\text{km/s})$$

【例题 2-11】如图 2-35 所示，质量为 m 的小球 M，以水平速度 $\vec{v}_0$ 在 h 高处抛出，小球受到的黏滞阻力 $\vec{F} = -k\vec{v}$。求小球的运动学方程。

解：研究对象为小球，小球受力分析如图 2-35 所示，选取直角坐标系 Oxy。小球的动力学方程为
$$\vec{F}(\vec{v}) + \vec{P} = m\vec{a}$$
其具体形式为
$$\begin{cases} F_x = m\dfrac{\mathrm{d}v_x}{\mathrm{d}t} \\ F_y + mg = m\dfrac{\mathrm{d}v_y}{\mathrm{d}t} \end{cases} \Rightarrow \begin{cases} -kv_x = m\dfrac{\mathrm{d}v_x}{\mathrm{d}t} \\ -kv_y + mg = m\dfrac{\mathrm{d}v_y}{\mathrm{d}t} \end{cases}$$

令 $n = \dfrac{k}{m}$，上式转化为
$$\begin{cases} \dfrac{\mathrm{d}v_x}{v_x} = -n\mathrm{d}t \\ \dfrac{\mathrm{d}v_y}{g - nv_y} = \mathrm{d}t \end{cases}$$

两边积分，应用初始条件：当 $t = 0$ 时，$v_x = v_0, v_y = 0$，则有
$$\begin{cases} v_x = v_0 \mathrm{e}^{-nt} \\ v_y = \dfrac{g}{n}(1 - \mathrm{e}^{-nt}) \end{cases}$$

当 $t \to \infty$ 时，有
$$\begin{cases} v_x = 0 \\ v_y = \dfrac{g}{n} \end{cases}$$

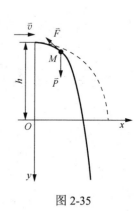

图 2-35

小球运动学方程为
$$\begin{cases} \dfrac{\mathrm{d}x}{\mathrm{d}t} = v_0 \mathrm{e}^{-nt} \\ \dfrac{\mathrm{d}y}{\mathrm{d}t} = \dfrac{g}{n}(1 - \mathrm{e}^{-nt}) \end{cases}$$

两边积分，并应用初始条件：当 $t = 0$ 时，$x = 0, y = -h$，得到

$$\begin{cases} x = \dfrac{mv_0}{k}\left(1 - e^{\frac{k}{m}t}\right) \\ y = -h + \dfrac{mg}{k}t - \dfrac{m^2 g}{k^2}\left(1 - e^{\frac{k}{m}t}\right) \end{cases}$$

注意：上面求解过程中函数 $\bar{F}(\bar{v})$ 即是物理规律中的变量，在运算中看作函数。

【例题 2-12】如图 2-36 所示。质量为 m、长度为 L 的均匀质量链条，上端悬挂，下端与地面接触，求链条自由下落长度为 l 时，对地面的作用力。

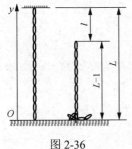

图 2-36

解：研究对象是匀质链条。选择坐标如图所示，由于运动发生在一维方向上，因此以下做矢量标量化处理。

假设链条落下的长度为 l，此时链条对地面的静作用力 $N_1 = \dfrac{l}{L}mg$，在 dt 时间内链条又下落了一小段长度 dl，其质量为

$$dm = \dfrac{m}{L}dl = \dfrac{m}{L}v dt$$

这一小段链条在落地前的速度大小 $v = \sqrt{2gl}$。

dm 落地前可以求出的初始动量为

$$-v dm = -\dfrac{v^2 dt}{L}m = -\dfrac{2l}{L}mg dt$$

dm 落地后的末了动量为

$$v dm = 0$$

dm 落地时对地面的平均冲击力与其受到地面对其的平均冲击力大小相等。

根据动量定理可得

$$\bar{F}dt = p_2 - (-p_1) = 0 - \left(-\dfrac{2l}{L}mg dt\right)$$

$$\bar{F}dt = \dfrac{2l}{L}mg dt \Rightarrow \bar{F} = \dfrac{2l}{L}mg$$

链条下落长度为 l 时，对地面的作用力为

$$N = N_1 + N_2 = \dfrac{3l}{L}mg$$

当 $l = L$ 时，对地面的作用力 $N = 3mg$。

2. 运用动能定理的解题策略

认对象：分析对象受力和各力做功的情况。
选过程：明确过程的初始状态和末了状态。
列方程：由动能定理列出方程，求解方程。

【例题 2-13】如图 2-37 所示，将质量为 m 物体从地球表面沿与垂直方向夹角 α 的方向发射，求第二宇宙速度。

解：研究对象是质量为 m 的物体，物体受地球万有引力作用做功，物体初始位置 $r_1 = R$，物体末了位置 $r_2 = \infty$，物体脱离地球，地球引力做的功为

$$A = \int_R^\infty \left(-G\frac{mM_{地}}{r^2}\right)\vec{r}_0 \cdot d\vec{r} = \int_R^\infty \left(-G\frac{mM_{地}}{r^2}\right) dr = -G\frac{mM_{地}}{R} = -mgR$$

物体初始状态的动能 $E_0 = \frac{1}{2}mv_0^2$，末了状态的动能 $E_k = 0$，应用动能定理，有

$$-mgR = 0 - \frac{1}{2}mv_0^2$$

可以计算出第二宇宙速度为

$$v_0 = \sqrt{2gR} = 11.2 \times 10^3 \text{(m/s)}$$

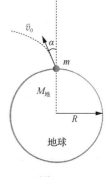

图 2-37

【例题 2-14】如图 2-38 所示，物体 A 和 B 的质量分别为 m_A 和 m_B，不计摩擦，物体 A 由静止沿斜面下滑。求物体 A 下滑距离为 s 时，物体 B 与物体 A 的速率。

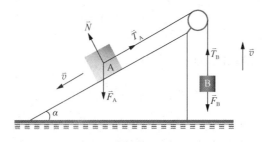

图 2-38

解：研究对象为物体 A、B 组成的系统，物体 A、B 受力分析如图所示，其中绳子的张力为内力，做的功之和为零，斜面对物体的支持力始终垂直于物体 A 的运动方向，不做功。在两个物体运动过程中只有重力做功。

系统外力做的功为

$$A^{\text{ext}} = F_A \sin\alpha \cdot s - F_B s$$

系统内力做的功 $A^{\text{int}} = 0$。

系统初始状态的动能 $E_0 = 0$，末了状态的动能为

$$E_k = \frac{1}{2}(m_A + m_B)v^2$$

对系统应用动能定理，有

$$F_A \sin\alpha \cdot s - F_B s = \left(\frac{1}{2}m_A v^2 + \frac{1}{2}m_B v^2\right) - 0$$

物体 A 下滑距离 s 时，物体 B 与物体 A 的速率为

$$v = \sqrt{\frac{2gs(m_A \sin\alpha - m_B)}{m_A + m_B}}$$

【例题 2-15】如图 2-39 所示，质量为 m 的物体 A 放在一与水平面成 θ 角的固定光滑斜面上，并与一个刚度系数为 k 的固定轻弹簧连接。设物体 A 在平衡位置处的初动能为 E_{k0}，以弹簧的原长处 O 点为原点，沿斜面向下为 x 轴的正方向。求：(1) 物体 A 处于平衡位置 O' 点时的坐标 x_0；(2) 物体在弹簧伸长 x 时的动能。

解：(1) 研究对象为质量为 m 的物体 A，受重力、斜面的支持力和弹簧力的作用。物体 A 处于平衡位置时，满足：

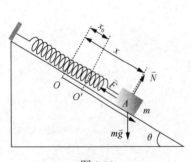

图 2-39

$$kx_0 = mg\sin\theta$$

物体 A 处于平衡位置时的坐标为

$$x_0 = \frac{mg\sin\theta}{k}$$

重力做的功为

$$A = mg\sin\theta(x - x_0)$$

弹簧力做的功为

$$A' = -\frac{1}{2}kx^2 + \frac{1}{2}kx_0^2$$

斜面支持力 N 不做功。

(2) 物体在平衡点的动能为 E_{k0},物体从平衡点 x_0 沿斜面向下运动位移为 x 时,动能为 E_k,应用动能定理 $A + A' = E_k - E_{k0}$,得

$$mg\sin\theta(x - x_0) - \frac{1}{2}kx^2 + \frac{1}{2}kx_0^2 = E_k - E_{k0}$$

物体在弹簧伸长 x 时的动能为

$$E_k = E_{k0} - \frac{1}{2}k\left(x - \frac{mg\sin\theta}{k}\right)^2$$

【例题 2-16】如图 2-40 所示,一个质量为 m 的珠子系在线的一端,线的另一端绑在墙上的钉子上,线长为 l。先拉动珠子使线保持水平静止,然后松手使珠子下落。求线摆下 θ 角时珠子的速率。

解:珠子受的力:线的拉力 T 和重力 mg。珠子沿圆周从 A 点运动到 B 点,合外力 $\vec{T} + m\vec{g}$ 做的功为

$$A = \int_A^B (\vec{T} + m\vec{g}) \cdot d\vec{r} = \int_A^B m\vec{g} \cdot d\vec{r}$$

线对珠子的拉力始终垂直于珠子位移方向,拉力不做功,则有

$$A = \int_A^B mg|d\vec{r}|\cos\alpha$$

将 $|d\vec{r}| = ds = ld\alpha$ 代入得

$$A = \int_0^\theta mgl\cos\alpha \, d\alpha = mgl\sin\theta$$

对珠子应用动能定理有

$$mgl\sin\theta = \frac{1}{2}mv_B^2 - \frac{1}{2}mv_A^2$$

因为 $v_A = 0, v_B = v_\theta$,上式变为

$$mgl\sin\theta = \frac{1}{2}mv_\theta^2$$

可求得摆下 θ 角时珠子的速率为

$$v_\theta = \sqrt{2gl\sin\theta}$$

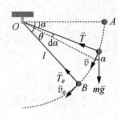

图 2-40

第 3 章　刚体力学基础

质点是理想化的物理模型,描述质点运动以牛顿定律为基础,此外还有动量定理、动能定理及动量和能量守恒定律。与以上讨论问题思路类似,刚体也是一个物理模型,刚体可以看作一个质点之间距离保持不变的特殊质点系,刚体运动现象极为普遍,也极其复杂,本章只讨论简单的刚体运动——定轴转动。描述刚体定轴转动运动也以牛顿定律为基础,给出刚体定轴转动动能定理、转动定理和角动量定理。刚体的动能定理和转动定理与质点的动能定理和牛顿第二定律本质相同,形式不同;刚体的角动量定理和质点的动量定理形式类似,本质不同,在学习中应注意区分。

3.1　刚体的运动

在力的作用下,大小和形状均保持不变的物体即是刚体,也可以说质点之间距离保持不变的质点系可看作一个刚体。与质点概念类似,刚体也是一个抽象理想化的物理模型。

刚体的运动分为刚体的平动、刚体绕定轴的转动和刚体的一般运动(平动与绕瞬时轴转动合成)三种。

3.1.1　刚体的平动

刚体在平动中的特点如下:
(1) 刚体中任意两点连线始终保持平行。如图 3-1 所示,车厢在运动中,AB 线和 CD 线始终保持平行。图 3-2 所示的四连杆结构中的 AB 连杆也始终保持平行。它们都属于刚体的平动。
(2) 刚体平动中各点的运动轨迹相同,且任意时刻各点的速度和加速度相同。所以可以用质心或者刚体中的任意一点的运动来代表整个刚体的运动。

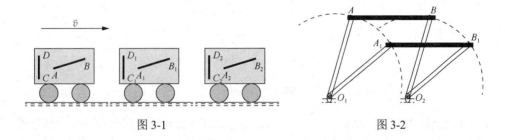

图 3-1　　　　　　　　　　　图 3-2

3.1.2　刚体绕定轴的转动

如图 3-3 所示,刚体绕固定转轴 z 做定轴转动,刚体内的各点均随刚体一起以相同的角速度和角加速度做圆周运动,其圆心落在轴 z 上。

如图 3-4 所示，刚体绕定轴转动时，其上任意点所在固定平面为 Ⅰ，Ⅱ 为其所在的动平面，定义转动刚体的角坐标为 θ，规定逆时针方向为正。

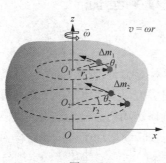

图 3-3

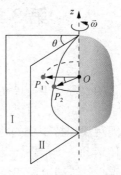

图 3-4

刚体绕定轴转动的转动方程如下：

$$\theta = f(t) \tag{3-1}$$

角速度为

$$\omega = \frac{\mathrm{d}\theta}{\mathrm{d}t} \tag{3-2}$$

角加速度为

$$\alpha = \frac{\mathrm{d}\omega}{\mathrm{d}t} = \frac{\mathrm{d}^2\theta}{\mathrm{d}t^2} \tag{3-3}$$

角位移或角位置、角速度及角加速度的单位分别是：rad、rad/s、rad/s^2。

绕定轴转动刚体内各点的（线）速度和（线）加速度与角速度和角加速度相关，如图 3-5 所示，刚体内任意一点 P 到转轴的垂直距离为 r，P 点的线速度大小为

$$v = \omega r \tag{3-4}$$

方向沿圆轨迹上 P 点的切向方向。P 点的加速度为

$$\begin{cases} \vec{a} = a_\mathrm{t}\vec{\tau} + a_\mathrm{n}\vec{n} \\ a_\mathrm{t} = \dfrac{\mathrm{d}v}{\mathrm{d}t} = r\alpha \\ a_\mathrm{n} = \dfrac{v^2}{r} = r\omega^2 \end{cases} \tag{3-5}$$

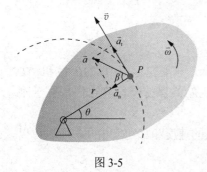

图 3-5

加速度的大小和方向为

$$|\vec{a}| = \sqrt{a_\mathrm{n}^2 + a_\mathrm{t}^2} = r\sqrt{\alpha^2 + \omega^4}$$

$$\tan\beta = \frac{a_\mathrm{t}}{a_\mathrm{n}} = \frac{\alpha}{\omega^2}$$

为了更充分地反映实际情况，引入角速度矢量 $\vec{\omega}$ 这一物理量。规定在转轴上画一有向线段，使其长度按一定比例代表角速度的大小，其方向与刚体转动方向之间满足右手螺旋定则，右手四指旋转方向和刚体转动的方向一致，则螺旋前进的方向，即拇指指向便是角速度矢量的正方向，如图 3-6 所示。

如图 3-7 所示，对于刚体上任一点 P，可以给出该点的速度为

$$\bar{v} = \bar{\omega} \times \bar{r} \tag{3-6}$$

可见，速度 $\bar{v}$ 是角速度矢量 $\bar{\omega}$ 和 P 点对应位矢 $\bar{r}$ 向量积的运算结果。

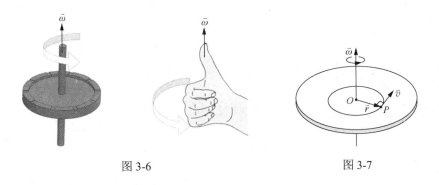

图 3-6 　　　　　　　　　　　　　　　　　　图 3-7

3.1.3　刚体的一般运动

对没有任何运动学条件限制的刚体运动称为刚体的一般运动。在刚体做自由运动时，刚体内没有任何固定于空间的点，而且任何三个不共线的点的轨迹都不相同。飞机、导弹、舰船等都可做这种运动。完全确定一个物体在空间位置所需要的独立坐标的数目，称为这个物体的自由度。

1. 质点自由度

（1）一个质点在空间做任意运动，需要用三个独立坐标（x、y、z）确定其位置，所以自由质点有三个平动自由度，即 i=3。

（2）如果对质点的运动加以限制（约束），则自由度将减少。如果质点被限制在平面或曲面上运动，则 i=2；如果质点被限制在直线或曲线上运动，则 i=1。

2. 刚体自由度

一个刚体在空间做任意运动时，运动可分解为质心 O' 的平动和绕通过质心轴的转动，它既有平动自由度也有转动自由度。如图 3-8 所示，确定刚体质心 O' 的位置，需要三个独立坐标（x，y，z），即自由刚体有三个平动自由度 t=3；确定刚体通过质心轴的空间方位——三个方位角（α，β，γ）中只有其中两个是独立的——需要两个转动自由度，另外要确定刚体绕通过质心轴转过的角度 θ，还需要一个转动自由度，这样，确定刚体绕通过质心轴的转动，共有三个转动自由度，即 r=3。所以，一个任意运动的刚体，有 3 个平动自由度和 3 个转动自由度，即共有 6 个自由度。

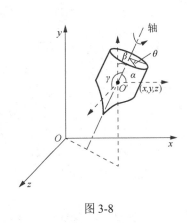

图 3-8

【**例题 3-1**】如图 3-9 所示，半径 $r = 0.50\text{m}$ 的飞轮以 $\alpha = 3.00\text{rad/s}^2$ 的恒定角加速度由静止开始转动。试求：（1）边缘一点 M 在 $t = 2.0\text{s}$ 时的速率、切向加速度和法向加速度；（2）半径中心一点 M' 的速率、切向加速度和法向加速度。

解：飞轮做匀加速圆周运动，其某时刻的角速度为

$$\omega = \alpha t$$

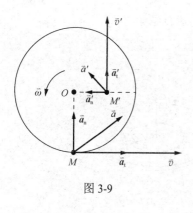

图 3-9

$t=2.0\mathrm{s}$ 时 M 点速率为
$$v = r\omega = r\alpha t = 3.00 (\mathrm{m/s})$$
M 点加速度为
$$a_\mathrm{t} = r\alpha = 1.50 (\mathrm{m/s^2})$$
$$a_\mathrm{n} = r\omega^2 = 18.0 (\mathrm{m/s^2})$$
半径中心 M' 点的半径为
$$r' = r/2 = 0.25 (\mathrm{m})$$
$t=2.0\mathrm{s}$ 时 M' 点的速率为
$$v' = r'\omega = r'(\alpha t) = 1.50 (\mathrm{m/s})$$
M' 点的加速度为
$$a'_\mathrm{t} = r'\alpha = 0.75 (\mathrm{m/s^2})$$
$$a'_\mathrm{n} = r'\omega^2 = 9.0 (\mathrm{m/s^2})$$

3.2 力矩 转动惯量

3.2.1 力矩

经验表明,要使一个静止的刚体转动,离不开力矩的作用。因此本小节进一步介绍力矩的概念。如图 3-10 所示,使用扳手拧螺钉时,为了省力,手握的位置要距离转轴远些且不能让作用力穿过转轴。可见,图中扳手转动与否、转动的难易程度,不仅与力的方向、大小有关,还与力的作用点和作用线有关,要全面综合考虑力的大小、方向和作用点这三要素。

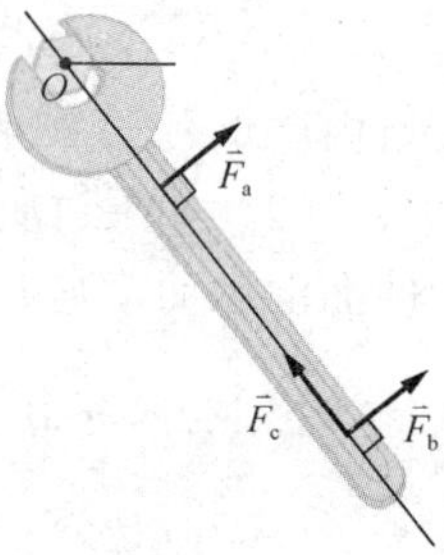

如图 3-11(a)所示,力 $\vec{F}$ 作用在刚体上 P 点,P 点相对于其所在转动平面上的固定点 O 的位矢为 $\vec{r}$,则力 $\vec{F}$ 对于转动平面上的 O 点产生的力矩为
$$\vec{M} = \vec{r} \times \vec{F} \tag{3-7a}$$

力矩是矢量。对定轴转动刚体而言,力矩是如何改变刚体的转动状态呢?下面对 $\vec{F}$ 做分解讨论,给出力与力矩的分解表达式如下:
$$\vec{M} = \vec{r} \times \vec{F} = \vec{r} \times (\vec{F}_{//} + \vec{F}_\perp) = \vec{r} \times \vec{F}_{//} + \vec{r} \times \vec{F}_\perp \tag{3-7b}$$

图 3-10

如图 3-11(b)所示,分力 $\vec{F}_{//}$ 与转轴 Oz 平行,对转轴 Oz 而言,对应的力矩 $\vec{r} \times \vec{F}_{//}$ 与轴垂直,垂直转轴的力矩对于改变刚体的转动状态没有贡献。分力 $\vec{F}_\perp$ 与转轴 Oz 垂直,落在 P 点所在的水平转动平面内,其力矩为
$$\vec{M}_{Oz} = \vec{r} \times \vec{F}_\perp$$

如图 3-12 所示,力矩矢量 $\vec{M}_{Oz}$ 垂直于 $\vec{r}$、$\vec{F}_\perp$ 确定的平面,三者之间满足右手螺旋关系,若与 Oz 轴正方向一致记作正,反之记作负,大小为
$$|\vec{M}_{Oz}| = F_\perp r \sin\alpha = F_\perp r_\perp$$

式中,$r_\perp = r\sin\alpha$,是轴 Oz 到力 $\vec{F}_\perp$ 的作用线的距离,称为力臂。力矩 $\vec{M}_{Oz}$ 实际上是 $\vec{M}$ 在 Oz 轴方向的分量,是真正使刚体转动状态改变的原因。若有多个力矩同时作用在刚体上的各个位置,则力矩之间满足叠加原理。刚体力学中,力矩的地位和作用与质点力学中的力相当,可参考对照学习。

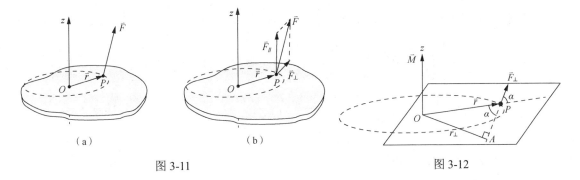

图 3-11

图 3-12

3.2.2 刚体的动能

平动刚体上各质量元均具有相同的运动规律，因此平动刚体的动能可将其看作一个质量集中在质心的质点的动能。

如图 3-13 所示，对于定轴转动的刚体，可将其看作若干个小质量元 Δm_i 的集合，每个小质量元看作一个质点，所有质点的动能之和就是刚体的动能，即

$$E_k = \sum_i \frac{1}{2}\Delta m_i v_i^2$$

不同质量元具有不同的速度，但所有质点的角速度相同，所以利用 $v_i = r_i\omega$ 将速度转化为角速度，则刚体动能表达式变为

$$E_k = \sum_i \frac{1}{2}\Delta m_i v_i^2 = \frac{1}{2}\left(\sum_i \Delta m_i r_i^2\right)\omega^2$$

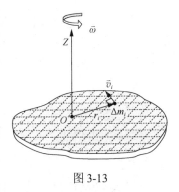

图 3-13

将表示刚体质量分布的这部分提出来，重新定义一个物理量，称为刚体的转动惯量，即

$$J = \sum_i \Delta m_i r_i^2 \tag{3-8}$$

关于转动惯量的计算和物理意义在 3.2.3 节讨论，刚体的转动动能可以简化为

$$E_k = \frac{1}{2}J\omega^2 \tag{3-9}$$

刚体定轴转动动能本质上与质点的动能定义也是相同的。

3.2.3 刚体的转动惯量

1. 转动惯量

转动惯量是刚体转动惯性的量度，可类比质点力学中的质量理解转动惯量的意义。其大小取决于刚体的质量、形状、质量分布和转轴的位置，对于质量连续分布的刚体，有

$$J = \lim_{\Delta m_i \to 0}\sum_i \Delta m_i r_i^2 = \int_m r^2 \mathrm{d}m \tag{3-10}$$

在具体计算中，往往将质量微分元转化为长度微分元、面积微分元或体积微分元。例如，定义了单位长度上的质量 λ（线密度，kg/m），或单位面积上的质量 σ（面密度，kg/m²），或单位体积上的质量 ρ（体密度，kg/m³），则质量连续分布的刚体的转动惯量的计算公式为

$$J = \int_L r^2 \lambda \mathrm{d}l，\quad 或\ J = \iint_S r^2 \sigma \mathrm{d}S，\quad 或\ J = \iiint_V r^2 \rho \mathrm{d}V \tag{3-11}$$

【例题 3-2】 有一长为 L、质量为 M 的匀质细杆，求该杆对通过中点并与杆垂直的轴的转动惯量。

解： 对于该匀质细杆，建立如图 3-14（a）所示的坐标系，当转轴过细杆中心（即转轴落在 Y 轴）时的转动惯量可依据定义求得。

首先，在细杆上选取一坐标为 x 的质量元 $\mathrm{d}x$，质量为

$$\mathrm{d}m = \lambda \mathrm{d}x = \frac{M}{L}\mathrm{d}x$$

该质量元对 Y 轴的转动惯量为

$$\mathrm{d}J_Y = x^2 \mathrm{d}m = x^2 \frac{M}{L}\mathrm{d}x$$

用积分即可求出细杆总的转动惯量为

$$J_Y = \int_{-L/2}^{L/2} x^2 \mathrm{d}m = \int_{-L/2}^{L/2} x^2 \frac{M}{L}\mathrm{d}x = \frac{1}{12}ML^2$$

讨论： 若平移题中的转轴，使其置于匀质细杆的一个端点处，建立如图 3-14（b）所示的坐标系，问此时匀质细杆对通过一端与杆垂直的轴的转动惯量是否会发生变化？

在细杆上选取一坐标为 x 的质量元 $\mathrm{d}x$，该质量元对 Y 轴的转动惯量为

$$\mathrm{d}J_Y = x^2 \mathrm{d}m = x^2 \frac{M}{L}\mathrm{d}x$$

用积分即可求出细杆对通过一端与杆垂直的轴的转动惯量为

$$J_{Y'} = \int_0^L x^2 \mathrm{d}m = \int_0^L x^2 \frac{M}{L}\mathrm{d}x = \frac{1}{3}ML^2$$

可见，转动惯量与转轴的位置有关。同一个刚体，在所选转轴位置不同的情况下，转动惯量不同。

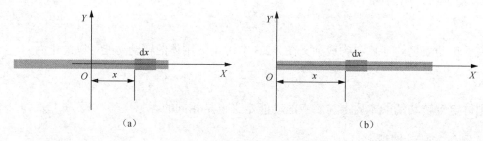

图 3-14

【例题 3-3】 计算质量为 m、半径为 R 的均匀薄圆环对通过圆心垂直于环面轴的转动惯量。

解： 如图 3-15 所示，在圆环上选取质量元 $\mathrm{d}m$，该质量元 $\mathrm{d}m$ 对转轴的转动惯量为

$$\mathrm{d}J = R^2 \mathrm{d}m = R^2 \lambda \mathrm{d}l = R^2 \frac{m}{2\pi R}\mathrm{d}l = \frac{mR}{2\pi}\mathrm{d}l$$

薄圆环对通过圆心垂直于环面轴的转动惯量为

$$J = \int_0^{2\pi R} \frac{mR}{2\pi}\mathrm{d}l = \frac{mR}{2\pi}\int_0^{2\pi R} \mathrm{d}l = mR^2$$

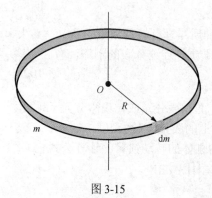

图 3-15

【例题 3-4】 如图 3-16 所示,计算半径为 R、质量为 M 匀质圆盘对通过中心 O 点并垂直于盘面的转轴的转动惯量。

解: 转轴位于圆盘中心,圆盘是中心对称的,因此可以选择距离中心为 r、宽度为 $\mathrm{d}r$ 的同心环作为圆盘问题中的质量微元,该质量微元对转轴的转动惯量为

$$\mathrm{d}J_O = r^2 \mathrm{d}m = r^2 \sigma \mathrm{d}s = r^2 \left(\frac{M}{\pi R^2}\right)(2\pi r \mathrm{d}r) = r^3 \frac{2M}{R^2} \mathrm{d}r$$

故圆盘对转轴的转动惯量为

$$J_O = \int_0^R r^2 \mathrm{d}m = \int_0^R r^3 \frac{2M}{R^2} \mathrm{d}r = \frac{1}{2}MR^2$$

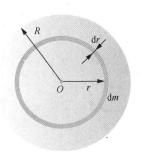

图 3-16

【例题 3-5】 如图 3-17(a)所示,计算内外半径分别是 R_1 和 R_2、质量为 M 的匀质圆盘对通过中心 O 点并垂直于盘面的转轴的转动惯量。

解法 1:正质量法。

如图 3-17(a)所示,内外半径分别为 R_1、R_2 的圆盘质量面密度为

$$\sigma = \frac{M}{\pi(R_2^2 - R_1^2)}$$

在圆盘上选取宽度为 $\mathrm{d}r$ 圆环,圆环的质量为

$$\mathrm{d}m = \sigma(2\pi r \mathrm{d}r) = \frac{2M}{R_2^2 - R_1^2} r \mathrm{d}r$$

圆盘对转轴的转动惯量为

$$J_O = \int_{R_1}^{R_2} r^2 \mathrm{d}m = \int_{R_1}^{R_2} \frac{2M}{R_2^2 - R_1^2} r^3 \mathrm{d}r = \frac{1}{2}M(R_2^2 + R_1^2)$$

解法 2:负质量方法。

如图 3-17(b)、(c)所示,内外半径分别是 R_1 和 R_2 圆盘对通过中心 O 点垂直于盘面轴的转动惯量可以看作半径为 R_2、质量面密度 $\sigma = \dfrac{M}{\pi(R_2^2 - R_1^2)}$ 的圆盘和半径为 R_1、质量面密度 $\sigma' = -\dfrac{M}{\pi(R_2^2 - R_1^2)}$ 的圆盘共同产生的,即

$$J_O = \frac{1}{2}M'R_1^2 + \frac{1}{2}M''R_2^2$$

其中,

$$\begin{cases} M' = \pi R_1^2 \left[-\dfrac{M}{\pi(R_2^2 - R_1^2)}\right] \\ M'' = \pi R_2^2 \left[\dfrac{M}{\pi(R_2^2 - R_1^2)}\right] \end{cases}$$

结果与解法 1 一致,即

$$J_O = \frac{1}{2}M(R_2^2 + R_1^2)$$

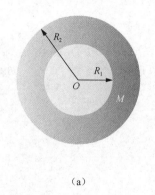 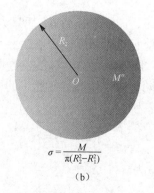 

(a) (b) (c)

图 3-17

2. 平行轴定理

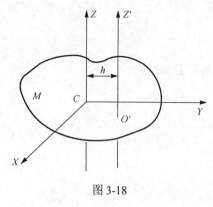

图 3-18

如图 3-18 所示，已知刚体对通过质心转轴的转动惯量 J_C。另有一个与质心转轴 CZ 平行的转轴 $O'Z'$，该轴与质心转轴的距离为 h，刚体对 $O'Z'$ 转轴的转动惯量为

$$J_{O'} = J_C + Mh^2 \qquad (3\text{-}12)$$

称之为平行轴定理。

【例题 3-6】 如图 3-19 所示，计算正方形框架 $ABCD$ 对通过 O 点的转轴的转动惯量，每一条边的质量为 m，长度为 l。

解： 已知每一条边对通过该边中心点转轴的转动惯量为

$$J_1 = \frac{1}{12}ml^2$$

由平行轴定理知，每一条边对通过正方形框架 $ABCD$ 质心转轴的转动惯量为

$$J_1' = \frac{1}{12}ml^2 + m\left(\frac{1}{2}l\right)^2 = \frac{1}{3}ml^2$$

四条边对通过正方形框架 $ABCD$ 质心转轴的转动惯量为

$$J_C = 4J_1' = \frac{4}{3}ml^2$$

再次利用平行轴定理可得，正方形框架 $ABCD$ 对通过 O 点的转轴的转动惯量为

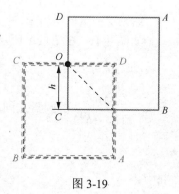

图 3-19

$$J_O = J_C + (4m)h^2 = J_C + 4m\left(\frac{1}{2}l\right)^2 = \frac{7}{3}ml^2$$

3.3 刚体定轴转动动能定理、转动定律和机械能守恒定律

3.3.1 力矩的功

在定轴转动刚体上，施加外力可以改变刚体的动能，那么外力对刚体做功该如何表示呢？

在推导之前要搞清作用在刚体上的哪一部分力做功，哪一部分力没有做功？如图3-20（a）所示，在刚体定轴转动中，假设刚体同时受到多个外力$\vec{F}_1$、$\vec{F}_2$、…、$\vec{F}_i$、…、$\vec{F}_n$的作用，作为特殊质点系的刚体，此时其内部即各个质量元之间也有相互作用的内力，相互作用力满足$\vec{f} = -\vec{f}'$。外力做功用A_i^{ext}来表示，内力做功用A_i^{int}来表示，根据叠加原理，此时作用在刚体上的全部力的功等于各个力做功之和，即$A = \sum_i A_i^{\text{ext}} + \sum_i A_i^{\text{int}}$。

由刚体模型特点可知，任意质量元之间没有相对位移，可以证明刚体内质量元之间的相互作用力（即内力）做功为零，即$\sum_i A_i^{\text{int}} = 0$。因此对刚体做功的讨论，只考虑外力做功、不考虑刚体内质量元之间的相互作用力做功，即$A = \sum_i A_i^{\text{ext}}$。

由力矩表达式（3-7b）可知，任一作用在定轴转动的刚体上的外力$\vec{F}_i$，可以分解为与转轴平行的部分$\vec{F}_{//}$和与转轴垂直的部分$\vec{F}_\perp$（在转动平面内），其中$\vec{F}_{//}$对定轴转动没有贡献，只有$\vec{F}_\perp$对定轴转动做功。迎着OZ轴看定轴转动刚体，其转动平面如图3-20（b）所示。任一外力$\vec{F}_i$作用于刚体上的一点P，使刚体发生微小角位移$\mathrm{d}\theta$做功为

$$\mathrm{d}A_i = \vec{F}_\perp \cdot \mathrm{d}\vec{r} = F_\perp |\mathrm{d}\vec{r}| \cos\varphi$$

将$|\mathrm{d}\vec{r}| = r\mathrm{d}\theta$代入得

$$\mathrm{d}A_i = F_\perp r \cos\varphi \mathrm{d}\theta$$

此时对于任一外力$\vec{F}_i$，其力矩大小为

$$M_i = |\vec{r} \times \vec{F}_\perp| = F_\perp r \sin(90° - \varphi) = F_\perp r \cos\varphi$$

故元功$\mathrm{d}A_i$为

$$\mathrm{d}A_i = F_\perp r \cos\varphi \mathrm{d}\theta = M_i \mathrm{d}\theta$$

若刚体上P点从角位置θ_1转至θ_2处，则力矩做功为

$$A_i = \int_{\theta_1}^{\theta_2} M_i \mathrm{d}\theta \tag{3-13}$$

对于其他外力做功的分析与以上相同，总功为

$$A = \sum_{i=1}^{n} A_i$$

力矩的功的本质与质点力学功的定义是相同的。

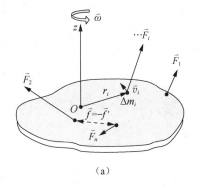
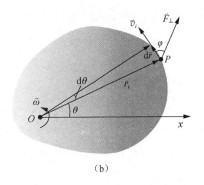

(a)　　　　　　　　　　　　　　(b)

图3-20

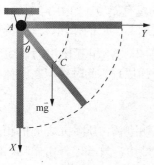

图 3-21

【例题 3-7】 如图 3-21 所示，长为 l、质量为 m 的匀质细杆，绕通过 A 端的 Z 轴在铅直平面内转动。求细杆从水平位置释放转到铅直位置时，杆的重力做的功。

解： 研究对象是悬挂着的匀质细杆，细杆受到悬挂点约束力、重力的作用。其中，A 处的力通过固定点，力矩为零、不做功，重力 mg 作用在杆的中心 C 点，规定逆时针为转轴的正方向。当杆从水平位置摆动到如图所示的、与铅直方向夹角为 θ 处时的重力矩记作：

$$M = -mg\frac{l}{2}\sin\theta$$

因此，当细杆转过 $\mathrm{d}\theta$，重力矩做功为

$$\mathrm{d}A = M\mathrm{d}\theta = -mg\frac{l}{2}\sin\theta\mathrm{d}\theta$$

细杆从水平位置释放转到铅直位置时，杆的重力做功为

$$A = \int_{\pi/2}^{0} M\mathrm{d}\theta = \int_{\pi/2}^{0} -mg\frac{l}{2}\sin\theta\mathrm{d}\theta = \frac{l}{2}mg$$

3.3.2 刚体定轴转动的动能定理

如图 3-20（a）所示，有多个力同时作用在刚体上，刚体定轴转动过程中任意时刻对第 i 个质量元应用质点动能定理，有

$$A_i = A_i^{\mathrm{ext}} + A_i^{\mathrm{int}} = \int_{\theta_1}^{\theta_2}(M_i^{\mathrm{ext}} + M_i^{\mathrm{int}})\mathrm{d}\theta = \frac{1}{2}m_i v_{i2}^2 - \frac{1}{2}m_i v_{i1}^2$$

对刚体所有质点求和，有

$$\sum A_i^{\mathrm{ext}} + \sum A_i^{\mathrm{int}} = \sum\int_{\theta_1}^{\theta_2}M_i^{\mathrm{ext}}\mathrm{d}\theta + \sum\int_{\theta_1}^{\theta_2}M_i^{\mathrm{int}}\mathrm{d}\theta = \sum\frac{1}{2}m_i v_{i2}^2 - \sum\frac{1}{2}m_i v_{i1}^2$$

根据刚体动能表达式，有

$$E_{\mathrm{k}2} = \frac{1}{2}J\omega_2^2 = \sum\frac{1}{2}m_i v_{i2}^2$$

$$E_{\mathrm{k}1} = \frac{1}{2}J\omega_1^2 = \sum\frac{1}{2}m_i v_{i1}^2$$

内力矩对刚体做的功之和为零，即

$$\sum A_i^{\mathrm{int}} = \sum\int_{\theta_1}^{\theta_2}M_i^{\mathrm{int}}\mathrm{d}\theta = 0$$

外力矩对刚体做的功为

$$A = \sum A_i^{\mathrm{ext}} = \int_{\theta_1}^{\theta_2}M\mathrm{d}\theta = \sum\int_{\theta_1}^{\theta_2}M_i^{\mathrm{ext}}\mathrm{d}\theta \tag{3-14}$$

转动刚体动能定理的积分形式为

$$A = \int_{\theta_1}^{\theta_2}M\mathrm{d}\theta = \frac{1}{2}J\omega_2^2 - \frac{1}{2}J\omega_1^2 \tag{3-15}$$

转动刚体动能定理的微分形式为

$$dA = Md\theta = d\left(\frac{1}{2}J\omega^2\right) \tag{3-16}$$

刚体定轴转动动能定理表明，合外力矩做功等于刚体转动动能增量。刚体定轴转动动能定理可以与质点系动能定理进行类比理解，本质相似。

3.3.3 定轴转动定律

刚体的定轴转动定律本质上还是牛顿第二定律，形式上也类似，不同之处在于刚体是一个特殊的质点系，因此刚体的定轴转动定律可以看作质点系的牛顿第二定律的综合应用及特殊表达。一般情况下，刚体的转动定律是一个复杂的矢量式，但在定轴转动这一特殊情况下，其表达是一维的，形式更简单，因此不同于牛顿第二定律的矢量表达，刚体定轴转动定律是一个标量式。

刚体定轴转动的动能定理的微分形式为

$$Md\theta = d\left(\frac{1}{2}J\omega^2\right)$$

进行变换得

$$Md\theta = J\omega d\omega$$

两边除以 dt 得

$$M\frac{d\theta}{dt} = J\omega\frac{d\omega}{dt}$$

应用角加速度 $\alpha = \dfrac{d\omega}{dt}$ 和角速度 $\omega = \dfrac{d\theta}{dt}$，得刚体绕定轴的转动定律为

$$M = J\alpha = J\frac{d\omega}{dt} = J\frac{d^2\theta}{dt^2} \tag{3-17}$$

上式表明，对定轴转动，刚体所受的合外力矩等于转动惯量和角加速度的乘积。与牛顿第二定律可以对比理解，定轴转动定律也可以从牛顿第二定律推导获得，本质是一致的。

【**例题 3-8**】如图 3-22（a）所示，质量为 m_1 和 m_2 的物体通过一个定滑轮用轻绳相连。已知滑轮半径为 R，质量为 M，假定绳子是不可伸缩的轻绳，绳子与滑轮之间无滑动，滑轮轴处的摩擦力可忽略不计，求两个物体的加速度、定滑轮角加速度及两段绳子中的张力。

解：这是典型的刚体-质点系统，研究对象为 m_1 和 m_2 物体、滑轮，受力分析如图 3-22（b）、（c）、（d）所示。规定垂直向里为转轴的正方向。

两个物体的动力学方程和滑轮的转动方程为

$$m_1g - T_1 = m_1a$$
$$T_2 - m_2g = m_2a$$
$$T_1R - T_2R = J_O\alpha$$

利用滑轮的转动惯量 $J_O = \dfrac{1}{2}MR^2$ 和运动学关系 $R\alpha = a$，联合求解上面方程，得到定滑轮角加速度为

$$\alpha = \frac{1}{R}\frac{m_1 - m_2}{m_1 + m_2 + M/2}g$$

两个物体的加速度为

$$a = \frac{m_1 - m_2}{m_1 + m_2 + M/2} g$$

两段绳子中的张力为

$$T_1 = \frac{2m_1 m_2 + M m_1/2}{m_1 + m_2 + M/2} g, \quad T_2 = \frac{2m_1 m_2 + M m_2/2}{m_1 + m_2 + M/2} g$$

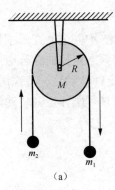
(a)
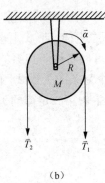
(b)
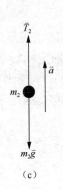
(c)
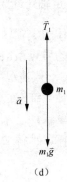
(d)

图 3-22

【例题 3-9】为求一个半径为 R 的飞轮对通过中心且与盘面垂直的固定轴的转动惯量，在飞轮上绕上细绳，绳末端悬系一个质量为 m_1 的重锤，让重锤从高 h 的地方由静止落下，测得下落时间为 t_1。再用另外一个质量为 m_2 的重锤做同样的实验，测得下落时间为 t_2。假定摩擦力矩是一个常数，求飞轮的转动惯量。

解：重锤和飞轮受力分析如图 3-23 所示。摩擦力矩 M' 垂直向里。设飞轮的转动惯量为 J，重锤的运动方程和飞轮的转动方程为

$$mg - T = ma$$

$$TR - M' = J\frac{a}{R}$$

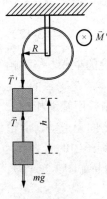

图 3-23

重锤下落的距离为

$$h = \frac{1}{2}at^2$$

由上述三式得

$$mg - \frac{M'}{R} = \left(m + \frac{J}{R^2}\right)\frac{2h}{t^2}$$

将两次实验的结果代入得

$$m_1 g - \frac{M'}{R} = \left(m_1 + \frac{J}{R^2}\right)\frac{2h}{t_1^2}$$

$$m_2 g - \frac{M'}{R} = \left(m_2 + \frac{J}{R^2}\right)\frac{2h}{t_2^2}$$

两式相减消去摩擦力矩 M' 得

$$J = \frac{[(m_2 g - m_1 g) - (2h m_2/t_2^2 - 2h m_1/t_1^2)]R^2}{2h(1/t_2^2 - 1/t_1^2)}$$

3.3.4 刚体的重力势能

如图 3-24 所示，刚体的重力势能是刚体上所有质量元势能的总和，即

$$E_p = \sum (\Delta m_i g) h_i = mg \frac{\sum \Delta m_i h_i}{m} \quad (3\text{-}18)$$

引入刚体质心的定义，有

$$h_C = \frac{\sum_i \Delta m_i h_i}{m} = \frac{1}{m}\int h \mathrm{d}m$$

刚体的重力势能为

$$E_p = mgh_C \quad (3\text{-}19)$$

所以，通常对于一个质量不太大的刚体而言，其重力势能与当刚体全部质量都集中在质心时所具有的重力势能相等。

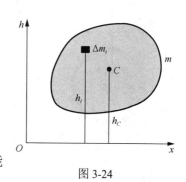

图 3-24

3.3.5 刚体的机械能守恒定律

定轴转动的刚体的机械能等于刚体的转动动能与刚体的重力势能之和，即

$$E = \frac{1}{2}J\omega^2 + mgh_C \quad (3\text{-}20)$$

前文提到，力和力矩作用相当，前者是改变质点运动状态的原因，与之相似，后者是改变刚体转动状态的原因。因此，与质点机械能守恒定律条件相似，可以较容易得到刚体机械能守恒的条件，当刚体上非保守力矩做功为零时，刚体的机械能守恒，即

$$\frac{1}{2}J\omega^2 + mgh_C = 常量 \quad (3\text{-}21)$$

这就是刚体的机械能守恒定律。

【例题 3-10】长为 l、质量为 m 的匀质细杆，用摩擦可忽略的柱铰链挂在 A 处。若使细杆由铅直位置转动到水平位置，计算给杆的最小初角速度。

解：研究对象为细杆，规定逆时针为转轴的正方向。如图 3-25 所示，A 处支承力不做功，重力做功为

$$A = \int_0^{\frac{\pi}{2}} M \mathrm{d}\theta = \int_0^{\frac{\pi}{2}} -mg\frac{l}{2}\sin\theta \mathrm{d}\theta = -\frac{l}{2}mg$$

匀质细杆绕端点转动的转动惯量为

$$J = \frac{1}{3}ml^2$$

根据刚体定轴转动的动能定理，有

$$\frac{1}{2}J\omega^2 - \frac{1}{2}J\omega_0^2 = A$$

$$0 - \frac{1}{2}J\omega_0^2 = A$$

$$-\frac{1}{2}J\omega_0^2 = -\frac{l}{2}mg$$

最小初角速度为

$$\omega_0 = \sqrt{\frac{3g}{l}}$$

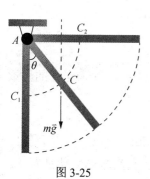

图 3-25

【例题 3-11】 质量为 M 匀质圆盘的滑轮，半径为 R，绕在滑轮上的轻绳的另一端连有质量为 m 物体，求物体由静止下滑位移 s 时，滑轮的角速度和角加速度。

解：研究对象物体和滑轮的受力情况如图 3-26 所示。滑轮受力是 Mg、T'、N，物体受力是 mg、T，五个力 mg、Mg、T、T'、N 中只有 mg 保守力做功，根据动能定理，有

$$mgs = \frac{1}{2}mv^2 + \frac{1}{2}J\omega^2 - 0$$

匀质圆盘的转动惯量 $J = \frac{1}{2}MR^2$，应用 $v = R\omega$，有

$$4mgs = 2mR^2\omega^2 + MR^2\omega^2$$

滑轮的角速度为

$$\omega = \frac{2}{R}\sqrt{\frac{mgs}{2m+M}}$$

两边对时间求导，有

$$4mg\frac{ds}{dt} = (4mR^2\omega + 2MR^2\omega)\frac{d\omega}{dt}$$

$$2mg(R\omega) = (2mR^2\omega + MR^2\omega)\alpha$$

滑轮的角加速度为

$$\alpha = \frac{2mg}{R(M+2m)}$$

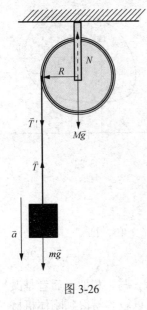

图 3-26

3.4　刚体定轴转动角动量定理　角动量守恒定律

3.4.1　角动量

1. 质点的角动量

如图 3-27 所示，定义质点 m 以动量 $\vec{p} = m\vec{v}$ 运动，对 O 点的角动量为

$$\vec{L} = \vec{r} \times \vec{p} = \vec{r} \times m\vec{v} \tag{3-22}$$

角动量的大小为

$$|\vec{L}| = mvr\sin\varphi$$

角动量的方向垂直于 $\vec{r}$、$m\vec{v}$ 共同所在的平面，满足右手螺旋定则。

2. 刚体的定轴角动量

选取如图 3-28 所示的转轴正方向。图中，绕 Z 轴转动的刚体上任意一个质量元的质量为 Δm_i，速度为 $\vec{v}_i$，到 OZ 轴的位置矢量为 $\vec{r}_i$，该质量元对定轴的角动量为

$$\vec{L}_i = \vec{r}_i \times \Delta m_i \vec{v}_i$$

质量元做圆周运动，故其位矢 $\vec{r}_i$（沿径向）与动量 $\Delta m_i \vec{v}_i$（沿切向）方向垂直，$\vec{L}_i$ 沿 Z 轴向上。可以判断，刚体上所有质量元角动量均沿转轴的正方向，故刚体对转轴的角动量为

$$L = \sum_i L_i = \sum_i r_i \Delta m_i v_i = \sum_i \Delta m_i r_i (\omega r_i) = J\omega \quad (3\text{-}23)$$

角动量矢量表达式为

$$\vec{L} = J\vec{\omega} \quad (3\text{-}24)$$

可见，刚体定轴转动中角动量的方向与角速度矢量方向相同。可类比动量的概念来理解角动量的含义。

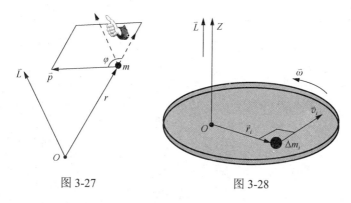

图 3-27　　　　　　　　图 3-28

3.4.2 刚体定轴转动的角动量定理

根据定轴转动刚体转动定律可知

$$M = J\alpha = \frac{d(J\omega)}{dt} = \frac{dL}{dt}$$

由此可得

$$Mdt = dL = d(J\omega) \quad (3\text{-}25)$$

式（3-25）称为角动量定理的微分形式，Mdt 称为元冲量矩。

在外力矩作用下，从 t_0 到 t 的一段时间内，刚体定轴转动的角速度从 ω_0 变化到 ω，可以由式（3-25）给出角动量定理的积分形式，即

$$\int_{t_0}^{t} Mdt = J\omega - J\omega_0 \quad (3\text{-}26)$$

式中，$\int_{t_0}^{t} Mdt$ 称为冲量矩，表示合外力矩在 $t_1 \to t_2$ 时间内的累积效应。式（3-26）说明定轴转动刚体所受合外力矩的冲量矩等于刚体对该轴角动量的增量。

3.4.3 刚体定轴转动的角动量守恒定律

由刚体定轴转动的角动量定理微分形式可得

$$\vec{M} = \frac{d\vec{L}}{dt} \quad (3\text{-}27)$$

如果 $\vec{M} = \vec{r} \times \vec{F} = 0$，则刚体的角动量是一个常矢量，即

$$\vec{L} = \vec{r} \times m\vec{v} = \vec{C} \quad (3\text{-}28)$$

可见，对于定轴转动刚体，当外力对该轴的力矩之和为零时，刚体的角动量守恒，这就是角动量守恒定律。

根据力矩的定义

$$M = rF\sin\theta = r_\perp F \tag{3-29}$$

如下三种情况力矩为零：力的作用线穿过转轴或固定点，如图 3-29 所示，即 $\vec{r}_\perp = 0$；合外力为零，如图 3-30 所示，即 $\vec{F} = 0$；力沿作用点的位矢方向，如图 3-31 所示，即 $\theta = 0$。

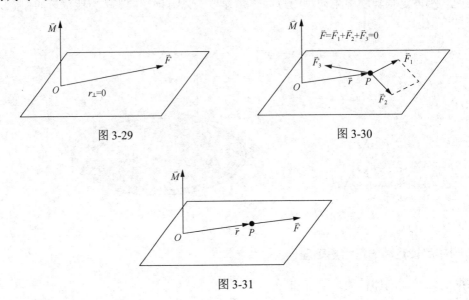

图 3-29　　　　　　　　　　　图 3-30

图 3-31

进一步说明如下：

（1）刚体定轴转动过程中，若转动惯量 J 始终保持不变，只要满足合外力矩等于零，则刚体转动的角速度也就不变，即原来静止的保持静止，原来做匀角速转动的，仍做匀速转动。例如，在飞机、火箭、轮船上用作定向装置的回转仪就是利用这一原理制成的。

（2）对于定轴转动的非刚性物体，物体上各质量元对转轴的距离是可以改变的，即转动惯量 J 可以改变。当满足合外力矩等于零时，物体对轴的角动量守恒，即 $J\vec{\omega}$=常矢量，这时 ω 与 J 成反比，即 J 增加时，ω 变小；J 减小时，ω 增大。例如，坐在茹科夫斯基凳手握哑铃的人、花样滑冰运动员、芭蕾舞演员、高台跳水运动员等，可以通过双臂收拢和展开、身体收拢和展开，通过改变转动惯量 J，运用角动量守恒定律来增大或减小身体对竖直转轴的角速度，从而做出许多优美而漂亮的舞姿。

3.4.4　角动量守恒的应用

角动量守恒定律与动量守恒定律、能量守恒定律一起被称为三大守恒定律，是在自然界普遍适用的基本规律。角动量守恒定律反映质点和质点系围绕一点或一轴运动的普遍规律，反映不受外力作用或所受诸外力对某定点（或定轴）的合力矩始终等于零的质点和质点系围绕该点（或轴）运动的普遍规律。例如，一个在有心力场中运动的质点，始终受到一个通过力心的有心力作用，因为有心力对力心的力矩为零，所以根据角动量定理，该质点对力心的角动量守恒，因此，质点轨迹是平面曲线，且质点对力心的矢径在相等的时间内扫过相等的面积。如果把太阳看成力心，行星看成质点，则上述结论就是开普勒行星运动三定律之一。一个不受外力或外界场作用的质点系，其质点之间相互作用的内力服从牛顿第三定律，因而质点系的内力对任一点的力矩为零,从而导出质点系的角动量守恒。角动量守恒也是微观物理学中的重要基本规律,在基本粒子衰变、碰撞和转变过程中都遵守反映自然界普遍规律的守恒定律,也包括角动量守恒定律。泡利(Pauli)于 1931 年根据守恒定律推测自由中子衰变时有反中微子产生,1956 年后被实验所证实。

【例题 3-12】证明一个不受外力作用的质点,对于任意固定点的角动量保持不变。

解:如图 3-32 所示,质点不受外力,必然沿着一条直线运动,且速度保持不变。质点从 B 点经 A 点,以速度 v 运动到 C 点,对于固定点 O 的角动量为

$$\vec{L} = \vec{r}_C \times m\vec{v}$$

角动量的大小为

$$|\vec{L}| = r_C mv \sin\alpha = |\vec{L}| = r_\perp mv$$

对于给定的点 O,$r_\perp$ 与质点的位置无关,则有

$$|\vec{L}| = r_\perp mv = 常数$$

角动量的方向垂直于由 $\vec{r}_C \times m\vec{v}$ 所决定的平面。

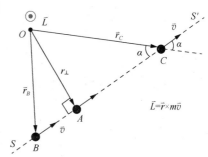

图 3-32

【例题 3-13】如图 3-33 所示。设人造地球卫星在地球引力场中沿平面椭圆轨道运动,地球中心可看作固定点,在椭圆的一个焦点上。已知卫星距离地球表面的最近点 $r_A = 439$km,速度大小 $v_A = 8.12$km/s,距离地球表面的最远点 $r_B = 2384$km,地球半径 $R = 6370$km。计算卫星在远地点的速度大小。

解:研究对象为卫星,卫星受到地球有心力的作用,力的方向始终通过地心,因此卫星对地心的角动量守恒,即

$$mv_B(r_B + R) = mv_A(r_A + R)$$

近地点和远地点卫星动量与位置矢量垂直。卫星在远地点的速度大小为

$$v_B = \frac{r_A + R}{r_B + R} v_A = 6.32 (\text{km/s})$$

图 3-33

用同样的方法,可以讨论天问一号着陆火星前,在火星轨道上近火点和远火点的速度。

【例题 3-14】质量为 M、半径为 R 的转盘,可绕铅直轴无摩擦转动。转盘的初角速度为零。一个质量为 m 的人,在转盘上从静止开始沿半径为 r 的圆周相对于转盘匀速走动。求当人走一周回到圆盘原来位置时,转盘相对于地面转过了多少角度。

解:如图 3-34 所示,研究对象为人和转盘,系统竖直方向的外力矩为零,角动量守恒,即

$$0 = mr(v_r + \omega r) + \left(-\frac{1}{2}MR^2\omega\right)$$

转盘的角速度为

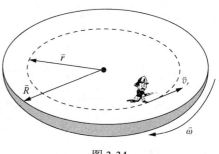

图 3-34

$$\omega = \frac{mrv_r}{mr^2 + \frac{1}{2}MR^2}$$

人走一圈需要的时间为

$$\Delta t = \frac{2\pi r}{v_r}$$

转盘相对于地面转过的角度为

$$\theta = \omega \Delta t = 2\pi \frac{mr^2}{mr^2 + \frac{1}{2}MR^2}$$

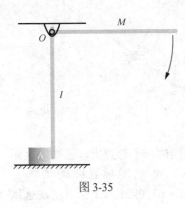

图 3-35

【例题 3-15】如图 3-35 所示，长为 l、质量为 M 匀质杆，一端悬挂，可绕通过 O 点垂直于纸面的轴转动。杆自水平位置无初速地落下，在铅直位置与质量为 m 的物体 A 发生完全非弹性碰撞。碰撞后物体 A 沿摩擦系数为 μ 的水平面滑动。求物体 A 沿水平面滑动的距离。

解：（1）先求杆自水平落下到铅直位置与物体 A 发生碰撞之前的角速度。根据刚体动能定理，有

$$\frac{1}{2}J_O\omega^2 - 0 = \frac{1}{2}Mgl$$

$J_O = \frac{1}{3}Ml^2$，碰撞以后物体对转轴的瞬时角速度为

$$\omega^2 = \frac{3g}{l}$$

（2）碰撞过程：取杆和物体为研究对象，外力对经过 O 点垂直纸面的轴的力矩为零，系统对转轴的角动量守恒，则有

$$J_O\omega = J_O\omega' + ml^2\omega'$$

碰撞以后物体对转轴的瞬时角速度为

$$\omega' = \frac{M\sqrt{3g/l}}{M + 3m}$$

（3）碰撞以后，物体 A 的运动，根据质点动能定理有

$$0 - \frac{1}{2}m(l\omega')^2 = -\mu mgs$$

物体 A 沿水平面滑动的距离为

$$s = \frac{3lM^2}{2\mu(M + 3m)^2}$$

3.5 陀螺的进动和卫星的自旋稳定

3.5.1 陀螺的进动性

陀螺具有定轴性和进动性。陀螺静止时，在重力矩作用下将发生倾倒。当陀螺急速旋转时，尽管仍受重力矩作用，但是陀螺在绕本身的对称轴线 OO' 转动的同时，对称轴本身还绕

竖直轴 Oy 转动，这种现象叫作进动，如图 3-36（a）所示。

陀螺在重力矩作用下为什么不倾倒呢？这其实是机械运动矢量性的一种表现。在质点力学中，质点在外力作用下不一定沿外力方向运动，典型的一个例子就是匀速圆周运动。在陀螺转动中也有类似情况，高速旋转的陀螺受重力矩作用，重力矩与它的转动轴方向（角速度方向）不同，会出现进动现象。

下面对陀螺进动问题进行定量分析。如图 3-36（b）所示，将陀螺对固定点 O 的角动量看作它对自身对称轴 OO' 的角动量。陀螺的重力作用于其重心，重心相对于固定点 O 的位矢为 $\vec{r}$，重力相对于 O 点的力矩 $\vec{M}_G$ 垂直于转轴 OO' 和重力组成的平面。

陀螺进动中，根据角动量定理，在极短时间 dt 内，陀螺的角动量 $\vec{L}$ 的增量 $d\vec{L}$ 为

$$d\vec{L} = \vec{M}_G dt \tag{3-30}$$

$d\vec{L}$ 的方向与外力矩 $\vec{M}_G$ 的方向相同。因为外力矩 $\vec{M}_G$ 垂直于 $\vec{L}$，所以 $d\vec{L}$ 也垂直于 $\vec{L}$，结果使 $\vec{L}$ 的大小不变，而方向发生变化。因此，陀螺的自转轴将从 $\vec{L}$ 的位置移动到 $\vec{L}+d\vec{L}$ 的位置。从陀螺的顶部向下看，其自转轴回转的方向是逆时针的，这样陀螺就沿着一个锥面转动而不会倒下，即绕着竖直轴 Oy 做进动。实际上，转动中的进动现象相当于平动中的匀速圆周运动。

从图 3-36（b）中可以看出

$$dL = L\sin\theta d\varphi = J\omega\sin\theta d\varphi \tag{3-31}$$

$d\varphi$ 是陀螺自转轴 OO' 转过，即进动中对原平面内弦长对应的张角，由角动量定理可知

$$dL = M_G dt$$

可得

$$M_G dt = J\omega\sin\theta d\varphi \tag{3-32}$$

进动角速度为

$$\omega_p = \frac{d\varphi}{dt} = \frac{M_G}{J\omega\sin\theta} \tag{3-33}$$

可见陀螺进动的角速度 ω_p 与外力矩成正比，与陀螺自转的角动量成反比。陀螺高速自转时，如果重力对陀螺的力矩为零，则陀螺的角动量 $\vec{L}$ 为常矢量，其极轴保持空间方向不变，从而显示出陀螺的定轴性。

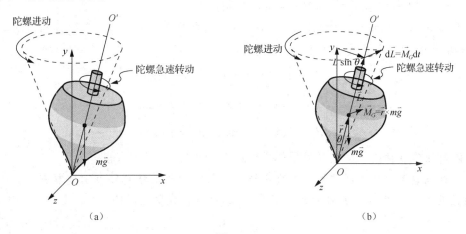

图 3-36

3.5.2 卫星的自旋稳定

利用旋转刚体的陀螺效应保证轨道中姿态稳定的卫星称为自旋卫星（spin satellite）。卫星入轨以后受到驱动产生绕极轴的稳态旋转，成为典型的欧拉情形的刚体永久转动，其转动轴在惯性空间中保持方位不变。将卫星的转动轴设计为沿轨道面的法线方向，就能与轨道坐标系的 z 轴始终保持一致，而不会在轨道内翻滚。欧拉情形刚体永久转动稳定性的经典力学结论如下：刚体绕最大或最小惯性矩主轴的永久转动稳定，绕中间惯性矩主轴的永久转动不稳定；轴对称刚体绕极轴的永久转动稳定，绕赤道轴的永久转动不稳定。按照此原则，对于轴对称卫星的一般情形，只要将对称轴选为旋转轴，则无论此对称轴对应的惯性矩为最大值或最小值，永久转动都稳定。下面给出证明的大致过程。

1. 卫星自旋转动的转动惯量

过刚体内确定点 O 做任意轴 p，其基矢量为 $\vec{p}$。设刚体内任意点 P 处的质量元的质量为 $\mathrm{d}m$，P 点至 p 轴的距离为 ρ，定义刚体相对 p 轴的转动惯量为

$$J_{pp} = \int \rho^2 \mathrm{d}m \tag{3-34}$$

积分遍及整个刚体。以 O 点为原点，建立与刚体固结的坐标系 $Oxyz$。设 $\vec{p}$ 相对 $Oxyz$ 的方向余弦为 α、β、γ，P 点在 $Oxyz$ 中的坐标为 x、y、z，则基矢量 $\vec{p}$ 及 P 点相对 O 点的矢径 $\vec{r}$ 的投影为

$$\vec{p} = \alpha\vec{i} + \beta\vec{j} + \gamma\vec{k}, \quad \vec{r} = x\vec{i} + y\vec{j} + z\vec{k} \tag{3-35}$$

式（3-35）中的被积函数可表示为

$$\begin{aligned}
\rho^2 &= r^2 - (\vec{r} \cdot \vec{p})^2 = x^2 + y^2 + z^2 - (x\alpha + y\beta + z\gamma)^2 \\
&= x^2 + y^2 + z^2 - \left[(x\alpha + y\beta)^2 + (z\gamma)^2 + 2(x\alpha + y\beta)z\gamma\right] \\
&= x^2(1-\alpha^2) + y^2(1-\beta^2) + z^2(1-\gamma^2) - 2xy\alpha\beta - 2xz\alpha\gamma - 2yz\beta\gamma \\
&= (y^2+z^2)\alpha^2 + (x^2+z^2)\beta^2 + (x^2+y^2)\gamma^2 - 2xy\alpha\beta - 2xz\alpha\gamma - 2yz\beta\gamma
\end{aligned} \tag{3-36}$$

将式（3-36）代入式（3-35）可得

$$\begin{aligned}
J_{pp} &= \int \rho^2 \mathrm{d}m = \int \left[(y^2+z^2)\alpha^2 + (x^2+z^2)\beta^2 + (x^2+y^2)\gamma^2 - 2xy\alpha\beta - 2xz\alpha\gamma - 2yz\beta\gamma\right]\mathrm{d}m \\
&= J_{xx}\alpha^2 + J_{yy}\beta^2 + J_{zz}\gamma^2 - 2J_{xy}\alpha\beta - 2J_{yz}\beta\gamma - 2J_{xz}\alpha\gamma
\end{aligned} \tag{3-37}$$

式中，J_{xx}、J_{yy}、J_{zz} 分别为刚体对 x、y、z 轴的转动惯量；J_{xy}、J_{yz}、J_{xz} 分别为刚体对 x、y、z 轴的惯性积，用公式表示为

$$\begin{cases} J_{xx} = \int (y^2+z^2)\mathrm{d}m, & J_{xy} = \int xy\mathrm{d}m \\ J_{yy} = \int (x^2+z^2)\mathrm{d}m, & J_{yz} = \int yz\mathrm{d}m \\ J_{zz} = \int (x^2+y^2)\mathrm{d}m, & J_{xz} = \int xz\mathrm{d}m \end{cases} \tag{3-38}$$

刚体对任意 p 轴的转动惯量可根据式（3-37）和式（3-38）求出。

为了直观地表示刚体相对某点的质量分布，在过 O 点的任意轴 p 上选取 P 点，令 P 点至 O 点的距离 R 与刚体对 p 轴的转动惯量 J_{pp} 的平方根成反比，即

$$R = \frac{k}{\sqrt{J_{pp}}} \tag{3-39}$$

式中，k 为任意选定的比例系数。P 点在 $Oxyz$ 中的坐标为

$$x = R\alpha, \quad y = R\beta, \quad z = R\gamma \tag{3-40}$$

改变 p 轴的方位，则 J_{pp} 和 R 随之改变，P 点在空间中的轨迹形成一个封闭曲面。将式（3-37）两边同乘以 R^2，将式（3-38）代入，得到 P 点的轨迹方程为

$$J_{xx}x^2 + J_{yy}y^2 + J_{zz}z^2 - 2J_{xy}xy - 2J_{yz}yz - 2J_{xz}xz = k^2 \tag{3-41}$$

式（3-41）即以 O 点为中心的椭球面方程。所包围的椭球称为刚体相对 O 点的惯性椭球，它形象化地表示出刚体对过 O 点的所有轴的转动分布情况。

刚体中每个确定的 O 点对应着确定的惯性椭球。若 $Oxyz$ 坐标系在空间旋转，则式（3-41）的系数会发生改变，但其所代表的椭球方程的规律不变。当 $Oxyz$ 坐标系的 3 个轴与椭球的三根主轴重合时，椭球方程具有如下简单的形式：

$$J_{xx}x^2 + J_{yy}y^2 + J_{zz}z^2 = k^2 \tag{3-42}$$

此特殊位置的坐标轴称为刚体的惯性主轴，坐标系称为主轴坐标系。主轴坐标系的惯性积为零，所对应的转动惯量称为主转动惯量。刚体对不同的 O 点有不同的惯性椭球和惯性主轴。若 O 点为刚体的质心，则称为中心惯性椭球、中心惯性主轴和中心主转动惯量。

刚体的质量轴对称分布时，其中心惯性椭球为旋转椭球，对称轴上各点均为惯性主轴，称为极轴。过极轴上任意点与极轴垂直的赤道面内的任意轴称为赤道轴，均为该点的惯性主轴。面对称刚体的对称面上各点的法线均为该点的惯性主轴。刚体的质量球对称时，中心惯性椭球为圆球，其惯性主轴可为任意轴。

2. 卫星自旋转动的角动量

刚体以瞬时角速度 ω 绕固定点 O 转动时，相对 O 点矢径为 $\vec{r}$ 的 P 点转动的线速度为

$$\vec{v} = \frac{d\vec{r}}{dt} = \vec{\omega} \times \vec{r} \tag{3-43}$$

刚体对点 O 的角动量为

$$\begin{aligned}
\vec{L} &= \int d\vec{L} = \int \vec{r} \times \vec{v} \, dm = \int \vec{r} \times (\vec{\omega} \times \vec{r}) \, dm = \int \left[r^2 \vec{\omega} - (\vec{r} \cdot \vec{\omega}) \vec{r} \right] dm \\
&= \int \left[(x^2 + y^2 + z^2)(\omega_x \vec{i} + \omega_y \vec{j} + \omega_z \vec{k}) - (x\omega_x + y\omega_y + z\omega_z)(x\vec{i} + y\vec{j} + z\vec{k}) \right] dm \\
&= L_x \vec{i} + L_y \vec{j} + L_z \vec{k}
\end{aligned} \tag{3-44}$$

式中，

$$\begin{cases} L_x = J_{xx}\omega_x - J_{xy}\omega_y - J_{xz}\omega_z \\ L_y = -J_{xy}\omega_x + J_{yy}\omega_y - J_{yz}\omega_z \\ L_z = -J_{xz}\omega_x - J_{yz}\omega_y + J_{zz}\omega_z \end{cases} \tag{3-45}$$

若 $Oxyz$ 为刚体的主轴坐标系，则 J_{xy}、J_{yz}、J_{xz} 均为零，即

$$L_x = J_{xx}\omega_x, \quad L_y = J_{yy}\omega_y, \quad L_z = J_{zz}\omega_z \tag{3-46}$$

此时有

$$L^2 = L_x^2 + L_y^2 + L_z^2 = J_{xx}^2\omega_x^2 + J_{yy}^2\omega_y^2 + J_{zz}^2\omega_z^2 \tag{3-47}$$

3. 卫星自旋转动的动能

刚体绕固定点 O 的动能为

$$E_k = \int dE_k = \frac{1}{2}\int v^2 dm = \frac{1}{2}\int (\vec{v}\cdot\vec{v})dm = \frac{1}{2}\int (\vec{\omega}\times\vec{r})\cdot(\vec{\omega}\times\vec{r})dm$$

利用矢量运算关系，可得

$$E_k = \frac{1}{2}\vec{\omega}\cdot\int \vec{r}\times(\vec{\omega}\times\vec{r})dm = \frac{1}{2}\vec{\omega}\cdot\vec{L} = \frac{1}{2}(L_x\omega_x + L_y\omega_y + L_z\omega_z)$$

即

$$2E_k = L_x\omega_x + L_y\omega_y + L_z\omega_z \tag{3-48}$$

将式（3-45）代入式（3-48）可得

$$2E_k = J_{xx}\omega_x^2 + J_{yy}\omega_y^2 + J_{zz}\omega_z^2 - 2J_{yz}\omega_y\omega_z - 2J_{zx}\omega_z\omega_x - 2J_{xy}\omega_x\omega_y \tag{3-49}$$

若 $Oxyz$ 为刚体的主轴坐标系，则有

$$2E_k = J_{xx}\omega_x^2 + J_{yy}\omega_y^2 + J_{zz}\omega_z^2 \tag{3-50}$$

4. 卫星自旋转动的稳定性判断

若系统所受外力矩为零，则角动量和动能都守恒。联立式（3-47）和式（3-50），消去 ω_z 可得

$$J_{xx}(J_{zz}-J_{xx})\omega_x^2 + J_{yy}(J_{zz}-J_{yy})\omega_y^2 = 2J_{zz}E_k - L^2 \tag{3-51}$$

若考虑内阻存在，只有角动量守恒，动能 E_k 随时间衰减。

将式（3-51）两边对时间 t 求导，并令 $\dfrac{dL}{dt}=0$，$\dfrac{dT}{dt}<0$，有

$$J_{xx}(J_{zz}-J_{xx})\frac{d\omega_x^2}{dt} + J_{yy}(J_{zz}-J_{yy})\frac{d\omega_y^2}{dt} = 2J_{zz}\frac{dE_k}{dt} < 0 \tag{3-52}$$

对于绕 z 轴自旋的卫星，角速度 ω_x 和 ω_y 在未受扰动时均为零，如图 3-37 所示，受扰动后的变化趋势可根据式（3-52）进行如下判断：

$J_{zz} > J_{xx}$，$J_{zz} > J_{yy}$：ω_x^2 和 ω_y^2 减小，极轴仍接近原位置；

$J_{zz} < J_{xx}$，$J_{zz} < J_{yy}$：ω_x^2 和 ω_y^2 增大，极轴必远离原位置。

因此，对自旋轴的转动惯量为最大时稳定，对自旋轴的转动惯量为最小时不稳定。

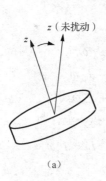
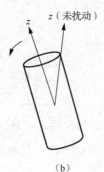

图 3-37

这种通过卫星整体自转来保持卫星姿态稳定的方法，属于航天器姿态控制中的一种被动姿态稳定控制方式，是早期人造卫星采用的一种姿态控制方式。只要卫星星体的自旋角动量足够大，在环境干扰力矩的作用下，角动量方向的漂移非常慢，就可以使卫星在惯性空间达

到定向控制的目的。

普特尼克一号（Sputnik-1）（图 3-38）、探险者一号（Explorer-1）、东方红 1 号（图 3-39）都采用单自旋稳定姿态控制系统。

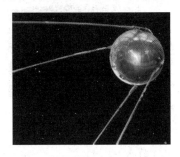

图 3-38

图 3-39

斯普特尼克一号是带有四根天线的篮球形状轴对称体，卫星的极惯性矩和赤道惯性矩非常接近，绕极轴的永久转动保持了稳定性。探险者一号是一个细长的轴对称体，也带有四根天线，卫星的旋转轴对应的极惯性矩远小于赤道惯性矩，按照经典力学的理论分析，绕最小惯性矩主轴的永久转动应该稳定。但在发射升空数小时后，卫星的极轴却在轨道坐标系内逐渐翻转 90°，最终转变为绕赤道轴，也就是绕卫星的最大惯性矩主轴。这一意外事件的发生似乎颠覆了经典力学的结论。如何解释这一现象成为当时力学界的热门话题。

深入研究表明，探险者一号失稳的原因来自所携带的四根柔软的天线。经典力学的结论并没有错误，但仅适用绝对不变形的刚体。悬浮在太空中的刚体如忽略微小的重力梯度力矩，处于无力矩的自由状态，其相对质心的动量矩守恒。由于不存在耗散因素，其绕质心转动的动能也守恒。从动量矩和动能守恒原理出发，可推导出关于永久转动稳定性的结论。但是由于柔软的天线存在，卫星已不能再视为刚体。不过天线在卫星中所占的比例极小，因此仍可近似地应用刚体的动量矩和动能公式进行分析。在力矩状态下动量矩守恒原理依然适用，但是由于天线弹性形变的内阻尼因素，其总机械能将不断衰减。在动量矩保持不变的条件下，最小的极惯性矩对应最大动能。反之，最大的极惯性矩对应最小动能。由于能量的耗散，动能随时间不断减小，绕最小惯性矩主轴的转动逐渐转变为绕最大惯性矩主轴的转动。探险者一号失稳现象从而得到解释。

3.5.3 卫星的双自旋稳定

单自旋稳定卫星结构简单、有一定的稳定精度，但缺乏定向能力。随着太空任务扩展，面对需要对地球定向及高精度定向需求时，卫星如何在没有其他可以依靠的环境下实现自主转向？双自旋稳定姿态控制系统（dual spin device）可以解决这个问题。

双自旋系统是一种半主动姿态控制系统。如图 3-40 所示，双自旋稳定卫星分为平台和转子两个部分，两者之间通过轴承连接，需要定向的载荷放在平台上，辅助系统放在转子中，转子的质量比平台大得多。工作时平台转子分开转动，转子恒速自旋使卫星自旋轴的姿态保持稳定，平台通过电机进行反向转动，当平台相对于转子的转速与转子的转速相等时，平台即实现了消旋。如图 3-41 和所示的东方红 2 号和风云二号卫星就采用了双自旋稳定的控制方式。

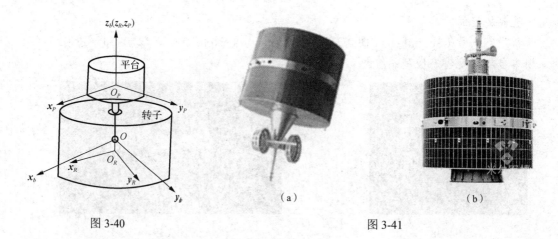

图 3-40　　　　　　　　　　　　　　　图 3-41

3.5.4　卫星的"三轴"稳定

风云四号卫星是风云二号卫星的新一代产品，如图 3-42 所示。2016 年 12 月 11 日，风云四号卫星在西昌卫星发射中心通过长征三号乙运载火箭搭载成功发射。风云四号卫星作为风云静止卫星系列最大的突破之一是实现了稳定技术的飞跃，即从"自旋稳定"到"三轴稳定"。

图 3-42

三轴稳定是一种主动稳定方式。三轴稳定卫星通过三套控制回路控制绕星体坐标轴［横轴（又称俯仰轴）、纵轴（又称滚动轴）、法向轴（又称偏航轴）］的转动，以实现姿态稳定或姿态机动。控制回路一般采用小推力器（质量喷射）或反作用飞轮（动量交换）来产生推力或推力矩，因此需要消耗一定的燃料或电能。

三轴稳定方式可以避免整星的旋转，具有良好的定向性能，可达到较高的稳定精度，较容易实现整星的姿态机动，是先进的稳定方式。

利用飞轮转动实现三轴稳定的基本思想来自双自旋卫星。从整星转子旋转演变缩小成单个飞轮的旋转，飞轮安装在卫星内部。将定向不动部分由平台扩大到整个星体。动量轮工作时保持旋转，从而具有一定角动量，整星平台可根据需要与动量轮交换角动量。就像航天员通过调整手臂姿态以调整自己身体的转速一样，实现卫星对地球或其他天体的定向和其他姿控要求，如图 3-43 所示。偏置动量轮中的角动量能使航天器具有陀螺定轴性，偏置动量稳定姿态控制系统的总动量不为 0，其值就是所谓的偏置动量。

这个方法还能进一步扩展：增加动量轮的数量并将它们合理布局，使卫星在任意三维方向上产生"自由"大小的角动量以供旋转定向和姿控。这种方法大幅提升了控制精度，卫星也变得更加灵活，因此被广泛用于各种卫星的姿态控制分系统。此外，如安装在哈勃太空望远镜上和我国天和核心舱外的控制力矩陀螺的姿态控制原理与动量飞轮的姿态控制原理相似，有兴趣的读者可以自行查阅资料学习探究。

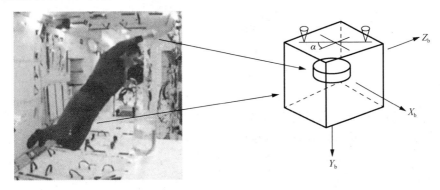

图 3-43

3.6 滑板运动及其理论分析

刚体运动在日常生活和工程技术中广泛存在，网具、体育运动和运动器具，以及大量的工程控制技术领域中的刚体运动都可以用刚体力学进行分析，如悠悠球、竹蜻蜓、鞍马、自行车、傅科摆、陀螺仪和卫星的运动等。由于所学的是刚体力学基础，对复杂的刚体运动需要更全面的刚体动力学知识。本小节介绍滑板的运动，这是一个有趣的刚体运动，通过分析了解其运动特点，同时用以说明分析实际问题的方法。[本部分内容摘自刘延柱所著的《趣味刚体动力学》(高等教育出版社，2008.9)。]

3.6.1 滑板运动

20 世纪 50 年代后期，美国南加州海滩的居民们发明了一种简单的运动器械。将一块木板固定在铁轮子上，人站在木板上用脚蹬地可以快速向前滑行。这种称为滑板的器械经过不断地改进，如板面改用碳纤维材料，轮子改用高硬度和高弹性的尼龙材料。改进后的滑板不仅能向前直滑，而且能急速转弯，还能越过障碍，能在陆地上制造类似海上冲浪的快感。到了 20 世纪 70 年代，被比喻为陆上冲浪的滑板运动已经风靡全美国。20 世纪 80 年代出现了 U 形滑板池，利用重力的加速，滑板运动员可以往返滑行，做出各种令人眼花缭乱的腾空翻转动作。滑板运动不同于传统的运动项目，它极富观赏刺激性和自我挑战性，因此深受年轻人的喜爱，很快流行于全世界，形成独特的滑板文化。

驾驭滑板的人只能靠蹬地或靠重力推动前进。一种改进的滑板，称为活力板，能够依靠运动员身体的摆动和扭动产生前进的动力。根据动量定理，任何系统不能靠内力改变其运动状态，那么驱动滑板前进的动力从何而来？

活力板（图 3-44）的板面分为前后两个部分，中间用轴连接，前后板可绕水平的连接轴做相对转动。前后轮通过轮架安装在板的下方，轮架可绕倾斜的转轴自由转动。转轴的延长线与地面的交点与轮子在地面上的接触点不重合。滑板做直线运动时前后轮平面均与过滑板纵轴的垂直面平行。当前板或后板绕连接轴转为倾斜位置时，作用于轮缘的法向约束力与轮架转轴不相交而产生力矩推动轮架转动。由于轮架的转动，轮平面相对过滑板纵轴的垂直面产生偏转。当滑板选手摆动或扭动身体，使前后脚对称或反对称地交替向左或向右蹬板时，轮缘上作用的与轮平面垂直的摩擦力可产生纵向分量推动滑板前进。

图 3-44

活力板轮架的特殊设计与自行车前叉转轴的设计有相似之处，即转轴的延长线均不指向轮缘与地面的接触点。这种设计的关键作用对自行车而言，是车身倾斜可导致前叉转动，以保证自行车的自稳定性。对于活力板而言，板面倾斜可导致轮架的偏转，以产生沿前进方向的摩擦力分量。

由此可见，活力板与普通滑板都是靠地面摩擦力作为前进的驱动力。区别仅在于：普通滑板靠滑板选手直接蹬地产生的摩擦力推动前进，活力板靠滑板选手间接通过前后轮的摩擦力推动前进。滑板选手摆动身体使前后脚向同侧蹬板时，摩擦力的横向分量使滑板的轨迹弯曲。摆动方向的周期性变化使轨迹交替朝不同方向弯曲，形成活力板蛇形游动的独特运动方式。滑板选手扭动身体使前后蹬板的方向相反时，摩擦力的横向分量构成力偶，推动滑板绕垂直轴转动。采用这种蹬板模式才能使滑板实现转弯。

3.6.2 活力板运动的理论分析

1. 前轮推动滑板前进的动力

以滑板的中心 O 为原点，建立参考坐标系 $Oxyz$，x 轴沿滑板纵轴向前，y 轴为横向水平轴向左，z 轴为垂直轴向上；设前轮架的转轴 z_1 相对 z 轴的倾角为 β，延长线与地面的交点 Q_1 在前轮与地面接触点 P_1 的前方，与 P_1 的距离为 a。滑板做直线运动时，前后轮平面均与过 x 轴的垂直平面一致（图 3-45）。

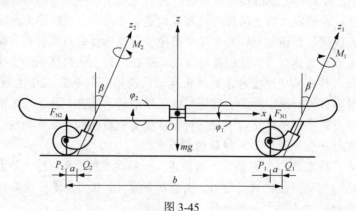

图 3-45

不失一般性，设滑板选手的前脚向左蹬板，蹬板时前脚掌心自然倾斜使左侧略高于右侧，并带动前板绕 x 轴逆时针偏转 φ_1 角，前轮平面随同前板相对垂直平面偏转 φ_1 角。此时地面在 P_1 点处作用的法向约束力 F_{N1} 必偏离前轮平面，其沿前轮平面法线方向的投影为 $F_{N1}\sin\varphi_1$，仅保留 φ_1 的一次项时，简化为 $F_{N1}\varphi_1$。分量 $a\cos\beta$ 为力臂，产生绕前轮架转轴 z_1 负方向的力

矩 M_1 为

$$\vec{M}_1 = -F_{N1}a\varphi_1\cos\beta\vec{k}_1 \quad (3\text{-}53)$$

若滑板选手周期性改变蹬板方向和前板转动方向，φ_1 角以角频率 ω 和幅值 φ_0 周期变化，即

$$\varphi_1 = \varphi_0 \sin\omega t \quad (3\text{-}54)$$

代入式（3-53），设 J 为前轮架和前轮相对转轴 z_1 的惯性矩，则前轮架在 M_1 作用下绕 z_1 轴的角加速度 α 为

$$\alpha = \frac{-F_{N1}a\cos\beta\varphi_0\sin\omega t}{J} \quad (3\text{-}55)$$

将上式积分两次，导出前轮架绕 z_1 轴的转角 θ_1 与角加速度 α 的相位相反，即

$$\theta_1 = \frac{F_{N1}a\cos\beta\varphi_0\sin\omega t}{J\omega^2} \quad (3\text{-}56)$$

表明前轮架是按逆时针方向绕 z_1 轴转过 θ_1 角。前脚向左的蹬板动作使地面产生向右的摩擦力 F_1，作用线与前轮平面垂直。由于滑板选手的施力与前板的转动同步完成，摩擦力 F_1 也是以 ω 为角频率的周期函数，即

$$F_1 = \mu_s F_{N1}\sin\omega t \quad (3\text{-}57)$$

式中，μ_s 为轮缘与地面的摩擦系数。仅保留 θ_1 的一次项时，F_1 沿 x 轴的投影 $F_{x1} = F_1\theta_1$，沿 y 轴的投影 $F_{y1} = -F_1$，前者即推动滑板前进的动力（图 3-46）。

利用式（3-56）、式（3-57）得

$$F_{x1} = \frac{\mu_s F_{N1}^2 a\cos\beta\varphi_0\sin^2\omega t}{J\omega^2} \quad (3\text{-}58)$$

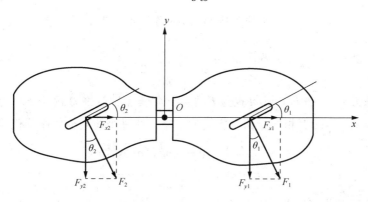

图 3-46

2. 后轮推动滑板前进的动力

对后轮的分析也完全相同。设后轮架的转轴相对垂直轴的倾角也是 β，转轴延长线与地面交点 Q_2 也在后轮与地面接触点 P_2 的前方，与 P_2 的距离也是 a。如果滑板选手的后脚与前脚同步，也向左蹬板做前后对称的同样动作，后板的转角与前板相同，$\varphi_2 = \varphi_1$，则产生的摩擦力 $F_2 = \mu_s F_{N2}\sin\omega t$。其沿 x 轴的投影 $F_{x2} = F_2\theta_2$ 为

$$F_{x2} = \frac{\mu_s F_{N2}^2 a\cos\beta\varphi_0\sin^2\omega t}{J\omega^2} \quad (3\text{-}59)$$

式中，F_{N2} 为后轮的法向约束力。设 $F_{N1} = F_{N2} = mg/2$，m 为滑板选手与滑板的质量，则前后轮摩擦力产生的推力总和为

$$F_x = F_{x1} + F_{x2} = \frac{\mu_s m^2 g^2 a\cos\beta\varphi_0 \sin^2\omega t}{2J\omega^2} \tag{3-60}$$

3. 后推动力

滑板选手蹬板的另一种模式是前后脚蹬板方向相反。前脚向左蹬板时后脚向右蹬板，并带动后板连同后轮平面绕 x 轴顺时针偏转 φ_2 角，则前后板之间绕连接轴做相对扭转（图 3-47）。φ_2 为以 ω 为角频率的幅值相同的周期函数，但与 φ_1 反相，即

$$\varphi_1 = -\varphi_0 \sin\omega t \tag{3-61}$$

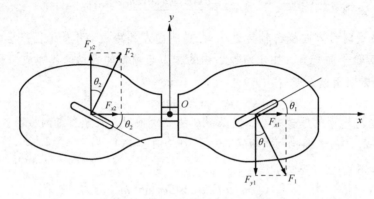

图 3-47

后轮架在法向约束力 F_{N2} 产生的力矩 M_2 的推动下绕 z 轴顺时针转过的 θ_2 角与 θ_1 反相，则有

$$\theta_2 = -\frac{F_{N2} a\cos\beta\varphi_0 \sin\omega t}{J\omega^2} \tag{3-62}$$

后轮的摩擦力 $F_2 = -\mu_s F_{N2} \sin\omega t$ 也与 F_1 反相，但沿 x 轴的推力 $F_{x2} = F_2 \theta_2$ 与式（3-59）相同，总推力也与式（3-60）相同；两种模式的总推力在每个周期内的平均值均为

$$\bar{F}_x = \frac{1}{2\pi}\int_0^{2\pi} F_x \mathrm{d}t = \frac{\mu_s m^2 g^2 a\cos\beta\varphi_0}{4J\omega^2} \tag{3-63}$$

不同模式蹬板动作的区别仅在于前后板向同一侧蹬板时，摩擦力沿 y 轴的分量指向同一侧，而反向蹬板时指向相反。对于第一种模式，其横向力的总和为

$$F_y = F_{y1} + F_{y2} = -\mu_s mg\sin^2\omega t \tag{3-64}$$

F_y 的周期性变化引起前进轨迹的周期性变化，表现出蛇形游动的独特运动形式。对于第二种模式，方向相反的横向力构成力偶，推动滑板绕垂直轴转动。这种转动是滑板转弯的必要条件，滑板选手必须采用反对称模式蹬板才能使转弯动作实现。

科学家小故事

赵九章

赵九章，1933年毕业于清华大学物理系，后留校任物理系助教；1935年在德国柏林大学学习，获博士学位；1947年任中央研究院气象研究所所长；1950年任中国科学院地球物理研究所所长；1955年当选为中国科学院学部委员（院士）；1966年任中国科学院卫星设计研究院院长。

赵九章是气象学家、地球物理学家、空间物理学家、教育家。赵九章应用空气动力学的风洞和先进的测试仪器研究大气湍流，推动了我国臭氧观测台的建立；开创了中国空间事业工作；从事气象火箭的研究，开展其他高空物理探测和探索卫星的发展方向；领导研制东方红1号人造卫星、卫星多普勒测速定位系统和信标机、无线电遥测系统、电源及雷达跟踪定位系统等；组织建立了中国第一个空间环境实验室。1999年9月赵九章被追授"两弹一星"功勋奖章。2007年赵九章诞辰100周年之际，由中国科学院紫金山天文台发现的一颗国际编号为"7811"的小行星，被命名为"赵九章星"。

3.7 重难点分析与解题指导

重难点分析

本章的重难点是应用转动定律求解刚体的转动状态，对此问题的理解可对比质点力学中应用牛顿第二定律求解质点运动方程的一类问题。需要注意的是，对于刚体其惯性采用转动惯量来量度，在求解中通常把刚体当作一个整体，故采用角速度等角量描述的方法。本章的另一个重点是角动量守恒定律相关问题的求解，难点在于对系统合外力矩的分析和判断，有哪些力的作用？各个力的力矩分别是怎样的？合外力矩是否为零？此外，要注意写出刚体和质点体系角动量的正确表达式。

解题指导

1. 定轴转动定律

刚体的定轴转动定律只应用于比较简单的刚体运动。例如，圆盘的定轴转动问题、细杆的定轴转动问题。圆盘和细杆是最简单的、典型的刚体，它们都有各自的特点，解题的一般步骤如下。

(1) 确定研究的对象：刚体和质点组成的系统。

(2) 分析研究对象受力和对转轴的力矩，选取转轴正方向。

(3) 应用刚体定轴转动定律和牛顿定律，列出刚体和质点的运动方程；应用刚体动能定理列出相关方程；应用机械能守恒定律列出相关方程；应用质心运动定理列出相关方程。

(4) 查明线量和角量的运动学关系。

(5) 联合求解方程得到力、力矩、加速度、速度、角加速度、角速度、转动惯量。

【例题3-16】一质量为m的物体悬挂于一条轻绳的一端，绳的另一端绕在一轮的轮轴上，

轮轴的半径为 r，整个装置架在光滑的固定轴承上。当物体从静止释放后，在时间 t 内下降一段距离 s。求整个轮轴的转动惯量。

解：研究对象为轮轴和物体，各物体受力情况如图 3-48 所示。根据牛顿定律和刚体定轴转动定律列出运动方程。规定顺时针转动为转轴的正方向。

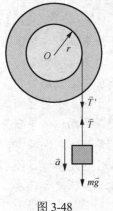

物体的运动方程和轮轴的转动方程如下：

$$mg - T = ma$$

$$Tr = J\frac{a}{r}$$

将 $T = J\dfrac{a}{r^2}$ 代入 $mg - T = ma$，得

$$mg - J\frac{a}{r^2} = ma \Rightarrow a = \frac{mg}{m + \dfrac{J}{r^2}}$$

物体下落的距离为

$$s = \frac{1}{2}at^2 = \frac{1}{2}\frac{mg}{m + J/r^2}t^2$$

图 3-48

解得

$$J = mr^2\left(\frac{gt^2}{2s} - 1\right)$$

【例题 3-17】 如图 3-49 所示，两个匀质圆盘，一大一小，同轴黏结在一起，构成一个组合轮。小圆盘的半径为 r，质量为 m；大圆盘的半径 $r' = 2r$，质量 $m' = 2m$，组合轮可绕通过其中心且垂直于盘面的光滑水平轴 O 转动。两圆盘边缘上分别绕有轻质细绳，细绳下端各悬挂质量为 m 的物体 A 和 B。这一系统从静止开始运动，绳与盘无相对滑动，绳的长度不变。求：(1) 组合轮的角加速度 α；(2) 当物体 A 上升高度为 h 时，组合轮的角速度 ω。

解：研究对象为组合轮、物体 A 和物体 B。各物体受力分析如图 3-51 所示。规定顺时针转动为转轴的正方向。根据牛顿第二定律和刚体绕定轴转动定律列出如下运动方程：

$$\begin{cases} 物体 A：T - mg = ma \\ 物体 B：mg - T' = ma' \\ 组合轮：T'(2r) - Tr = J\alpha \end{cases}$$

运动学关系如下：

$$\begin{cases} a = r\alpha \\ a' = (2r)\alpha \end{cases}$$

组合轮的转动惯量为

$$J = \frac{1}{2}mr^2 + \frac{1}{2}(2m)(2r)^2 = \frac{9}{2}mr^2$$

联合求解上述方程得到组合轮的角加速度为

$$\alpha = \frac{2g}{19r}$$

角加速度 $\alpha = \dfrac{2g}{19r}$ 为常数，有 $\omega^2 = 2\alpha\theta$，其中 $\theta = \dfrac{h}{r}$。物体 A 上升 h 时，组合轮的角速度为

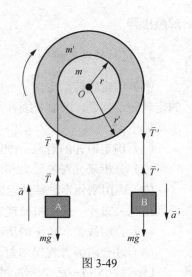

图 3-49

$$\omega = \sqrt{\frac{4gh}{19r^2}}$$

【例题 3-18】 一根长为 l、质量为 m 的均匀细杆可通过一端的水平轴在竖直面内转动。起初细杆静止位于水平位置。求：（1）细杆转过 θ 角时的角加速度；（2）细杆转过 θ 角时角速度；（3）细杆受到的转轴的作用力。

解：（1）细杆受到重力和转轴的作用力，选取如图 3-50 所示的坐标系进行受力分析。转轴对细杆的力矩为零，细杆受到的重力对转轴的力矩计算如下：

在细杆上选取质量元 dm，该质量元受到的重力矩 $dM = (dm)gx$，方向垂直向里。整个细杆受到的重力矩为

$$M = \int_0^l gx \frac{m}{l} dr$$

利用 $x = r\cos\theta$，得

$$M = \int_0^l gr\cos\theta \frac{m}{l} dr$$

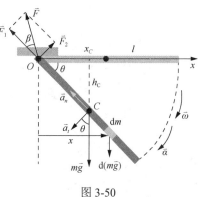

图 3-50

对于给定的一个位置 θ，计算细杆受到的力矩时，θ 视为不变，则有

$$M = \int_0^l gr\cos\theta \frac{m}{l} dr = \frac{1}{2}mgl\cos\theta$$

细杆位置为 θ 时细杆的质心位置为

$$x_C = \frac{1}{2}l\cos\theta$$

因此 $M = mgx_C$，重力对细杆的合力矩就是全部重力集中作用于质心所产生的力矩，细杆对转轴的转动惯量 $J = \frac{1}{3}ml^2$，根据转动定律，有

$$M = J\alpha$$

$$\frac{1}{2}mgl\cos\theta = \frac{1}{3}ml^2\alpha$$

细杆转过 θ 角时的角加速度为

$$\alpha = \frac{3g}{2l}\cos\theta$$

（2）选取细杆和地球为研究系统，外力为零，系统的机械能守恒，O 点为重力势能零点。水平位置时系统的机械能为

$$E_1 = \frac{1}{2}J\omega_1^2 + mgh_C = 0$$

转动角度 θ 时系统的机械能为

$$E_2 = \frac{1}{2}J\omega_2^2 + mgh_C = \frac{1}{2}\left(\frac{1}{3}ml^2\right)\omega_2^2 - \frac{1}{2}mgl\sin\theta$$

机械能守恒，即 $E_1 = E_2$，则有

$$\frac{1}{2}\left(\frac{1}{3}ml^2\right)\omega_2^2 - \frac{1}{2}mgl\sin\theta = 0$$

细杆转过 θ 角时的角速度为

$$\omega = \sqrt{\frac{3g\sin\theta}{l}}$$

(3) 计算细杆受到转轴的作用力,需要用质心运动定理,在切线方向和法线方向写出如下细杆的质心运动方程:

$$mg\cos\theta - F_2 = ma_t = \frac{m\beta l}{2}$$

$$F_1 - mg\sin\theta = m\frac{v^2}{r_C} = m\omega^2 r_C$$

将 $r_C = (1/2)l$,$\alpha = (3g/2l)\cos\theta$,$\omega = \sqrt{(3g\sin\theta)/l}$ 代入上两式,得

$$\begin{cases} mg\cos\theta - F_2 = \dfrac{3}{4}mg\cos\theta \\ F_1 - mg\sin\theta = \dfrac{3}{2}mg\sin\theta \end{cases}$$

得

$$\begin{cases} F_1 = \dfrac{5}{2}mg\sin\theta \\ F_2 = \dfrac{1}{4}mg\cos\theta \end{cases}$$

细杆受到转轴的作用力的大小为

$$F = \sqrt{\left(\frac{5}{2}mg\sin\theta\right)^2 + \left(\frac{1}{4}mg\cos\theta\right)^2} = \frac{1}{4}mg\sqrt{99\sin^2\theta + 1}$$

力的方向为

$$\beta = \tan^{-1}\frac{F_2}{F_1} = \tan^{-1}\frac{\cos\theta}{10\sin\theta}$$

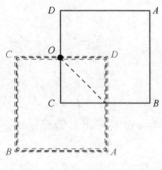

图 3-51

【例题 3-19】如图 3-51 所示,正方形框架由 $ABCD$ 构成,可绕通过 O 点的轴转动,每一条边的质量为 m,长度为 l。计算 AB 边释放转到虚线所示的位置时,框架质心的线速度大小 v_C。

解法 1:假设正方形框架对转轴的转动惯量为 J。框架转到下方时,CD 边、BC 边的力矩做的功为零,两条边竖直方向的质心位置未变。

力矩对 AB 边做的功为 mgl,力矩对 DA 边做的功为 mgl。根据动能定理,有

$$2mgl = \frac{1}{2}J\omega_2^2 - 0$$

正方形框架转到下方虚线时的角速度为

$$\omega_2 = \sqrt{\frac{4mgl}{J}}$$

框架质心的线速度大小为

$$v_C = \omega_2 \frac{1}{2}l = l\sqrt{\frac{mgl}{J}}$$

解法 2：可以用刚体的机械能守恒定律来计算。正方形框架转动的过程中，除重力以外其他力矩做的功为零，机械能守恒。

初始正方形框架的机械能为

$$E_1 = \frac{1}{2}J\omega_1^2 + mgh_C = 0$$

末了正方形框架的机械能为

$$E_2 = \frac{1}{2}J\omega_2^2 + mgh_C = \frac{1}{2}J\omega_2^2 + (-4mg)\frac{l}{2}$$

因此有

$$\frac{1}{2}J\omega_2^2 + (-4mg)\frac{l}{2} = 0$$

正方形框架转到下方虚线时的角速度为

$$\omega_2 = \sqrt{\frac{4mgl}{J}}$$

框架质心的线速度大小为

$$v_C = \omega_2 \frac{1}{2}l = l\sqrt{\frac{mgl}{J}}$$

2. 角动量守恒定律

在所解决的问题中，往往是刚体和质点共同组成一个系统，所以弄清质点力学和刚体力学的概念和规律的联系和区别特别重要，如质点的动量和角动量是完全不一样的。解题的一般步骤如下：

（1）确定研究的对象：刚体和（或）质点。
（2）分析研究对象受力和对转轴的力矩是否为零，确定角动量是否守恒，选取转轴正方向。
（3）应用角动量守恒列出方程。
（4）求出相关的物理量。
（5）如果还求其他的物理量，需要根据角动量定理、刚体定轴转动定律、牛顿定律、质心运动定理列出相关方程，求相应的物理量。

【**例题 3-20**】如图 3-52 所示，一根匀质细棒长度为 $2L$、质量为 m，以速度 $\vec{v}_0$ 在光滑平面上沿与棒垂直的方向平动时，与前方一个固定的光滑支点 O 发生完全非弹性碰撞，碰撞点在棒的 1/4 处。求棒在碰撞后的瞬时绕 O 点的转动角速度 ω。

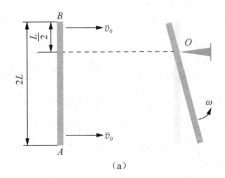
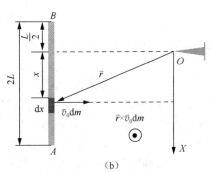

图 3-52

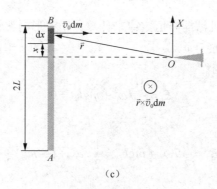

(c)

图 3-52（续）

解： 支点对棒的作用力通过转轴，不产生力矩。因此碰撞前后棒对 O 点的角动量不变。碰撞前细棒对 O 点的角动量分为上、下两部分计算。

在棒上选取质量元 $dm = \lambda dx$，棒的质量线密度 $\lambda = \dfrac{m}{2L}$，质量元对 O 点的角动量为

$$dL = xv_0 dm = xv_0 \lambda dx$$

棒的下半部分对 O 点的角动量为

$$L_1 = \int_0^{3L/2} xv_0 \lambda dx = \frac{1}{2} v_0 \lambda \left(\frac{3}{2}L\right)^2 = \frac{9}{16} mv_0 L$$

方向垂直向外，如图 3-54（b）所示。

棒的上半部分对 O 点的角动量为

$$L_2 = \int_0^{L/2} xv_0 \lambda dx = \frac{1}{2} v_0 \lambda \left(\frac{1}{2}L\right)^2 = \frac{1}{16} mv_0 L$$

方向垂直向里，如图 3-54（c）所示。

规定向外为转轴的正方向，碰撞前细棒对 O 点的角动量为

$$L_0 = L_1 + (-L_2) = \int_0^{3L/2} xv_0 \lambda dx - \int_0^{L/2} xv_0 \lambda dx = \frac{1}{2} mv_0 L$$

碰撞后瞬时细棒对 O 点的角动量 $L = J\omega$，细棒对转轴的转动惯量为

$$J = \frac{1}{12} m(2L)^2 + m\left(\frac{1}{2}L\right)^2 = \frac{7}{12} mL^2$$

细棒碰撞前后对 O 点的角动量守恒，即

$$\frac{1}{2} mv_0 L = \frac{7}{12} mL^2 \omega$$

棒碰撞后瞬时绕 O 点的转动角速度为

$$\omega = \frac{6v_0}{7L}$$

【例题 3-21】 如图 3-53 所示，一根放在光滑平面上质量为 m、长度为 l 的匀质棒，可以绕通过 O 点的垂直轴转动。初始时静止。现有一颗质量为 m'，速率为 v 的子弹垂直射入棒的另一端，并且留在棒中。求：（1）棒和子弹一起转动时的角速度 ω 为多少？（2）如果棒转动时受到了恒定的阻力矩为 M_r，棒能转过多大的角度？

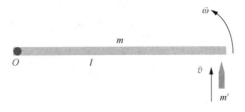

图 3-53

解： 将棒和子弹视为一个系统，碰撞前后系统对 O 点的角动量守恒。

碰撞前系统的角动量 $L = m'vl$，碰撞后系统的角动量 $L' = m'v'l + \frac{1}{3}ml^2\omega$。又因为 $v' = l\omega$，则有

$$L = m'l^2\omega + J\omega = \left(m' + \frac{1}{3}m\right)l^2\omega$$

根据角动量守恒定律，有

$$m'vl = \left(m' + \frac{1}{3}m\right)l^2\omega \Rightarrow \omega = \frac{m'v}{(m' + m/3)l}$$

棒转动时受到恒定的阻力矩 M_r，阻力矩做的功等于刚体动能的增量，即

$$-M_r\theta = 0 - \frac{1}{2}(J + m'l^2)\omega^2 \Rightarrow \theta = \frac{(J + m'l^2)\omega^2}{2M_r}$$

将 $\omega = \frac{m'v}{(m' + m/3)l}$ 和 $J = \frac{1}{3}ml^2$ 代入，得棒能转过的角度为

$$\theta = \frac{m'^2v^2}{2M_r(m' + m/3)}$$

【例题 3-22】 如图 3-54 所示，α 粒子在远处以速度 $\vec{v}_0$ 入射一个重原子核，瞄准距离（重原子核到 $\vec{v}_0$ 直线的距离）为 b。重原子核的电量为 Ze。计算α粒子被重原子核散射的角度。

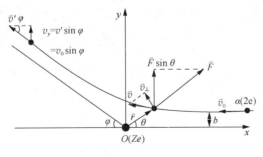

图 3-54

解： 重原子核的质量较α粒子大许多，可以认为α粒子与重原子核作用的过程中，重原子核静止不动。在整个散射过程中α粒子受到重原子核的库仑力。

设重原子核位于固定原点 O 处，α粒子受到的库仑力大小为

$$F = \frac{kZe \cdot 2Ze}{r^2} = \frac{2kZe^2}{r^2}$$

方向沿着α粒子的位矢方向。库仑力始终通过原点，因此α粒子受到的力矩为零，整个散射过程α粒子对原点 O 的角动量守恒。在任一位置α粒子的角动量为

$$mv_\perp r = mr^2 \frac{d\theta}{dt} = mv_0 b \Rightarrow v_\perp = \frac{d\theta}{dt} r$$

α粒子在 y 方向的运动方程为

$$m\frac{dv_y}{dt} = F\sin\theta = \frac{2kZe^2}{r^2}\sin\theta$$

从上两式中把 r 消去，得

$$\frac{dv_y}{dt} = \frac{2kZe^2}{mv_0 b}\sin\theta \frac{d\theta}{dt} \Rightarrow dv_y = \frac{2kZe^2}{mv_0 b}\sin\theta d\theta$$

α粒子从远处入射时 $v_y = 0$，离开重原子核到远处时，速率恢复为 v_0。重原子核的库仑场为保守力，对α粒子做功只与α粒子到重原子核的距离有关，α粒子入射前和散射后的位矢大小均可认为是无限大。因此散射后α粒子的速度为

$$v_y = v_0 \sin\varphi$$

对 $dv_y = \frac{2kZe^2}{mv_0 b}\sin\theta d\theta$ 进行积分得

$$\int_0^{v_0 \sin\varphi} dv_y = \int_0^{\pi-\varphi} \frac{2kZe^2}{mv_0 b}\sin\theta d\theta$$

$$v_0 \sin\varphi = \frac{2kZe^2}{mv_0 b}(1+\cos\varphi)$$

$$\cot\frac{1}{2}\varphi = \frac{mv_0^2 b}{2kZe^2}$$

1911年卢瑟福根据α粒子散射结果，建立了原子的核式模型。

第4章 相 对 论

狭义相对论和广义相对论自建立以来，经受住了实践和历史的考验，是人们普遍承认的真理。相对论对于现代物理学的发展和现代人类思想的发展都有巨大的影响。

狭义相对论在狭义相对性原理的基础上统一了牛顿力学和麦克斯韦电动力学两个体系，指出它们都服从狭义相对性原理，都是对洛伦兹变换协变的，牛顿力学只不过是物体在低速运动下的很好近似规律。广义相对论又在广义协变的基础上，通过等效原理，建立了局域惯性系与普遍参考系之间的关系，得到了所有物理规律的广义协变形式，并建立了广义协变的引力理论，而牛顿引力理论只是它的一级近似。这就从根本上解决了以前物理学只限于惯性系的问题，从逻辑上得到了合理的安排。相对论严格考察了时间、空间、物质和运动这些物理学的基本概念，给出了科学而系统的时空观和物质观，从而使物理学在逻辑上成为完美的科学体系。

狭义相对论给出了物体在高速运动下的运动规律，并揭示了质量与能量相当，给出了质能关系式。这两项成果对低速运动的宏观物体并不明显，但在研究微观粒子时却显示了极端的重要性。因为微观粒子的运动速度一般比较快，有的接近甚至达到光速，所以粒子的物理学离不开相对论。质能关系式不仅为量子理论的建立和发展创造了必要的条件，而且为原子核物理学的发展和应用提供了依据。

广义相对论建立了完善的引力理论，引力理论主要涉及的是天体。目前，相对论宇宙学进一步发展，引力波物理、致密天体物理和黑洞物理这些属于相对论天体物理学的分支学科都有一定的进展，吸引了许多科学家进行研究。

法国物理学家郎之万曾经这样评价爱因斯坦，"在我们这一时代的物理学家中，爱因斯坦将位于最前列。他现在是、将来也还是人类宇宙中最有光辉的巨星之一"，"按照我的看法，他也许比牛顿更伟大，因为他对于科学的贡献，更加深入地进入了人类思想基本要领的结构中"。

4.1 经典时空观的认识

4.1.1 经典力学相对性原理

在经典力学中，经典的时空观是一个默认的规则，经典时空观的主要特征由以下三个概念组成。

1. 力学相对性原理

伽利略指出，在相对做匀速直线运动的所有惯性参考系中，物体运动的力学规律完全相同，即具有完全相同的数学表达形式。

2. 伽利略坐标变换式

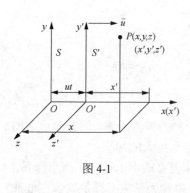

图 4-1

两个惯性参考系 $S(Oxyz)$ 和 $S'(O'x'y'z')$，S' 系沿 x 轴以恒定速度 u 相对于 S 系运动，如图 4-1 所示。当 $S(Oxyz)$ 和 $S'(O'x'y'z')$ 重合时，设 $t = t' = 0$，于是空间一点 P 在两个参考系中的时空坐标满足下式

$$\begin{cases} x' = x - ut \\ y' = y \\ z' = z \\ t' = t \end{cases} \quad (4\text{-}1)$$

式（4-1）即为伽利略坐标变换式。用矢量来表示，位置变换为

$$\vec{r}' = \vec{r} - \vec{u}t$$

对上式求一次导数获得速度变换（第 1 章中"相对运动"中的速度合成），即

$$\vec{v}' = \vec{v} - \vec{u}$$

再求一次导数获得加速度变换为

$$\vec{a}' = \vec{a}$$

力学相对性原理指出，力学规律的数学表达式具有伽利略坐标变换的协变性，即力学规律的数学表达式在伽利略坐标变换下保持形式不变，称为经典力学的相对性原理。

3. 绝对时空观

绝对空间就其本质而言，是与任何外界事物无关，而且永远是相同的和不动的，也称为经典力学的时空观。表现为空间任意两点距离的测量和两个事件发生的时间间隔都是相同的，在不同的惯性系中保持不变。

【例题 4-1】牛顿运动定律具有伽利略变换不变性。同时分别以地面 S 和匀速运动的车 S' 作为参考系，证明两个球发生对心弹性碰撞所遵守的守恒定律是伽利略的不变式。

证明：（1）在惯性参考系 S 中，有

$$\vec{F} = m\vec{a}$$

在惯性参考系 S' 中，根据伽利略变换 $\vec{a}' = \vec{a}$，经典力学中 $m = m'$，$\vec{F}' = \vec{F}$，有

$$\vec{F}' = m'\vec{a}'$$

经典力学所有的基本定律均满足伽利略坐标变换的协变性，但是电磁场理论（麦克斯韦方程组）不具有伽利略坐标变换协变性。

（2）设两球与车的速度在一条直线上，如图 4-2 所示，以地面为参考系 S，两球发生对心弹性碰撞，其构成的系统的动量和动能守恒，有

$$\begin{cases} m_1 v_{10} + m_2 v_{20} = m_1 v_1 + m_2 v_2 \\ \dfrac{1}{2} m_1 v_{10}^2 + \dfrac{1}{2} m_2 v_{20}^2 = \dfrac{1}{2} m_1 v_1^2 + \dfrac{1}{2} m_2 v_2^2 \end{cases}$$

以车为参考系 S'，有

$$\begin{cases} v_{i0} = v'_{i0} + u \\ v_i = v'_i + u \quad (i = 1, 2) \end{cases}$$

将其代入上式，得

$$m_1(v'_{10}+u)+m_2(v'_{20}+u)=m_1(v'_1+u)+m_2(v'_2+u)$$
$$\frac{1}{2}m_1(v'_{10}+u)^2+\frac{1}{2}m_2(v'_{20}+u)^2=\frac{1}{2}m_1(v'_1+u)^2+\frac{1}{2}m_2(v'_2+u)^2$$

整理后得
$$m_1v'_{10}+m_2v'_{20}=m_1v'_1+m_2v'_2$$
$$\frac{1}{2}m_1v'^2_{10}+\frac{1}{2}m_2v'^2_{20}=\frac{1}{2}m_1v'^2_1+\frac{1}{2}m_2v'^2_2$$

两个球对心弹性碰撞遵守的动量和动能守恒定律,在伽利略变换下具有完全相同的数学形式。

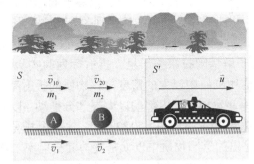

图 4-2

4.1.2 以太

以太（ether）是古希腊哲学家设想的一种物质,是一种被假想的电磁波的传播媒质,被认为无所不在。在宇宙学中,曾用以太来表示占据天体空间的物质。虽然现在科学界已经否认了以太的存在,但是它曾经是物理学的一个重要的基本概念。现在回顾起来,对以太的研究主要有以下几个方面。

1. 早期的以太

17 世纪的笛卡儿最先将以太引入科学,并赋予它某种力学性质。在笛卡儿看来,物体之间的所有作用力都必须通过某种中间媒质来传递,不存在任何超距作用。因此,空间不可能是空无所有的,它被以太这种媒质所充满。

由于光可以在真空中传播,因此惠更斯提出,荷载光波的媒质（以太）应该充满包括真空在内的全部空间,并能渗透到通常的物质之中。除了作为光波的荷载物以外,惠更斯也用以太来说明引力的现象。

牛顿虽然不同意胡克的光波动学说,但是他也像笛卡儿一样反对超距作用,并承认以太的存在。在他看来,以太不一定是单一的物质,但能传递各种作用,如产生电、磁和引力等。牛顿认为以太可以传播振动,但是以太的振动不是光。

18 世纪是以太论没落的时期。由于法国笛卡儿主义者拒绝引力的平方反比定律,而使牛顿的追随者起来反对笛卡儿哲学体系,因而连同他倡导的以太论也一同进入了被反对之列。随着引力的平方反比定律在天体力学方面的成功,以及探寻以太的试验并未获得实际结果,超距作用观点得以流行。光的波动说也被放弃,微粒说得到广泛的承认。到 18 世纪后期,证实了电荷之间（以及磁极之间）的作用力同样与距离平方成反比。于是电磁以太的概念也被抛弃,超距作用的观点在电学中占据主导地位。

2. 光的波动和以太

19 世纪，以太论获得复兴和发展，这首先还是从光学开始的，主要是托马斯·杨和菲涅耳工作的结果。托马斯·杨用光波的干涉解释了牛顿环，并在实验的启示下，于 1817 年提出光波为横波的新观点，解决了波动说长期不能解释光的偏振现象的困难。科学家们逐步发现光是一种波，而生活中的波大多需要传播介质（如声波的传递需要借助空气，水波的传播借助水等）。受传统力学思想影响，于是他们便假想宇宙到处都存在着一种称为以太的物质，而正是这种物质在光的传播中起到了介质的作用。

菲涅耳用波动说成功地解释了光的衍射现象，他提出的理论方法（惠更斯-菲涅耳原理）能正确地计算出衍射图样，并能解释光的直线传播现象。菲涅耳又进一步解释了光的双折射，获得很大成功。菲涅耳关于以太的一个重要理论工作是导出光在相对于以太参考系运动的透明物体中的速度公式。为了解释阿拉果关于星光折射行为的实验，1818 年，菲涅耳在托马斯·杨的想法基础上提出透明物质中以太的密度与该物质的折射率二次方成正比。他还假定当一个物体相对以太参考系运动时，其内部的以太被部分拖动：以太的速度等于物体速度乘以一个小于 1 的因子（以太部分曳引假说）。1823 年，他根据托马斯·杨的光波为横波的学说，与他自己在 1818 年提出的透明物质中以太密度与其折射率二次方成正比的假定，在一定的边界条件下，推出关于反射光和折射光振幅的著名公式，很好地说明了布儒斯特数年前从实验上测得的结果。

19 世纪中期，曾进行了一些实验，以求显示地球相对以太参考系运动所引起的效应，并由此测定地球相对以太参考系的速度，但都得出否定的结果。这些实验结果可从菲涅耳理论得到解释，根据菲涅耳运动媒质中的光速公式，当实验精度只达到一定的量级时，地球相对以太参考系的速度在这些实验中不会表现出来，而当时的实验精度都在此范围内。

3. 电磁场和以太

以太在电磁学中也获得了地位，这主要是法拉第和麦克斯韦的贡献。在法拉第心目中，作用是逐步传过去的看法有着十分牢固的地位，他引入了力线来描述磁作用和电作用。在他看来，力线是现实的存在，空间被力线充满着，而光和热可能就是力线的横振动。他曾提出用力线来代替以太，并认为物质原子可能就是聚集在某个点状中心附近的力线场。他在 1851 年又提出，如果接受光以太的存在，那么它可能是力线的荷载物。法拉第的观点并未被当时的理论物理学家们所接受。

到 19 世纪 60 年代前期，麦克斯韦提出位移电流的概念，并提出用一组微分方程来描述电磁场的普遍规律，这组方程后来被称为麦克斯韦方程组。根据麦克斯韦方程组，可以推出电磁场的扰动是以波的形式传播，以及电磁波在空气中的速度为每秒 31 万千米，这与当时已知的空气中的光速（每秒 31.5 万千米）在实验误差范围内是一致的。麦克斯韦在指出电磁扰动的传播与光传播的相似之后又提出，光就是产生电磁现象的媒质（指以太）的横振动。后来，赫兹用实验方法证实了电磁波的存在。光的电磁理论成功地解释了光波的性质，这样以太不仅在电磁学中取得了地位，而且电磁以太同光以太也统一了起来。麦克斯韦还设想用以太的力学运动来解释电磁现象，他在 1855 年发表的论文中提出把磁感应强度比作以太的速度。后来他接受了汤姆孙（即开尔文）的看法，改成磁场代表转动而电场代表平动。他认为，以太绕磁力线转动形成一个个涡元，在相邻的涡元之间有一层电荷粒子。他假定，当这些粒子偏离它们的平衡位置，即有一位移时，就会对涡元内的物质产生一作用力引起涡元的变形，这就代表静电现象。

以太的假设事实上代表了传统的观点：电磁波的传播需要一个"绝对静止"的参考系，当参考系改变时，光速也改变。这个"绝对静止的参考系"就是以太系。其他惯性参考系的观察者所测量的光速，应该是与这个观察者在"以太系"上的速度之矢量和。以太无所不在，没有质量，绝对静止。假设太阳静止在以太系中，由于地球围绕太阳公转，相对于以太具有一个速度 v，因此如果在地球上测量光速，在不同的方向上测得的数值应该是不同的，最大为 $c+v$，最小为 $c-v$。如果太阳在以太系上不是静止的，地球上测量不同方向的光速，也应该有所不同。

4.1.3 迈克耳孙-莫雷实验

麦克斯韦电磁理论的成功启发了一些人做实验，目的是测出地球绕日运行穿过以太的速度，即"以太漂移"的速度。这其中最著名的一个是由物理学教授迈克耳孙和他的同事莫雷（一位化学教授）一起完成的。

1. 实验装置

1887 年，迈克耳孙和爱德华·莫雷在克里夫兰的卡思应用科学学校进行了非常仔细的实验，目的是测量地球在以太中的速度。

如图 4-3 所示，由于光在不同的方向相对地球的速度不同，到达眼睛的光程差不同，产生干涉条纹。光线 1 的传播方向在 OM_1 方向上，光的绝对传播速度为 c，地球相对以太的速度为 v，光线 1 在到达镜子 M_1 和从 M_1 返回的传播速度是不同的，分别为 $c-v$ 和 $c+v$，完成往返路程所需的时间为

$$t_1 = \frac{L}{c-v}, \quad t_2 = \frac{L}{c+v}$$

总的时间为

$$t_1 + t_2 = \frac{2Lc}{c^2-v^2} = \frac{2L}{c(1-v^2/c^2)}$$

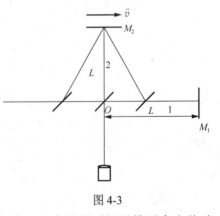

图 4-3

对于向上的那一束光，设它到达镜子 M_2 所需的时间为 t_3，在这段时间里镜子向右移动了 vt_3，所以光走过的路程是一个直角三角形的斜边，于是有

$$L^2 = (ct_3)^2 - (vt_3)^2 = (c^2-v^2)t_3^2$$

由此可得

$$t_3 = \frac{L}{\sqrt{c^2-v^2}}$$

返回时间与此相同，总时间为

$$2t_3 = \frac{2L}{\sqrt{c^2-v^2}} = \frac{2L}{c\sqrt{1-v^2/c^2}}$$

所以两束光的到达时间是不同的，根据这个实验应该能测量出地球通过以太的速度。

2. 实验结果

在实验中把干涉仪转动 90°，光程差可以增加一倍。实验中用钠光源，$\lambda = 5.9 \times 10^{-7}\,\text{m}$；地球轨道的运动速率 $v \approx 10^{-4} c$；干涉仪光臂长度为 11m，应该移动的条纹数为

$$\Delta N = \frac{2 \times 11 \times (10^{-4})^2 \times 2}{\lambda} = 0.4$$

可观察到的干涉仪的灵敏度条纹数为 0.01 条，但是实验结果是几乎没有条纹移动。

莫雷不确信他自己的结论，继续与达通·米勒做更多的实验，米勒制作了更大的实验设备，最大的安装于威尔逊山天文台的是光臂长 32m（有效长度）的仪器。为了避免实体墙可能造成的对以太风的阻挡，他使用了帆布为主体的流动墙。肯尼迪后来也在威尔逊山上做了实验，米勒发现 1/10 的漂移，并且不受季节影响。米勒的发现当时认为非常重要，并于 1928 年在一次会议上与迈克耳孙、洛伦兹等讨论，大家普遍认为需要更多的实验来检验米勒的结果，见表 4-1。

表 4-1 对米勒实验的验证

实验者	年份	光臂长/m	期待的条纹偏移	测到的条纹偏移
迈克耳孙	1881	1.2	0.04	0.02
迈克耳孙和莫雷	1887	11.0	0.4	<0.01
莫雷和米勒	1902—1904	32.2	1.13	0.015
米勒	1921	32.0	1.12	0.08
米勒	1923—1924	32.0	1.12	0.03
米勒（阳光）	1924	32.0	1.12	0.014
托马斯查克（星光）	1924	8.6	0.3	0.02
米勒	1925—1926	32.0	1.12	0.088
肯尼迪（威尔逊山天文台）	1926	2.0	0.07	0.002
伊林渥斯	1927	2.0	0.07	0.0002
皮卡德和斯塔赫尔	1927	2.8	0.13	0.006
迈克耳孙等	1929	25.9	0.9	0.01
琼斯	1930	21.0	0.75	0.002

激光和激微波通过让光线在充满高能原子的精心调整的空间内来回反射，以放大光线。这样的有效长度可达千米。还有一个好处，同一光源在不同光线角度产生同样的相位，给干涉计增加了额外精确度。第一个这样的实验是由查尔斯·H. 汤斯（Charles H. Townes）完成的，他是第一个激微波制作者之一。他们于 1958 年所做的实验把漂移的上限，包括可能的实验误差降低到仅仅 30m/s，在 1974 年所做的通过三角形内修剪工具精确的激光重复实验把这个值降低到 0.025m/s，并且在一个光臂上放上玻璃来测试拖拽效果。在 1979 年，Brillet-Hall 实验把双向因素降低到 0.000001m/s（静止或者夹带以太）。Hils 和霍尔（Hall）在经过一年的重复实验之后，于 1990 年公布各向异性的极限降低到 2×10^{-13}。

实验结果证明，不论地球运动的方向同光的射向一致或相反，测出的光速都相同，地球同设想的"以太"之间没有相对运动。但是，当时迈克耳孙却认为这个结果表明以太是随着地球运动的。

3. 对实验结果的解释

乔治·菲茨杰拉德（G. FitzGerald）在 1892 年对迈克耳孙-莫雷实验提出了一种解释。他指出，如果物质是由带电荷的粒子组成的，一根相对于以太静止的量杆的长度，将完全由量杆粒子间取得的静电平衡决定，而量杆相对于以太在运动时，量杆就会缩短，因为组成量杆的带电粒子将会产生磁场，从而改变这些粒子之间的间隔平衡。这样一来，当迈克耳孙-莫雷实验所使用的仪器指向地球运动的方向时就会缩短，而缩短的程度正好抵消光速的减慢。有些人曾经试图测量乔治·菲茨杰拉德的缩短值，但都没有成功。这类实验表明乔治·菲茨杰拉德的缩短值，在一个运动体系内是不能被处在这个运动体系内的观察者测量到的，所以他们无法判断体系内的绝对速度，光学的定律和各种电磁现象是不受绝对速度的影响的。再者，运动体系中的缩短，是所有物体皆缩短，而运动体系中的人，是无法测量到自己缩短值的。

1904 年，荷兰物理学家洛伦兹提出了著名的洛伦兹变换，用于解释迈克耳孙-莫雷实验的结果。他提出运动物体的长度会收缩，并且收缩只发生运动方向上。如果物体静止时的长度为 L_0，当它以速度 v 和平行于长度的方向运动时，长度收缩为

$$L = L_0\sqrt{1-\frac{v^2}{c^2}}$$

引入这条规律后，可以得出

$$t_1 + t_2 = \frac{2L\sqrt{1-\frac{v^2}{c^2}}}{c\left(1-\frac{v^2}{c^2}\right)} = \frac{2L}{c\sqrt{1-\frac{v^2}{c^2}}} = 2t_3$$

从而成功地解释了实验结果。（关于洛伦兹和洛伦兹变换下面还要讨论。）

1905 年，爱因斯坦在抛弃以太、以光速不变原理和狭义相对性原理为基本假设的基础上建立了狭义相对论。狭义相对论认为空间和时间并不相互独立，而是一个统一的四维时空整体，并不存在绝对的空间和时间。在狭义相对论中，整个时空仍然是平直的、各向同性的和各点同性的。结合狭义相对性原理和上述时空的性质，也可以推导出洛伦兹变换。

里茨在 1908 年设想光速是依赖于光源的速度的，企图以此解释迈克耳孙-莫雷实验。但是德·希特于 1931 年在莱顿大学指出，如果是这样的话，那么一对相互环绕运动的星体将会出现表观上的异常运动，而这种现象并没有观察到。由此也证明了爱因斯坦提出的光速和不受光源速度和观察者的影响是正确的，而且既然没有一种静止的以太传播光波振动，牛顿关于光速可以增加的看法就必须抛弃。

4.1.4 洛伦兹解释和洛伦兹变换

以太说曾经在一段历史时期内深刻地左右着物理学家的思想。许多学者声称，迈克耳孙-莫雷实验与另一些或早或晚的实验一起，是对以太致的悼词，这样说无疑是过于简单了。许多著名的物理学家，仍在努力使迈克耳孙-莫雷实验与以太的假说相符合，这当中最有名的要算是洛伦兹和菲茨杰拉德。他们试图用物体穿过以太运动时的物理收缩来解释迈克耳孙-莫雷的实验结果。这样，以太的假说就可以仍然成立，不过要以一种未经解释的运动物体的畸变作为代价。同时也会看到，这种长度收缩，与爱因斯坦所揭示的世界中的效应相近，我

们以后必须习惯于这种效应。

19世纪后期建立了麦克斯韦方程组，标志着经典电动力学取得了巨大成功。麦克斯韦方程组在经典力学的伽利略变换下并不是协变的，即在伽利略变换下麦克斯韦方程组形式要变。保持麦克斯韦方程组形式不变的变换为

$$\begin{cases} x = \dfrac{x' + ut'}{\sqrt{1 - u^2/c^2}} \\ y = y' \\ z = z' \\ t = \dfrac{t' + ux'/c^2}{\sqrt{1 - u^2/c^2}} \end{cases}$$

上式就是洛伦兹变换，它产生了两个作用。①迈克耳孙-莫雷实验测量不到地球相对于以太参考系的运动速度。洛伦兹变换可用于解释迈克耳孙-莫雷实验的结果。根据洛伦兹的设想，观察者相对于以太以一定速度运动时，长度在运动方向上发生收缩，抵消了不同方向上由于光速引起的差异，这样就解释了迈克耳孙-莫雷实验的零结果。②引起了一个大矛盾，即物理学规律的协变性问题。力学问题中，力学规律遵从伽利略相对性原理，即在伽利略变换下，力学规律的数学形式保持不变。电磁学问题中，电磁场方程组不遵从伽利略相对性原理，而在洛伦兹变换下保持不变。

洛伦兹变换实际上已经接近了狭义相对论的公式，但是他不能摆脱牛顿的绝对时空"经典"观念的束缚，并且紧抱着以太理论不放。法国数学家兼物理学家庞加莱，对牛顿力学造成的问题看得很清楚，他问道："以太究竟是什么，它的分子是如何排列的，它们是相互吸引还是相互排斥？"他并且热切期望着如爱因斯坦后来提出的根本解决办法。他说道："也许我们必须建立一种新的力学，对它我们只能够管中窥豹……在这个新力学中，光速是一个不可逾越的极限。"对于这两位先驱者，爱因斯坦曾经如此评价，洛伦兹已经认识到以他的名字命名的变换对分析麦克斯韦方程式是关键的，而庞加莱将这种洞见更加深化……

4.1.5 庞加莱——相对论的先驱

庞加莱（H. Poincaré，1854—1912）是法国著名的科学家和科学哲学家。他在数学、天文学、物理学的几乎每一个分支都作出了杰出的贡献。在他不长的一生中共发表了将近500篇科学论文，出版了30多部专著。20世纪初，他陆续出版了《科学与假设》（1902年）、《科学的价值》（1905年）、《科学与方法》（1908年）等科学哲学名著，产生了较大的影响，被认为是逻辑经验主义的始祖之一。由于他的卓越成就，他赢得了法国政府所能给予的一切荣誉，也得到英国、俄国、瑞典、匈牙利等国的奖赏。庞加莱在物理学物质结构、量子论、相对论三方面都有贡献。

1900年之前，庞加莱已经掌握了上述建造相对论的所有必要材料，他不愧为相对论的先驱。惠特克（E. T. Whittaker）在谈到这一点时说："庞加莱主要是一个数学家，而洛伦兹主要是一个理论物理学家。但是关于他们对相对论的贡献，地位正好相反：提出普遍原理的是庞加莱，而洛伦兹却提供了许多表达式。"（当然，惠特克有意贬低爱因斯坦的贡献则是十分错误的。）

1895年，庞加莱就对当时以太漂移实验的研究表示不满。他基于哲学根据反对洛伦兹

和其他人，针对每一个新实验事实而引入孤立的假设，他极力强调人们应该采纳一个更为普遍的观点。实际上，庞加莱本人已经相信，用任何实验手段——力学的、光学的、电学的——都不可能检测到地球的绝对运动。他断言，所有以此为目标的实验注定要失败，不管它们的精度有多高。在这里，他已经意识到，采取这种立场相当于在理论上提出一个普遍的物理定律。庞加莱用下面的表述概括了这个定律："不可能测出有重物质的绝对运动，或者更明确地说，不可能测出有重物质相对于以太的相对运动。人们所能提供的一切证据就是有重物质相对于有重物质的运动。"当年这些评论的最大意义在于：它们为庞加莱关于动体电动力学的理论建立了一个框架。

1899 年，庞加莱在巴黎大学文理学院所做的电和磁的讲演中又提到上述原理，他认为光学现象很可能只依赖于物体的相对速度。到 1900 年，他把这一原理称为"相对运动原理"。"相对性原理"一词是庞加莱于 1904 年 9 月在美国圣路易斯国际技艺和科学会议的讲演中首次使用的。当时他把它作为物理学六个普遍原理之一列举出来。其定义如下："根据相对性原理，物理现象的定律应该是相同的，不管观察者处于静止还是处于匀速直线运动。于是，我们没有、也不可能有任何手段来辨别我们是否做这样一种运动。"他在讲演中以挖苦的口吻说，尽管大多数理论家准备看到该原理被否证，但是实验本身却顽强地证实了它的可靠性。

光速在真空中不变的公设是庞加莱在 1898 年发表的"时间的测量"的论文中提出的，与此同时，还讨论了如何定义两个事件的同时性的问题。他这样写道："光具有不变的速度，尤其是它的速度在一切方向上都是相同的，这是一个公设，没有这个公设，就无法量度光速。这个公设从来也不能直接用经验来验证；如果各种测量的结果不一致，那么它就会与经验相矛盾。我们应当认为我们是幸运的，因为这种矛盾没有发生……"。

在 1902 年出版的《科学与假设》一书中，庞加莱再次强调了他的观点，"绝对空间是没有的，我们所理解的不过是相对运动而已"；"绝对时间是没有的，所谓两个时间间隔相等，本身只是一种毫无意义的断语"。"不仅我们没有两个相等的时间的直觉，而且也没有发生在不同地点的两个事件同时性的直觉。"在 1904 年的圣路易斯会议讲演中，庞加莱已惊人地预见到新力学的大致图像："也许我们将要建造一种全新的力学，我们已经成功地瞥见到它了。在这个全新的力学内，惯性随速度而增加，光速会变为不可逾越的极限。原来的比较简单的力学依然保持为一级近似，因为它对不太大的速度还是正确的，以致在新力学中还能够发现旧力学。"

此外，庞加莱在 1905 年还命名了洛伦兹变换，从数学上给洛伦兹理论以简练的形式。他讨论了受形变的电子的稳定性，发现了洛伦兹变换下的电荷和电流的行为，得到了电荷密度和电流的变换公式。他力图将洛伦兹理论加以推广，以便包括引力。他不仅论证了洛伦兹变换形成一个群，而且甚至（虽然是含蓄地）使用了四维表达式，而闵可夫斯基直到 1907 年才给爱因斯坦的相对论披上了这件精制的数学外衣。

当然，庞加莱的理论和爱因斯坦的相对论在表达形式上虽然有很多类似，但是两人的基本思想却有着原则性的区别。对庞加莱来说，相对性原理本身只是一个"事实"，是要用实验来证明的，在任何时候只要有一个反例即可被否证。1906 年，当考夫曼（W. Kaufmann）指出，他对高速电子荷质比的测定有利于亚伯拉罕（M. Abraham）的理论预言，而不利于洛伦兹和爱因斯坦的理论时，庞加莱便立即怀疑相对性原理的价值。按照庞加莱的意思，光在真空中速度不变也不完全意味着光速是普适常数。光速不变仅仅是相对于绝对参考系即以太参考系而言的。在相对以太参考系运动的惯性参考系中，由于菲茨杰拉德-洛沦兹收缩使得光速表观上是不变的。庞加莱之所以没有达到相对论，部分原因在于他没有像爱因斯坦那样，把两个原理提高到普遍公设的高度来看待。庞加莱在相对论出现后长期保持缄默，他很可能把爱因斯坦的相对论看作他和洛伦兹已完成的理论中的微不足道的一部分，而且他恐怕不认为爱因斯坦的理论是一种很好的理论。

虽然爱因斯坦在撰写"论动体的电动力学"时并不知道洛伦兹和庞加莱在1904—1905年间发表的有关论文，但是他在1902年和他的"奥林比亚科学院"的同伴一块读了庞加莱的《科学与假设》。这本书对他们的影响特别深，他们用了几个星期紧张地读它，并针对一些问题进行了热烈的讨论。庞加莱对经典力学基础的深邃洞察和有关科学哲学思想，无疑对爱因斯坦创立相对论产生了直接的和间接的影响。

4.2　爱因斯坦相对性原理

4.2.1　爱因斯坦和狭义相对论的基本思想

1. 爱因斯坦的主要科学成就

1）早期工作

1902年6月23日，爱因斯坦正式受聘于瑞士伯尔尼专利局，任三级技术员，工作职责是审核申请专利权的各种技术发明创造。

1900—1904年，爱因斯坦每年都写出一篇论文，发表于德国《物理学杂志》。最初的两篇论文是关于液体表面和电解的热力学，企图给化学以力学的基础，以后发现此路不通，转而研究热力学的力学基础。1901年提出统计力学的一些基本理论，1902—1904年发表的三篇论文都属于这一领域。

1904年发表的论文认真探讨了统计力学所预测的涨落现象，发现能量涨落取决于玻尔兹曼常数。它不仅把这一结果用于力学体系和热现象，而且大胆地用于辐射现象，得出辐射能涨落的公式，从而导出维恩位移定律。

1905年，爱因斯坦在科学史上创造了一个史无前例的奇迹。这一年他写了六篇论文，在3月到9月这半年中，利用在专利局每天八小时工作以外的业余时间，在三个领域作出了四个有划时代意义的贡献，发表了关于光量子说、分子大小测定法、布朗运动理论和狭义相对论四篇重要论文。

1905年3月，爱因斯坦将自己认为正确无误的论文送给了德国《物理年报》编辑部。他腼腆地对编辑说："如果您能在你们的年报中找到篇幅为我刊出这篇论文，我将感到很愉快。"这篇"被不好意思"送出的论文名称为《关于光的产生和转化的一个推测性观点》。这篇论文把普朗克1900年提出的量子概念推广到光在空间中的传播情况，历史上第一次揭示了微观客体的波动性和粒子性的统一，即波粒二象性。在文章的结尾，他用光量子概念轻而易举地解释了经典物理学无法解释的光电效应，推导出光电子的最大能量同入射光的频率之间的关系。这一关系10年后才由密立根给予实验证实。1921年，爱因斯坦因为"光电效应定律的发现"这一成就获得了诺贝尔物理学奖。

1905年4月，爱因斯坦完成了《分子大小的新测定法》，5月完成了《热的分子运动论所要求的静液体中悬浮粒子的运动》)。这是两篇关于布朗运动研究的论文。爱因斯坦当时的目的是要通过观测由分子运动的涨落现象所产生的悬浮粒子的无规则运动来测定分子的实际大小,以解决半个多世纪来科学界和哲学界争论不休的原子是否存在的问题。三年后,法国物理学家佩兰以精密的实验证实了爱因斯坦的理论预测,从而无可非议地证明了原子和分子的客观存在,这使最坚决反对原子论的德国化学家、唯能论的创始人奥斯特瓦尔德于1908年主动宣布:"原子假说已经成为一种基础巩固的科学理论。"

1905年6月,爱因斯坦完成了开创物理学新纪元的长篇论文《论动体的电动力学》,完整地提出了狭义相对论。这是爱因斯坦10年酝酿和探索的结果,它在很大程度上解决了19世纪末出现的古典物理学的危机,改变了牛顿力学的时空观念,揭露了物质和能量的相当性,创立了一个全新的物理学世界,是近代物理学领域最伟大的革命之一。

1905年9月,爱因斯坦写了一篇短文《物体的惯性同它所含的能量有关吗?》,作为相对论的一个推论。质能相当性是原子核物理学和粒子物理学的理论基础,也为20世纪40年代实现的核能的释放和利用开辟了道路。

在这短短的半年时间,爱因斯坦在科学上的突破性成就,可以说是"石破天惊,前无古人"。即使他就此放弃物理学研究,即使他只完成了上述三方面成就的任何一方面,爱因斯坦都会在物理学发展史上留下极其重要的一笔。爱因斯坦拨散了笼罩在"物理学晴空上的乌云",迎来了物理学更加光辉灿烂的新纪元。

2) 广义相对论的探索

狭义相对论建立后,爱因斯坦并不感到满足,力图把相对性原理的适用范围推广到非惯性参考系。他从伽利略发现的引力场中一切物体都具有同一加速度这一古老实验事实找到了突破口,于1907年提出了等效原理。在这一年,他的大学老师、著名几何学家闵可夫斯基提出了狭义相对论的四维空间表示形式,为相对论进一步发展提供了有用的数学工具。

爱因斯坦认为,等效原理的发现是他一生最愉快的思索,但他以后的工作却十分艰苦,并且走了很大的弯路。1911年,他分析了刚性转动圆盘,意识到引力场中欧氏几何并不严格有效。同时还发现洛伦兹变换不是普适的,等效原理只对无限小区域有效。这时的爱因斯坦已经有了广义相对论的思想,但他还缺乏建立它所必需的数学基础。

1912年,爱因斯坦回到苏黎世母校工作。在他的同班同学、母校任数学教授的格罗斯曼帮助下,他在黎曼几何和张量分析中找到了建立广义相对论的数学工具。经过一年的奋力合作,他们于1913年发表了重要论文《广义相对论纲要和引力理论》,提出了引力的度规场理论。这是首次把引力和度规结合起来,使黎曼几何获得实在的物理意义。

1915年到1917年的3年是爱因斯坦科学成就的第二个高峰,类似于1905年,他也在三个不同领域中分别取得了历史性的成就。除了1915年最后建成了被公认为人类思想史中最伟大的成就之一的广义相对论以外,1916年在量子理论方面提出了受激辐射,1917年又开创了现代宇宙学。1915年7月以后,爱因斯坦在走了两年多弯路后,又回到普遍协变的要求。1915年10月到11月,他集中精力探索新的引力场方程,于11月4日、11日、18日和25日一连向普鲁士科学院提交了四篇论文。

在第一篇论文中他得到了满足守恒定律的普遍协变的引力场方程,但加了一个不必要的限制。第三篇论文中,根据新的引力场方程,推算出光线经过太阳表面所发生的偏转是1.7弧秒,同时还推算出水星近日点每100年的进动是43秒,圆满解决了60多年来天文学的一大难题。

1915 年 11 月 25 日发表的论文《引力的场方程》中,他放弃了对变换群的不必要限制,建立了真正普遍协变的引力场方程,宣告广义相对论作为一种逻辑结构终于完成了。1916 春天,爱因斯坦写了一篇总结性的论文《广义相对论的基础》;同年底,又写了一本普及性的小册子《狭义与广义相对论浅说》。

1916 年 6 月,爱因斯坦在研究引力场方程的近似积分时,发现一个力学体系变化时必然发射出以光速传播的引力波,从而提出引力波理论,1936 年爱因斯坦与他人合作给出了引力波的严格解。1979 年,在爱因斯坦逝世 24 年后,通过观测双中子星轨道周期的变化间接证明了引力波的存在。2016 年,在爱因斯坦提出预言后 100 年,LIGO 直接观测到了两颗黑洞碰撞产生的引力波。

1917 年,爱因斯坦用广义相对论的结果来研究宇宙的时空结构,发表了开创性的论文《根据广义相对论对宇宙所做的考察》。论文分析了"宇宙在空间上是无限的"这一传统观念,指出它同牛顿引力理论和广义相对论都是不协调的。他认为,可能的出路是把宇宙看作一个具有有限空间体积的自身闭合的连续区,以科学论据推论宇宙在空间上是有限无边的,这在人类历史上是一个大胆的创举,使宇宙学摆脱了纯粹猜想的思辨,进入现代科学领域。

3)统一场论的漫长艰难探索

广义相对论建成后,爱因斯坦依然感到不满足,要把广义相对论再加以推广,使它不仅包括引力场,也包括电磁场。他认为这是相对论发展的第三个阶段,即统一场论。

1925 年以后,爱因斯坦全力以赴探索统一场论。最初几年他非常乐观,以为胜利在望;后来发现困难重重,他认为现有的数学工具不够用。1928 年以后转入纯数学的探索。他尝试着用各种方法,但都没有取得具有真正物理意义的结果。

1925—1955 年这 30 年中,除了关于量子力学的完备性问题、引力波及广义相对论的运动问题外,爱因斯坦几乎把他全部的科学创造精力都用于统一场论的探索。

1937 年,在两个助手合作下,他从广义相对论的引力场方程推导出运动方程,进一步揭示了空间、时间、物质、运动之间的统一性,这是广义相对论的重大发展,也是爱因斯坦在科学创造活动中所取得的最后一个重大成果。

在统一场理论方面,他始终没有成功,他从不气馁,每次都满怀信心地从头开始。由于他远离了当时物理学研究的主流,独自进攻当时没有条件解决的难题,因此,同 20 年代的处境相反,他晚年在物理学界非常孤立。可是他依然无所畏惧,毫不动摇地走他自己所认定的道路,直到临终前一天,他还在病床上准备继续他的统一场理论的数学计算。

2. 狭义相对论基本思想

爱因斯坦 16 岁时思考了这么一个问题:如果一个人以与光速相同的速度追着一束光跑,他会看到什么?按照经典物理学,光相对于他的速度是 0,因此这个人看到的是不随时间变化的电磁场。但是爱因斯坦直觉地认为这是不可能的,因此经典物理学在处理与光有关的现象时必然会出现矛盾。这是爱因斯坦思考狭义相对论的起点,从此开始了长达十年的追寻。

1922 年 12 月 4 日,爱因斯坦在日本京都大学做的题为《我是怎样创立相对论的?》的演讲中,说明了他关于相对论想法的产生和发展过程。他说:"关于我是怎样建立相对论概念这个问题,不太好讲。因为,存在着各种激发人类思想的隐藏的复杂性,而且它们起着大小不一的作用……我第一次产生发展相对论的念头是在 17 年前,我说不准这个想法来自何处,但是我肯定,它包含在运动物体光学性质问题中,光通过以太海洋传播,地球在以太中运动,换句话说,即以太相对地球运动。我试图在物理文献中寻找以太流动的明显的实验证据,但是没有成功。随后,我想亲自证明以太相对地球的运动,或者说证明地球的运动。当我首次想到这个问题的时候,我不怀疑以太的存在或者地球通过以太的运动。"于是,他设想了一个使用两个热电偶进行的实验:设置一些反光镜,以使从单个光源发出的光在两个不同的方向被反射,一束光平行于地球的运动方向且同向,另一束光逆向而行。如果想象在两个反射光束间的能量差的话,就能用两个热电偶测出产生的热量差。虽然这个实验的想法与迈克耳孙实验非常相似,但是他没有得出结果。

爱因斯坦说:他最初考虑这个问题时,正是学生时代,当时他已经知道了迈克耳孙实验的奇妙结果,他很快得出结论:如果相信迈克耳孙的零结果,那么关于地球相对以太运动的想法就是错误的。他说道:"这是引导我走向狭义相对论的第一条途径。自那以后,我开始相信,虽然地球围绕太阳转动,但是,地球运动不可能通过任何光学实验探测太阳。"

在那个时间前后,爱因斯坦读了洛伦兹在 1895 年发表的论文。洛伦兹完全解决了准确到 u/c 一阶项(u 为运动物体的速度,c 为光速)的电动力学,爱因斯坦假设洛伦兹建立的电子方程式在运动物体参考系和真空参考系中同样有效,试图以此来解释斐索实验。在当时,爱因斯坦就坚信麦克斯韦-洛伦兹电动力学方程是可靠的,而它在运动参考系中也成立这一点就导致了光速不变的概念,然而这与经典力学中的速度相加定律相违背。这是一个异乎寻常的困难,为了解决这个问题,爱因斯坦花了差不多一年的时间尝试修改洛伦兹理论,但徒劳无果。一个偶然的机会,爱因斯坦的一位朋友、他的专利局同事贝索帮助了他,经过多番讨论之后,爱因斯坦突然找到了解决所有困难的办法,接下来他在五周时间内就完成了狭义相对论。

爱因斯坦的理论否定了以太概念,肯定了电磁场是一种独立的、物质存在的特殊形式,并对空间、时间的概念进行了深刻的分析,从而建立了新的时空关系。他于 1905 年发表的论文被世界公认为第一篇关于相对论的论文,他则是第一位真正的相对论物理学家。

4.2.2 狭义相对论的基本原理

1. 狭义相对论的基本原理

1905 年,爱因斯坦根据所有惯性参考系中光速一样的事实,提出两个基本假设,建立了狭义相对论。

1) 假设 I:相对性原理

描述物理学定律的所有惯性参考系都是等价的。爱因斯坦的相对性原理与伽利略的思想基本上一致,但是伽利略所给出的具体变换式只适用于牛顿力学,它不能保证电磁学也满足相对性原理,爱因斯坦提出的相对性原理希望把一切物理规律都包括进去。

2) 假设 II:光速不变原理

所有惯性参考系中,真空中的光速为恒量,与光源和观察者的运动状态无关。光速不可超越,物体运动的速度不可能超过光速,光在真空中的传播速度为

$$c = \frac{1}{\sqrt{\varepsilon_0 \mu_0}} = 2.998 \times 10^8 (\text{m/s}) \tag{4-2}$$

式中,μ_0 为真空磁导率;ε_0 为真空介电常数。

我国宋朝的《宋会要》中记载了超新星爆发过程:"嘉祐元年(1056 年)三月,司天监

言，客星没，客去之兆也。初，至和元年（1054年）五月晨出东方，守天关。昼见如太白，芒角四出，色赤白，凡见二十三日。"意思说：天象官员说超新星（客星）最初出现在1054年，位置在金牛星（天关）附近，白昼看赛过金星（太白），历时23天。以后慢慢暗下来，直到1056年才隐没。1731年英国一位天文爱好者在金牛星座观察到"蟹状星云"，后来观察表明，"蟹状星云"以每年0.21″的速率在膨胀，到1920年，它的半径达180″，这样可以推算，在（180″/0.21″=860）860年前发生的爆炸，约在公元1060年，与《宋会要》中记载相吻合，如图4-4所示。

现在的问题是光速是不是变化的。按照经典速度叠加原理，A 点和 B 点的光线分别以 $c+v$ 和 c 的速度传向地球（图4-5），A 点和 B 点的抛射物到达地球的时间分别为 $t_A = L/(c+v)$ 和 $t_B = L/c$，L 约为5000光年，抛射物速度约为1500km/s，这样 $t_B - t_A \approx 25$ 年，这与记载不符。这个实例是光速不变的一个证明。

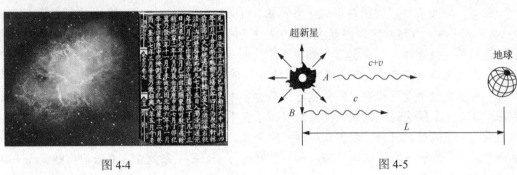

图4-4　　　　　　　　　　　　　　图4-5

2. 洛伦兹变换式推导

下面根据狭义相对论的两个基本假设推导洛伦兹变换式。

1）坐标变换约定

两个惯性参考系 $S(Oxyz)$ 和 $S'(O'x'y'z')$，S' 系沿 x 轴以恒定速度 u 相对于 S 系运动，如图4-6（a）所示。当 $t = t' = 0$ 时，$S(Oxyz)$ 和 $S'(O'x'y'z')$ 重合，假设存在一个不依赖于任何惯性参考系的事件（发生在 P 点），S 系中 P 事件的时空坐标 $P(x, y, z, t)$，S' 系中 P 事件的时空坐标 $P(x', y', z', t')$，在 S' 系可以认为 S 系以速度 u 沿相反方向运动，如图4-6（b）所示。

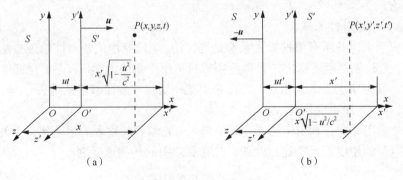

图4-6

在惯性参考系中时空是平直的，那么 S 系和 S' 系之间的坐标变换一定是线性的，一般的变换式为

$$\begin{cases} x' = a_{11}x + a_{12}y + a_{13}z + a_{14}t \\ y' = a_{21}x + a_{22}y + a_{23}z + a_{24}t \\ z' = a_{31}x + a_{32}y + a_{33}z + a_{34}t \\ t' = a_{41}x + a_{42}y + a_{43}z + a_{44}t \end{cases} \quad (4\text{-}3)$$

(对于非惯性参考系，变换可以是非线性的，这不在本节的讨论范围内。)

2）光速不变原理

当 $t = t' = 0$ 时，原点处发射一光脉冲，在以后的任意 t 时刻，在 S 系和 S' 系中观察光的波阵面均是球面，这就是光速不变原理的一个形象表达，这一点与伽利略变换不同（或者我们的经验理解不同），若用 (x, y, z, t) 和 (x', y', z', t') 表示球面上任意一点的时空坐标，则在各自坐标系中观察获得的波阵面方程为

$$x^2 + y^2 + z^2 = c^2 t^2 \quad (4\text{-}4)$$

$$x'^2 + y'^2 + z'^2 = c^2 t'^2 \quad (4\text{-}5)$$

或者把下面的量称为变换不变量：

$$x^2 + y^2 + z^2 - c^2 t^2 = x'^2 + y'^2 + z'^2 - c^2 t'^2 \quad (4\text{-}6)$$

3）线性变换的简化

将线性变换式（4-3）做一些简化，按照下面 3 个步骤来进行。

（1）考虑 xz 平面和 $x'z'$ 平面始终重合，无论 x、z、t 是多少，当 $y = 0$ 时，$y' = 0$，根据式（4-3）的第 2 式有

$$0 = a_{21}x + a_{23}z + a_{24}t$$

则

$$a_{21} = a_{23} = a_{24} = 0$$

同理，考虑 xy 平面和 $x'y'$ 平面始终重合，无论 x、y、t 是多少，当 $z = 0$ 时，$z' = 0$，根据式（4-3）的第 3 式，有

$$a_{31} = a_{32} = a_{34} = 0$$

所以

$$\begin{cases} y' = a_{22}y \\ z' = a_{33}z \end{cases} \quad (4\text{-}7)$$

（2）根据坐标约定，当 $x' = 0$ 时，$x = ut$。即在任意时刻，$y'O'z'$ 平面相对于 yOz 平面以 u 速度运动，或者在 $P(ut, y, z, t)$ 与 $P'(0, y', z', t')$ 发生的事件是两个坐标观察的同一事件。将两个坐标代入式（4-3）中的第 1 式得

$$0 = a_{11}(ut) + a_{12}y + a_{13}z + a_{14}t$$

比较可知

$$-a_{11}u = a_{14}, \quad a_{12} = a_{13} = 0$$

所以式（4-3）中的第 1 式变为

$$x' = a_{11}x - a_{11}ut \quad (4\text{-}8)$$

（3）再特殊一点，考虑 yOz 平面与 $y'O'z'$ 平面重合时，$t = t' = 0$，即 S 系的时空坐标 $(0, y, z, 0)$ 与 S' 系的时空坐标 $(0, y', z', 0)$ 表示同一事件。将两个坐标代入式（4-3）中的第 4 式得

$$0 = 0 + a_{42}y + a_{43}z + 0$$

即 $a_{42} = 0, a_{43} = 0$，式（4-3）中的第 4 式变为

$$t' = a_{41}x + a_{44}t \tag{4-9}$$

综合式（4-7）～式（4-9），得到线性变换的简化式为

$$\begin{cases} x' = a_{11}(x - ut) \\ y' = a_{22}y \\ z' = a_{33}z \\ t' = a_{41}x + a_{44}t \end{cases} \tag{4-10}$$

4）洛伦兹坐标变换

将式（4-10）代入式（4-6）得

$$\begin{aligned} x^2 + y^2 + z^2 - c^2 t^2 &= x'^2 + y'^2 + z'^2 - c^2 t'^2 \\ &= a_{11}^2 (x - ut)^2 + a_{22}^2 y^2 + a_{33}^2 z^2 - c^2 (a_{41}x + a_{44}t)^2 \\ &= (a_{11}^2 - c^2 a_{41}^2) x^2 + a_{22}^2 y^2 + a_{33}^2 z^2 + (a_{11}^2 u^2 - c^2 a_{44}^2) t^2 - 2(a_{11}^2 u + c^2 a_{41}a_{44})xt \end{aligned}$$

比较系数得

$$\begin{cases} a_{11}^2 - c^2 a_{41}^2 = 1 \\ a_{22}^2 = a_{33}^2 = 1 \\ c^2 a_{44}^2 - a_{11}^2 u^2 = c^2 \\ a_{11}^2 u + c^2 a_{41} a_{44} = 0 \end{cases} \tag{4-11}$$

求解式（4-11）可得（根据物理意义取正号）

$$a_{44} = a_{11} = \frac{1}{\sqrt{1 - u^2/c^2}}, \quad a_{41} = \frac{-u/c^2}{\sqrt{1 - u^2/c^2}}, \quad a_{22} = a_{33} = 1$$

洛伦兹变换为

$$\begin{cases} x' = \dfrac{x - ut}{\sqrt{1 - u^2/c^2}} = \gamma(x - ut) \\ y' = y \\ z' = z \\ t' = \dfrac{t - ux/c^2}{\sqrt{1 - u^2/c^2}} = \gamma\left(t - \dfrac{u}{c^2}x\right) \end{cases} \tag{4-12}$$

式中，$\gamma = \dfrac{1}{\sqrt{1 - u^2/c^2}}$。

洛伦兹坐标逆变换为

$$\begin{cases} x = \dfrac{x' + ut'}{\sqrt{1 - u^2/c^2}} = \gamma(x' + ut') \\ y = y' \\ z = z' \\ t = \dfrac{t' + ux'/c^2}{\sqrt{1 - u^2/c^2}} = \gamma\left(t' + \dfrac{u}{c^2}x'\right) \end{cases} \tag{4-13}$$

5）洛伦兹变换和伽利略变换

当 $u \ll c$，$u/c \to 0$ 时，有

$$\begin{cases} x' = x - ut \\ y' = y \\ z' = z \\ t' = t \end{cases}$$

洛伦兹坐标变换式退化为伽利略坐标变换式。当 $u>c$ ，$\sqrt{1-u^2/c^2}$ 为虚数时，没有物理意义，所以物体极限速度为光速。

4.3 狭义相对论运动学

4.3.1 同时性的相对性

光速不变性导致了时间和长度的测量具有相对性。惯性参考系 S 中同时不同地发生的两个事件，在惯性参考系 S' 中观察并不同时，称为同时性的相对性。

S' 系，以速度 $\vec{u}=u\vec{i}$ 相对于惯性参考系 S 运动，S' 系中发光源位于 M' 点，同时向 A' 和 B' 两个接收器发出光信号，光到达 A' 和 B' 的时间相同，光速与参考系的运动状态无关，如图 4-7（a）所示。S 系中观察，光以相同的速度运动，但由于 S' 系的运动，光先到达 A'，后到达 B'，如图 4-7（b）所示。

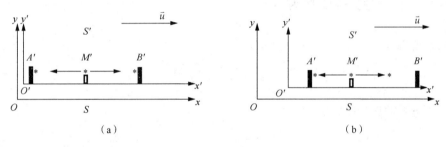

图 4-7

S 系中两个同时发生的事件（光同时到达 A' 和 B'），S' 系变为不同时的两个事件（光先到达 A'，后到达 B'），用洛伦兹变换来分析：

（1）两个事件在 S 系中观察同时不同地，在 S' 系观察就不同时。

S 系中：事件 A，地点 x_A，时间 t_A；事件 B，地点 x_B，时间 t_B。

S' 系中：

$$t'_A = \gamma\left(t_A - \frac{u}{c^2}x_A\right), \quad t'_B = \gamma\left(t_B - \frac{u}{c^2}x_B\right)$$

$$t'_B - t'_A = \gamma(t_B - t_A) - \gamma\frac{u}{c^2}(x_B - x_A) = -\gamma\frac{u}{c^2}(x_B - x_A) < 0$$

（2）两个事件在 S 系中观察不同时不同地，在 S' 系中观察就可能同时，同时的条件如下：

$$t'_B - t'_A = \gamma(t_B - t_A) - \gamma\frac{u}{c^2}(x_B - x_A) = 0$$

$$t_B - t_A = \frac{u}{c^2}(x_B - x_A)$$

（3）两个事件在 S 系中观察同时同地，在 S' 系中观察一定同时。

（4）因果性不变。

S 系中：原因——事件 A，地点 x_A，时间 t_A；结果——事件 B，地点 x_B，时间 t_B。$x_B > x_A$，$t_B > t_A$，且 $x_B - x_A = u(t_B - t_A)$，u 为发生事件 A 到事件 B 的传播速度，如乒乓球的运动平均速度。

S'系中：两个事件是一因一果，在S'系中观察保持这种因果性，即

$$t'_B - t'_A = \gamma(t_B - t_A) - \gamma\frac{u}{c^2}(x_B - x_A) = \gamma(t_B - t_A)\left(1 - \frac{uv}{c^2}\right) > 0$$

4.3.2 时间延缓效应——动钟变慢

惯性参考系S'以速度$\vec{u} = u\vec{i}$相对于惯性参考系S运动。在惯性参考系S'和惯性参考系S中观察两个事件：从光源P发出光和光经反射镜M后返回P点。

在惯性参考系S'中观测两个事件，如图4-8（a）所示。事件Ⅰ：光从$P(x'_1, t'_1)$点发出；事件Ⅱ：光经反射镜M反射返回$P(x'_2, t'_2)$点。S'系中两个事件的空间坐标$x'_1 = x'_2$，同地不同时发生的两个事件，S'系中测得两个事件发生的时间间隔为

$$\Delta t' = t'_2 - t'_1 = \frac{2d}{c}$$

在惯性参考系S中观察相同的两个事件，如图4-8（b）所示。事件Ⅰ：光从$P_1(x_1, t_1)$点发出；事件Ⅱ：光经反射镜M反射返回到$P_2(x_2, t_2)$点。不同地不同时发生的两个事件，S系中测得两个事件发生的时间间隔为

$$\Delta t = t_2 - t_1$$

由几何关系得

$$\left(c\frac{\Delta t}{2}\right)^2 = \left(c\frac{\Delta t'}{2}\right)^2 + \left(u\frac{\Delta t}{2}\right)^2$$

光速与参考系的运动状态无关，即

$$\Delta t = \frac{\Delta t'}{\sqrt{1 - u^2/c^2}}$$

在S'系中同地不同时发生的两个事件，在S系中变为不同地不同时发生的两个事件。在一个参考系S'中，同地不同时发生的两个事件的时间间隔称为本征时间τ_0，它是最短的，在其他所有惯性参考系中测得相同事件发生的时间间隔为

$$\tau = \frac{\tau_0}{\sqrt{1 - u^2/c^2}} \tag{4-14}$$

这就是时间延迟效应，相对运动的时钟比相对静止的时钟慢。

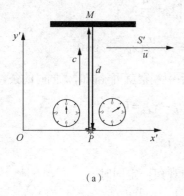

（a）

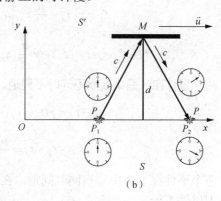

（b）

图4-8

也可用洛伦兹变换来分析，具体如下：

$$\begin{cases} t_1 = \sqrt{1-\dfrac{u^2}{c^2}}\left(t_1' + \dfrac{xu}{c^2}\right) \\ t_2 = \sqrt{1-\dfrac{u^2}{c^2}}\left(t_2' + \dfrac{xu}{c^2}\right) \end{cases}$$

$$\Delta t = t_2 - t_1 = \sqrt{1-\dfrac{u^2}{c^2}}(t_2' - t_1') = \sqrt{1-\dfrac{u^2}{c^2}}\Delta t'$$

$$\Delta t > \Delta t'$$

【例题 4-2】 带电π介子（π^+或π^-）静止时的平均寿命 $\tau_0 = 2.6 \times 10^{-8}$s，从加速器射出的π介子速率 $u = 2.4 \times 10^8$ m/s。求：（1）在实验室中测得这种粒子的平均寿命；（2）π介子衰变前在实验室中通过的平均距离。

解：（1）π介子自身参考系为 S'，π介子相对静止，π介子本征时间 $\tau_0 = 2.6 \times 10^{-8}$s，$S'$系相对于实验室（$S$系）的运动速率为 $u = 2.4 \times 10^8$ m/s，在实验室中测得π介子的平均寿命为

$$\tau = \dfrac{\tau_0}{\sqrt{1 - u^2/c^2}}$$

将 $\tau_0 = 2.6 \times 10^{-8}$s 和 $u = 2.4 \times 10^8$ m/s 代入，计算得

$$\tau = 4.33 \times 10^{-8}(\text{s})$$

（2）π介子衰变前在实验室中通过的平均距离为

$$l = u\tau = 10.4(\text{m})$$

4.3.3 长度收缩

惯性参考系 S' 以速度 $\vec{u}$ 相对于惯性参考系 S 运动，S'系中的棒 AB 静止，固定在 S' 系的 x 轴上。

1）相对静止的参考系 S' 中 AB 长度的测量

如图 4-9（a）所示，以 S'系中原点为参考点，测量 A、B 两点的坐标 x_B' 和 x_A'，AB 的长度为 $l_0 = x_B' - x_A'$，不依赖于测量的时间 t'，即任意时刻测量都得出相同的结果。$l_0 = x_B' - x_A'$ 为 AB 的固有长度，或本征长度，即在 AB 相对静止的所有惯性参考系中测量的长度都相同。

2）相对运动的参考系 S 中 AB 长度的测量

如图 4-9（b）所示，同时（$\Delta t = t_2 - t_1 = 0$）测量 AB 两点的坐标 x_B 和 x_A，AB 的长度为

$$l = x_B - x_A$$

不依赖于测量的时间 t，即任意时刻同时测量，都得出相同的结果。

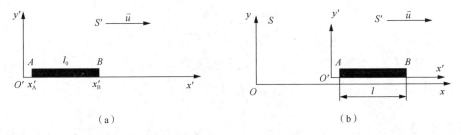

图 4-9

3）如何确定 S 系和 S' 系测量同一个物体的长度关系

选定两个事件，如图 4-10 所示。事件 I：B 端通过空间固定点 P；事件 II：A 端通过空间固定点 P。

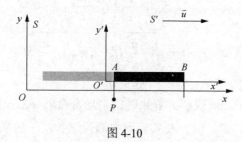

图 4-10

S' 系中两个事件的时空坐标：两个事件为不同地不同时发生的，$P_1(x'_B, t'_B)$ 和 $P_2(x'_A, t'_A)$，AB 的长度 $l_0 = x'_B - x'_A = u(t'_B - t'_A) = u\Delta t'$。

S 系中两个事件的时空坐标：$P_1(x_P, t_B)$ 和 $P_2(x_P, t_A)$ 两个事件为同地不同时发生的。

用洛伦兹变换来分析，有

$$x'_1 = \frac{1}{\sqrt{1-u^2/c^2}}(x_1 - ut_1), \quad x'_2 = \frac{1}{\sqrt{1-u^2/c^2}}(x_2 - ut_2)$$

S 系中测得棒的长度为

$$x'_2 - x'_1 = \frac{1}{\sqrt{1-u^2/c^2}}\left[(x_2 - x_1) - u(t_2 - t_1)\right] = \frac{1}{\sqrt{1-u^2/c^2}}(x_2 - x_1)$$

在运动方向上棒的长度缩短为

$$l = l_0\sqrt{1-u^2/c^2} \tag{4-15}$$

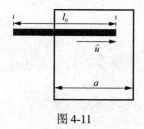

图 4-11

【例题 4-3】如图 4-11 所示，一门宽为 a，今有一固定长度为 l_0 ($l_0 > a$) 的水平细杆，在门外贴近门的平面内沿其长度方向匀速运动。若站在门外的观察者认为此杆的两端可同时被拉进此门，则该杆相对于门的运动速度 u 至少为多少？

解：地面上测得细杆的长度为

$$l = l_0\sqrt{1-u^2/c^2}$$

根据题意，满足

$$a \geq l = l_0\sqrt{1-u^2/c^2}$$

细杆运动的最小速度大小为

$$\left(\frac{a}{l_0}\right)^2 = 1 - \left(\frac{u}{c}\right)^2$$

可得

$$u = c\sqrt{1-\left(\frac{a}{l_0}\right)^2}$$

【例题 4-4】如图 4-12 所示，隧道静止长度均为 L，火车比隧道略长，火车以某一速度匀速通过隧道，地面观察者（S 系，隧道守护人），火车观察者（S' 系，火车司机）。由于长度收缩效应，S 系中观察火车长度与隧道长度相同。同时在隧道两端外打雷，S 系中隧道守护人观察火车没有被雷击中。问 S' 系火车司机观察火车被雷击中了吗？

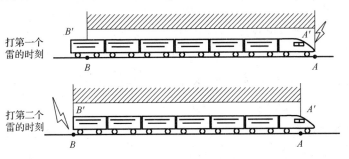

图 4-12

解：S 系观察：事件 I 在 $x=x_A$ 处，$t_A=t$ 时刻雷击；事件 II 在 $x=x_B$ 处，$t_B=t$ 时刻雷击。两事件同时不同地，$x_B > x_A$。

S' 系观察：

$$t'_A = \gamma\left(t_A - \frac{u}{c^2}x_A\right)$$

$$t'_B = \gamma\left(t_B - \frac{u}{c^2}x_B\right)$$

$$t'_B - t'_A = \gamma(t_B - t_A) - \gamma\frac{u}{c^2}(x_B - x_A)$$

$$= -\gamma\frac{u}{c^2}(x_B - x_A) < 0$$

所以不同时发生，事件 I 先发生，即在 S' 系中火车司机观察到火车刚要出隧道，前方打了一个雷（事件 I），过了一会儿，火车尾刚进隧道，事件 II 发生了。因此，火车没有被雷击中。

【例题 4-5】 地面观察者测得匀速运动的列车从甲地到乙地的时间 $\Delta t = 0.2\text{s}$，甲地到乙地的距离 $\Delta x = 8.0 \times 10^6 \text{m}$。求与列车运动同方向以速度 $u = 0.6c$ 运动的飞船上，测得列车从甲地到乙地的路程、时间和速率。

解：设地面惯性参考系为 S、飞船惯性参考系为 S'。S 系中的两个事件。事件 I：列车从甲地开出；事件 II：列车到达乙地；两个事件的时空间隔 $\Delta x = 8.0 \times 10^6 \text{m}$，$\Delta t = 0.2\text{s}$。$S'$ 系观察相同的两个事件：事件 I 和事件 II 空间间隔为

$$\Delta x' = \frac{\Delta x - u\Delta t}{\sqrt{1 - u^2/c^2}} = -3.5 \times 10^7 (\text{m})$$

即列车从甲地到乙地的路程，不是在 S' 系观察中测得的甲乙两地的距离。S' 系观察中测得的甲乙两地的距离为

$$s' = \Delta x\sqrt{1 - u^2/c^2} = 6.4 \times 10^6 (\text{m})$$

列车从甲地到乙地的时间为

$$\Delta t' = \frac{\Delta t - u\Delta x/c^2}{\sqrt{1 - u^2/c^2}} = 0.23(\text{s})$$

列车从甲地到乙地的速度为

$$v' = \frac{\Delta x'}{\Delta t'} = -0.58c$$

负号表示列车运动方向与飞船的运动方向相反。

4.4 狭义相对论动力学

4.4.1 相对论质量和动量

1) 相对论中的质点动力学方程

在相对论力学中，物体的动量仍是 $\vec{p} = m\vec{v}$。后文可以证明，物体的质量与物体运动的速度相关，即

$$m = \frac{m_0}{\sqrt{1 - v^2/c^2}} \tag{4-16}$$

斯坦福直线加速器加速电子，直接验证相对论质量-速度关系。电子沿一根 3km 长的直真空管飞行，被电磁场反复加速，每加速一次，电子的速度就增加一点，随着电子速率增大（接近光速），加速越来越困难。这个加速器可以把电子加速到 20GeV（GeV 是 10^9 eV），当电子加速到 10GeV 时，速度只比光速小 0.39m/s，当增加另一半 10GeV 的能量时，在实验室系中，电子的速度仅仅增加了 0.20m/s。

相对论中的质点动力学方程为

$$\vec{F} = \frac{d\vec{p}}{dt} = \frac{d(m\vec{v})}{dt} = m\frac{d\vec{v}}{dt} + \vec{v}\frac{dm}{dt} = \frac{d}{dt}\left(\frac{m_0 \vec{v}}{\sqrt{1 - u^2/c^2}}\right) \tag{4-17}$$

它表明：力既可以改变物体的速度，又可以改变物体的质量；一般情况下，力与加速度的方向不一致；当 $v \ll c$ 时，才回到牛顿第二定律 $\vec{F} = m\dfrac{d\vec{v}}{dt} = m\vec{a}$。

2) 物体的相对论质量-速度关系证明

假设有静止的粒子，位于原点 O'（S' 系）处，如图 4-13（a）所示，某一时刻分裂为相等质量的两半 A 和 B。根据动量守恒定律，A 和 B 速度大小相等，均为 u，方向相反。在 A 上建立参考系 S，那么 S' 系相对于 S 系以速度 u 沿 x 方向匀速运动，B 在 S' 系中的速度为 u，如图 4-13（b）所示。

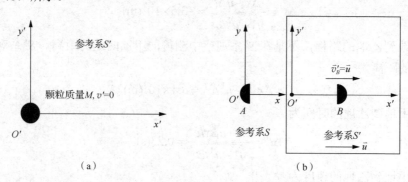

图 4-13

S 系中观察,粒子没有分裂前的质量为 M,速度为 u。分裂后 A 的质量为 m_A、速度 $v_A = 0$,B 的质量为 m_B、速度为 v_B,由洛伦兹速度变换得到 B 的速度大小为

$$v_B = \frac{v'_B + u}{1 + uv'_B/c^2} = \frac{2u}{1 + u^2/c^2}$$

粒子分裂前后动量守恒、质量守恒,有

$$\begin{cases} Mu = m_A v_A + m_B v_B \\ M = m_A + m_B \end{cases}$$

考虑 $v_A = 0$,因此有

$$\begin{cases} Mu = m_B v_B \\ M = m_A + m_B \end{cases}$$

两式消去 M,得

$$(m_A + m_B)u = m_B v_B$$

由 $v_B = \dfrac{2u}{1 + u^2/c^2}$ 解得

$$u = \frac{c^2}{v_B}(1 - \sqrt{1 - v_B^2/c^2})$$

代入上式得

$$m_B = \frac{m_A}{\sqrt{1 - v_B^2/c^2}}$$

可以这样总结,S 系中 A 粒子与坐标系相对静止,$v_A = 0$,静止质量 $m_A = m_0$,B 粒子相对 S 系以 $v_B = v$ 的速度运动,质量 $m_B = m$,即速度为 v 时物体的相对质量为

$$m = \frac{m_0}{\sqrt{1 - v^2/c^2}}$$

4.4.2 相对论能量

1)相对论力学中的动能

在相对论力学中,动能定理仍然成立,合外力做的功等于质点动能的增量,即

$$dE_k = \vec{F} \cdot d\vec{l}$$

将 $\vec{F} = m\dfrac{d\vec{v}}{dt} + \vec{v}\dfrac{dm}{dt}$ 和 $d\vec{l} = \vec{v}dt$ 代入上式得

$$dE_k = m\vec{v} \cdot d\vec{v} + \vec{v} \cdot \vec{v}dm = mvdv + v^2 dm \tag{4-18}$$

由质速关系 $m = \dfrac{m_0}{\sqrt{1 - v^2/c^2}}$,两边平方移项得

$$m^2 v^2 = m^2 c^2 - m_0^2 c^2$$

两边微分得

$$m^2 v dv + v^2 m dm = c^2 m dm$$
$$mv dv + v^2 dm = c^2 dm \tag{4-19}$$

比较式(4-18)和式(4-19)得

$$dE_k = c^2 dm$$

两边积分得质点相对论动能定理表达式为

$$E_k = \int_{m_0}^{m} c^2 \mathrm{d}m = mc^2 - m_0 c^2 \tag{4-20}$$

相对论动能定理表达式与经典力学中的表达式形式上有很大的差别,能够证明当 $v \ll c$ 时可以回到经典力学的形式。将下式进行泰勒展开,即

$$\frac{1}{\sqrt{1-v^2/c^2}} = 1 + \frac{1}{2}\frac{v^2}{c^2} + \cdots \approx 1 + \frac{1}{2}\frac{v^2}{c^2}$$

物体的动能为

$$E_k = mc^2 - m_0 c^2 = \frac{m_0}{\sqrt{1-v^2/c^2}} c^2 - m_0 c^2$$

$$= m_0 c^2 \left[\left(1 + \frac{1}{2}\frac{v^2}{c^2} + \cdots\right) - 1 \right] \approx m_0 c^2 \frac{1}{2}\frac{v^2}{c^2} = \frac{1}{2}m_0 v^2$$

2)相对论能量——质能关系

质点相对论动能定理

$$E_k = mc^2 - m_0 c^2$$

式中,$E = mc^2$ 为物体总能量;$E_0 = m_0 c^2$ 为物体静止能量。特别要指出的称为著名的爱因斯坦质能关系

$$E = mc^2 \tag{4-21}$$

表明质量变换会引起能量的变化,即

$$\Delta E = \Delta mc^2 \tag{4-22}$$

爱因斯坦质能关系说明:物体处于静止状态时,物体也蕴藏着相当可观的静能量;相对论中的质量不仅是惯性的量度,还是总能量的量度;如果一个系统的质量发生变化,能量必有相应的变化;对一个孤立系统而言,总能量守恒,总质量也守恒。

这一公式揭示了物质与能量的联系,一个静止物体的内部也有能量,等于其质量与光速平方的乘积,由于 c^2 是一个很大的数字($c^2 = 9 \times 10^{16} \mathrm{m^2/s^2}$),因此一个很小质量的静止物体可以蕴藏极大的能量。$E = mc^2$ 可能是物理学中最简单的一个公式,然而正是这一公式,为人类利用核能奠定了理论基础,从而开创了一个利用核能的新时代。

人类利用能源的能力十分有限,常见的能量利用是化学反应,如电厂一个小时一台锅炉需要燃烧 60t 煤,假设煤的热值为 $20 \times 10^6 \mathrm{J/kg}$,则燃烧 60t 煤发出的热量为

$$Q = 60000 \times 20 \times 10^6 = 1.2 \times 10^{12} (\mathrm{J})$$

相当于质量亏损为

$$\Delta m = \frac{E}{c^2} = \frac{1.2 \times 10^{12}}{3 \times 3 \times 10^{16}} = 1.3 \times 10^{-5} (\mathrm{kg}) = 0.013 (\mathrm{g})$$

核能与常规能量的比较优势十分明显,先来看一个简单的计算。在热核反应 $_1^2\mathrm{H} + _1^3\mathrm{H} \longrightarrow _2^4\mathrm{He} + _0^1 n$ 过程中,反应式中各核的质量为

$$m_0(_1^2\mathrm{H}) = 3.3437 \times 10^{-27}(\mathrm{kg}), \quad m_0(_1^3\mathrm{H}) = 5.0049 \times 10^{-27}(\mathrm{kg})$$

$$m_0(_2^4\mathrm{He}) = 6.6425 \times 10^{-27}(\mathrm{kg}), \quad m_0(_0^1 n) = 1.6750 \times 10^{-27}(\mathrm{kg})$$

反应前后粒子的静止质量分别为

$$m_{10} = m_0(^2_1\text{H}) + m_0(^3_1\text{H}) = 8.3486 \times 10^{-27} (\text{kg})$$
$$m_{20} = m_0(^4_2\text{He}) + m_0(^1_0n) = 8.3175 \times 10^{-27} (\text{kg})$$

由能量守恒定律可得反应后粒子因质量损失而释放的能量为

$$E_{2k} = (m_{10} - m_{20})c^2 = 2.80 \times 10^{-12} (\text{J}) = 17.5 (\text{MeV})$$

相当于燃烧 60t 煤发出的热量，需要 $1.2 \times 10^{12}\text{J}/2.8 \times 10^{-12}\text{J} = 4.286 \times 10^{23}$ 个这样的反应，需要的 ^2_1H 质量为 $4.286 \times 10^{23} \times 3.3437 \times 10^{-27} = 1.433\text{g}$ 和 ^3_1H 的质量为 $4.286 \times 10^{23} \times 5.0049 \times 10^{-27} = 2.145\text{g}$。

^2_1H 和 ^3_1H 在海水中贮存量非常丰富，所以热核反应是人类能源开发利用的主要途径，现在的主要困难是研制容纳热核反应的容器，如磁约束装置，国际热核聚变实验堆计划就是为此而设的。但人类掌握的能打开核能的技术十分有限，只有原子量非常大（铀）和非常小（氢）的几种元素的核才能打开。

【例题 4-6】 电子静止质量 $m_0 = 9.11 \times 10^{-31} \text{kg}$。试求：（1）用焦耳和电子伏特为单位，表示电子的静止能量。（2）静止电子经过 10^6V 电压加速后，质量和速率为多少？

解：（1）电子的静止能量为

$$E_0 = m_0 c^2 = 8.2 \times 10^{-14} (\text{J})$$
$$= \frac{8.2 \times 10^{-14}}{1.60 \times 10^{-19}} = 0.51 (\text{MeV})$$

（2）电子加压后的质量为

$$m = \frac{E}{c^2} = \frac{E_k + E_0}{c^2} = \frac{eV + m_0 c^2}{c^2} = 2.69 \times 10^{-30} (\text{kg})$$

电子的质量为

$$m = \frac{m_0}{\sqrt{1 - v^2/c^2}}$$

电子的速度为

$$v = \sqrt{1 - \left(\frac{m_0}{m}\right)^2} c = 0.94c$$

4.4.3 动量和能量的关系

对质速关系 $m = \dfrac{m_0}{\sqrt{1-v^2/c^2}}$ 两边平方得

$$m^2\left(1 - \frac{v^2}{c^2}\right) = m_0^2$$

等式两边同时乘 c^4，整理得

$$m^2 c^4 = m^2 v^2 c^2 + m_0^2 c^4$$

将 $E = mc^2$、$p = mv$、$E_0 = m_0 c^2$ 代入上式得到相对论中能量和动量的关系为

$$E^2 = p^2 c^2 + E_0^2 \qquad (4\text{-}23)$$

有两点极限情况做如下说明：

（1）在经典力学中，动能和动量的关系为

$$E_k = \frac{p^2}{2m}$$

与相对论中有较大的区别。

(2) 光子只能以光速运动，即 $v = c$，由

$$m = \frac{m_0}{\sqrt{1 - v^2/c^2}}$$

可知，光子的静止质量只有 $m_0 = 0$，上式是 0/0 型的，才有可能成立，因此静止能量 $E_0 = 0$。可以得到光子的能量、动量和动质量的关系如下：

$$p_\varphi = \frac{E}{c}, \quad m_\varphi = \frac{E}{c^2}$$

4.5 广义相对论简介

4.5.1 黎曼和度规张量

1. 19 世纪最富有创造性的德国数学家黎曼

1826 年 9 月 17 日，黎曼（Riemann）生于德国北部汉诺威的布雷塞伦茨村，父亲是一个乡村的穷苦牧师。他 6 岁开始上学，14 岁进入大学预科学习，19 岁按其父亲的意愿进入哥廷根大学攻读哲学和神学，以便将来继承父志也当一名牧师。

由于从小酷爱数学，黎曼在学习哲学和神学的同时也听些数学课。当时的哥廷根大学是世界数学的中心之一，一些著名的数学家如高斯、韦伯、斯特尔都在校执教。黎曼被这里的数学教学和数学研究的气氛所感染，决定放弃神学，专攻数学。1847 年，黎曼转到柏林大学学习，成为雅可比、狄利克莱、施泰纳、艾森斯坦的学生。1849 年重回哥廷根大学攻读博士学位，成为高斯晚年的学生。1851 年，黎曼获得数学博士学位；1854 年被聘为哥廷根大学的编外讲师；1857 年晋升为副教授；1859 年接替去世的狄利克雷被聘为教授。因长年的贫困和劳累，黎曼在 1862 年婚后不到一个月就患上胸膜炎和肺结核，其后四年的大部分时间在意大利治病疗养。1866 年 7 月 20 日病逝于意大利，终年 39 岁。

黎曼 14 岁时到汉诺威市上中学。由于经济拮据，他总是靠步行奔波于汉诺威市与乡间小村庄之间，当然他没钱去买参考书。幸运的是中学校长及时地发现了他的数学才能，考虑他经济上的困难，校长特许黎曼可以从自己私人藏书室里借阅数学书籍。在校长的推荐下，黎曼借了一部数学家勒让德的《数论》，这是一部共 859 页的 4 大本的名著。黎曼十分珍惜这种读书机会，他如饥似渴地自学起来，6 天之后，黎曼便学完并归还了这本书。校长问他："你读了多少？"黎曼说："这是一本了不起的书，我已经掌握了它。"校长就这本书的内容考他。黎曼对答如流，并且回答得很全面。

1854 年 6 月 10 日，黎曼以"论作为几何学基础的假设"论文做了就职演讲。高斯听完之后大为惊异，"他怀着罕有的激动心情跟人谈论黎曼的演讲内容"。黎曼的这篇论文被人们认为是 19 世纪数学史上的杰作之一。30 年后，"神秘的第四维"影响着欧洲的艺术、哲学和文学；60 年后，爱因斯坦用黎曼几何创造了广义相对论；130 年后，物理学家试图用黎曼十维空间来统一物理学规律。

2. 黎曼度规张量

黎曼将曲面本身看成一个独立的几何实体，而不是把它仅仅看作欧几里得空间中的一个几何实体。他首先发展了空间的概念，提出了几何学研究的对象应是一种多重广义量，空间中的点可用 n 个实数（x_1, x_2, $\cdots$, x_n）作为坐标来描述。这是现代 n 维微分流形的原始形式，为用抽象空间描述自然现象奠定了基础。这种空间上的几何学基于无限邻近两点（x_1, x_2, $\cdots$, x_n）与（$x_1+\mathrm{d}x_1$, $x_2+\mathrm{d}x_2$, $\cdots$, $x_n+\mathrm{d}x_n$）之间的距离 $\mathrm{d}s$，它由度规张量 g_{ij} 决定。例如，在四维空间，需要一组 10 个数，既矩阵

$$g_{ij} = \begin{pmatrix} g_{11} & g_{12} & g_{13} & g_{14} \\ g_{21} & g_{22} & g_{23} & g_{24} \\ g_{31} & g_{32} & g_{33} & g_{34} \\ g_{41} & g_{42} & g_{43} & g_{44} \end{pmatrix}$$

来表示（这是个对称矩阵，独立变量是 10 个）：$\mathrm{d}s^2 = \sum_{i,j=1}^{4} g_{ij}\mathrm{d}x_i\mathrm{d}x_j$。$g_{ij}$ 是由函数构成的正定对称矩阵，这便是黎曼度量，赋予黎曼度量的微分流形，就是黎曼流形。

黎曼认识到度量只是加到流形上的一种结构，并且在同一流形上可以有许多不同的度量。在黎曼之前的数学家仅知道三维欧几里得空间中的曲面 S 上存在诱导度量，即第一基本形式，而并未认识到 S 还可以有独立于三维欧几里得几何赋予的度量结构。黎曼意识到区分诱导度量和独立的黎曼度量的重要性，从而摆脱了经典微分几何曲面论中局限于诱导度量的束缚，创立了黎曼几何学，为近代数学和物理学的发展作出了杰出贡献。

例如，在欧几里得几何中的毕达哥拉斯定理，二维 $A^2+B^2=C^2$，三维 $A^2+B^2+C^2=D^2$，可以推广到 N 维和任意弯曲空间。又如，正曲率曲面内，三角形内角之和大于 $180°$，不存在相互平行的直线（测地线）；负曲率曲面：三角形内角之和小于 $180°$，过直线外一点可以做无穷多条平行线，如图 4-14 所示。

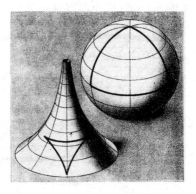

图 4-14

4.5.2 广义相对论主要内容

1. 等效原理：爱因斯坦认为是一生中最得意的思想

"我正坐在伯尔尼专利局的办公椅上时，一个思想突然出现在我脑中。这个思想是：'如果一个人自由下落，那么他将不会感觉到自己的重量。'我被吓了一跳。这个简单的思想给了我很深刻的印象。它激励我朝引力理论去发展"。这个思想就是等效原理：加速度参考系中的自然定律与引力场中的自然定律完全等效。

"爱因斯坦升降机"是指设想的远离任何物质体系的空间区域里做匀加速直线运动的升降机；也可置其引力场中自由下落。对于前者，升降机中的物体不受引力场的作用，也处于失重的状态。

2. 引力质量与惯性质量等效原理

爱因斯坦从最基本的经验事实出发考虑引力问题。地面物体受到地球的引力，正比于引力质量；因地球转动而产生的惯性离心力正比于惯性质量。法国物理学家厄缶通过精巧的扭秤实验证明，不同物体在精度范围内的引力质量 m_G 与惯性质量 m_I 是相等的。

既然 $m_G=m_I$，爱因斯坦认为，应当在理论物理的原理中找到它自身的反应，因为只有当这种数值上的相等归结为两个概念的真正本质上的等同之后，科学才能有充分的理由来规定这种数值上的相等。

仍以地面上随地球转动的物体为例，爱因斯坦分析引力质量 m_G 与惯性质量 m_I 二者性质相同的理由："如果我把作用在一切对地球相对静止的物体的离心力设想为一种'实在的'引力场，我岂不是可以把地球看作不再转动的吗？如果这个观念能够行得通，那么我们就能真正地证明引力和惯性力的同一性。因为这一性质从不参与转动的体系来看是惯性；而从参与转动的体系来看，却可解释为引力。"

3. 弯曲时空概念

在引力场中物体运动轨道的弯曲并不是由力的作用引起的，而是空间特殊性质的结果。"力"能用纯几何学来解释。正如床单上的大小球运动，在重物附近（图 4-15），光并不按欧几里得的"直线"传播，包括光束在内的一切物体（没有外力时）都是按曲线轨道运动（图 4-16）。因此，可以认为空间本身是弯曲的。

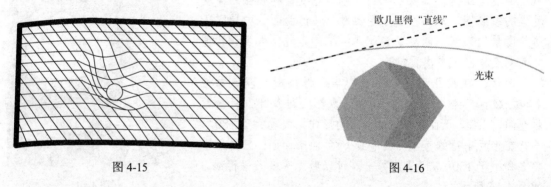

图 4-15   图 4-16

摆在我们面前的是两种选择：要么认为物体附近的空间是欧几里得的，但任何物体都不按直线运动；要么认为空间本身具有一定的曲率。爱因斯坦选择了后者。爱因斯坦假设等效原理不仅适用于力学，而且也适用于所有物理学规律。

4. 引力场理论

爱因斯坦的最主要思想是：质能与时空弯曲等价。在格鲁斯曼（Grossman）的帮助下，黎曼的伟大工作，几乎逐字逐句地在爱因斯坦的原理中找到了归宿，这是"有史以来最优美的理论"。

广义相对论的内容是相对于狭义相对论而言的。广义相对论是爱因斯坦继狭义相对论之后，深入研究的引力理论，这一理论完全不同于牛顿的引力论，它把引力场归结为物体周围的时空弯曲，把物体受引力作用而运动归结为物体在弯曲时空中沿短程线的自由运动。因此，广义相对论又称时空几何动力学，即把引力归结为时空的几何特性。

如何理解广义相对论的时空弯曲呢？这里借用一个模型式的比拟来加以说明。假如有两个质量很大的钢球，按牛顿的看法，它们因万有引力相互吸引，将彼此接近。爱因斯坦的广义相对论并不认为这两个钢球间存在吸引力。它们之所以相互靠近，是由于没有钢球出现时，周围的时空犹如一张拉平的网，现在两个钢球把这张时空网压弯了，于是两个钢球就沿着弯曲的网滚到一起。这就相当于因时空弯曲物体沿短程线的运动。所以，爱因斯坦的广义相对论是不存在"引力"的引力理论。

进一步说，这个理论是建立在等效原理及广义协变原理这两个基本假设之上的。等效原理是从物体的惯性质量与引力质量相等这个基本事实出发，认为引力与加速系中的惯性力等效，两者原则上是无法区分的；广义协变原理，可以认为是等效原理的一种数学表示，即认为反映物理规律的一切微分方程应当在所有参考系中保持形式不变，也可以说认为一切参考系是平等的，从而打破了狭义相对论中惯性参考系的特殊地位，由于参考系选择的任意性而得名为广义相对论。

我们知道，牛顿的万有引力定律认为，一切有质量的物体均相互吸引，这是一种静态的超距作用。在广义相对论中物质产生引力场的规律由爱因斯坦场方程表示，它所反映的引力作用是动态的，以光速来传递的。广义相对论是比牛顿引力论更一般的理论，牛顿引力论只是广义相对论的弱场近似，弱场是指物体在引力场中的引力能远小于固有能。在强引力场中，才显示出两者的差别，这时必须应用广义相对论才能正确处理引力问题。

爱因斯坦一直把广义相对论看作自己一生中最重要的科学成果，他说："要是我没有发现狭义相对论，也会有别人发现的，问题已经成熟。但是我认为，广义相对论不一样。"确实，广义相对论比狭义相对论包含了更加深刻的思想，这一全新的引力理论至今仍是一个最美好的引力理论。没有大胆的革新精神和不屈不挠的毅力，没有敏锐的理论直觉能力和坚实的数学基础，是不可能建立起广义相对论的。伟大的科学家汤姆逊曾经把广义相对论称为人类历史上最伟大的成就之一。

4.5.3 广义相对论的实验验证

广义相对论在1915年建立后，爱因斯坦就提出了可以从三个方面来检验其正确性，即所谓三大实验验证。这就是光线在太阳附近的偏折、水星近日点的进动及光谱线在引力场中的频移，这些不久即为当时的实验观测所证实。之后又有人设计了雷达回波时间延迟实验，很快在更高精度上证实了广义相对论。20世纪60年代天文学上的一系列新发现：3K微波背景辐射、脉冲星、类星体、X射电源等新的天体物理观测都有力地支持了广义相对论，从而使人们对广义相对论的兴趣由冷转热。特别是应用广义相对论来研究天体物理和宇宙学，已成为物理学中的一个热门前沿。

1. 光束弯曲

当光束通过引力场时，根据等效原理，它的轨道应当弯曲。例如，星光经过太阳边缘时，我们能够观察到光束的"位移"，这种位移只有在日食时才可能发现，如图4-17所示。英国物理学家爱丁顿（Eddington）在"一战"结束后，说动了英国政府资助他在1919年5月29日发生日全食时进行检验光线弯曲的观测。

两支观测远征队，一队到达巴西北部的索布拉尔（Sobral）；另

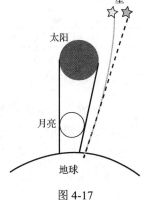

图 4-17

一队到达非洲几内亚海湾的普林西比岛（Principe）。爱丁顿参加了后一队，但他的运气比较差，日全食发生时普林西比的气象条件不是很好。

1919 年 11 月，两支观测队的结果被归算出来：索布拉尔观测队的结果是 1.98″±0.12″，普林西比队的结果是 1.61″±0.30″。1919 年 11 月 6 日，英国人宣布光线按照爱因斯坦所预言的方式发生偏折。后来又进行了多次日食期间对光线弯曲的光学实验（表 4-2）和太阳对无线电波偏折的射电实验（表 4-3）。

表 4-2　多次日食期间对光线弯曲的光学实验观测结果

日期	地点	结果及误差
1919 年 5 月 29 日	松博尔（Sobral）	1.98″±0.16″
	普林斯（Principe）	1.61″±0.40″
1922 年 9 月 21 日	澳大利亚（Australia）	1.77″±0.40″
		1.42″—2.16″
		1.72″±0.15″
		1.82″±0.20″
1929 年 5 月 9 日	苏门达腊（Sumatra）	2.24″±0.10″
1936 年 6 月 19 日	苏联（USSR）	2.73″±0.31″
	日本（Japan）	1.28″—2.13″
1947 年 5 月 20 日	巴西（Brazil）	2.01″±0.27″
1952 年 2 月 25 日	苏丹（Sudan）	1.70″±0.10″
1973 年 6 月 30 日	毛里塔尼亚（Mauritania）	1.66″±0.18″

表 4-3　太阳对无线电波偏折的射电实验观测结果

年份	地点	结果及误差
1970	欧文斯山谷（Owens Valley）	1.01″±0.11″
1970	戈德斯通（Goldstone）	1.04″±0.15″
1971	美国（American）	0.90″±0.05″
1971	英国穆拉德射电天文台（Mullard RAO）	1.07″±0.17″
1973	剑桥（Cambridge）	1.04″±0.08″
1974	韦斯特博克（Westerbork）	0.96″±0.05″
1974	悉尼市海斯特拉克（Haystack/National）	0.99″±0.03″
1975	美国国家射电天文台（National RAO）	1.015″±0.011″
1975	韦斯特博克（Westerbork）	1.04″±0.03″
1976	美国国家射电天文（National RAO）	1.007″±0.009″
1984	甚长基线干涉仪（VBLI）	1.004″±0.002″
1991	甚长基线干涉仪（VBLI）	1.0001″±0.0001″

2. 引力红移

时钟的走速与它所在位置的引力场场强大小有关。从广义相对论观点来说，这一点可用来解释双胞胎的悖论。可以认为，当宇宙飞船减速和转弯的时候，在飞船中双胞胎兄弟中的一个将经受引力场的作用，而留在地球上的兄弟却没有这种作用，这就造成了两兄弟间的差别。

原子或光子的振动可以看作最简单的时钟。光子振动频率的变动使光束的颜色向光谱的红色端偏移，因此把它称为引力红移。对相对论的另一次著名检验发生在 1976 年 6 月 18 日。NASA 的"引力探测 A"卫星发射升空，进入 10000km 高的轨道，携带一台超精密的原子钟在大西洋上空飞行了 116min。与此同时，另一台一模一样、经过校准的原子钟在地面上运行。如相对论预测的那样，卫星携带的原子钟由于处于较弱引力场中，运行速率与地面的原子钟存在差异。也就是说，引力影响了时间的快慢，这就是引力红移效应。

3. 水星近日点的进动

行星实际上并不按椭圆运动，因为邻近天体的影响对行星的运动产生摄动。水星特别明显地表现在所谓近日点的进动上。按照开普勒的理论，行星每年都应通过同一个近日点。但由观察得知，这个轨道点的位置相对于不动的恒星每一百年约变化 1°33′20″。如果把所有看得见的已知行星的影响都考虑在内，则得到的水星近日点进动的数值为每一百年约 1°32′37″。牛顿万有引力定律预言的结果与天文观察的结果每一百年相差 43″，产生的原因未能获得解释。起初曾把这个现象归结于另一行星的影响，并预先把它命名为火神星，但是一直没有发现这颗行星。

广义相对论可以导出牛顿万有引力定律所涉及的其他行星的一切结论，而且能给出水星近日点进行每百年所缺少的 43″。

4. 引力探测器 B

引力探测器 B 是美国国家航空航天局执行的一项借助陀螺仪的相对论验证性实验。这项实验的主要研究人员是斯坦福大学的物理学家，主要由洛克希德·马丁公司承包完成。之所以命名为引力探测器 B，是因为它被看作第二个在空间中进行的引力实验，这是相对于 1976 年发射的引力探测器 A 而言的。

引力探测器 B 原本计划于 2004 年 4 月 19 日在范登堡空军基地借助德尔塔-2 运载火箭发射，但是由于位于高空大气层的风的变化，过程被迫顺延至发射窗口的 5min 后。这项任务的不寻常之处在于，由于对运行轨道的高精度要求，发射窗只能维持 1s。因此它的成功发射时间是太平洋时间 4 月 20 日 9 点 57 分 23 秒（国际标准时间 16 点 57 分 23 秒），卫星在经过南极点并经过短暂的二级燃烧后于 11 点 12 分 33 秒（国际标准时间 18 点 12 分 33 秒）进入轨道。

如图 4-18 所示，引力探测器 B 的任务是通过测量一颗高度为 642km 的极轨道人造卫星上 4 个陀螺仪的自旋方向的改变来验证广义相对论的两种效应：测地线效应和参考系拖拽。这两种效应在此之前还未曾被精确测量过，至少从没有达到过这次引力探测器 B 所预计将达到的精确量级。

这些陀螺仪远离一切可能的扰动，从而提供了一个近于完美的时空参考系。通过对这些陀螺仪自旋方向的测量，可以了解时空在地球的存在下是如何发生弯曲的，以及更进一步地测量地球的自转是如何"拖拽"周围的时空随之一起运动的。按照广义相对论，卫星在地球周围的弯曲时空中沿测地线运动，而载于其上的陀螺仪自转轴沿测地线做平行输运。卫星绕地球一周后陀螺仪自转轴的指向会有微小改变，这就是测地线效应，它在任何弯曲时空中都存在。地球的自转会进一步影响时空结构，从而对陀螺仪指向造成附加影响。这种效应叫作兰斯-蒂林效应，是参考系拖拽的一种；它有时也被称作引力磁性，因为定性来说它与电磁感应有类似之处。

图 4-18

在地球附近，测地线效应是参考系拖拽效应的 170 倍，广义相对论预言由于自旋-轨道耦合和时空曲率而产生的轨道平面上的测地线效应总会造成陀螺仪每年进动 6.606 角秒，因此它是一个相当可观的广义相对论效应。截至 2011 年，美国国家宇航局报告的测地线效应与理论的吻合精度在 0.07% 左右，参考系拖拽效应由于比较微弱，受到干扰较多，其精度为 5% 左右。

5. 引力波

引力波是时空曲率的变化以波动形式的传播，其速度为光速。广义相对论预言加速运动的物体会辐射引力波，同时损失能量。但是一般天体辐射的引力波极其微弱而无法探测，只有一些极端天体才能辐射较强的引力波。1974 年胡尔斯（Hulse）和泰勒（Taylor）利用射电望远镜发现了一个脉冲双星系统，其中一颗是普通中子星，另一颗是脉冲星，它辐射的电磁波周期性地扫过地球从而被探测到。这两颗星以极高的速度相互绕转，同时自身在高速自转，因此它们辐射的引力波功率较强，这导致它们的轨道周期会有比较明显的变化。经过长达三十年的观测，最终得到的轨道周期变化率与理论值的符合精度在千分之一左右。

但是通过测量中子星周期变化只是给出了引力波存在的间接证据，人类仍然希望能够直接观察到引力波。为了实现这一目标，加州理工学院和麻省理工学院联合建造了人类历史上最精密的长度测量仪器——激光干涉引力波观测站（LIGO，图 4-19）。LIGO 的基本框架是一台迈克耳孙干涉仪，当引力波扫过干涉仪时，它的臂长发生变化从而导致干涉条纹的移动。升级后的 LIGO 达到了匪夷所思的测量精度 $\sim 10^{-21}$，足以在 4 光年的距离上分辨出一根头发丝粗细的长度变化。凭借这台仪器，人类终于在 2015 年 9 月 14 日探测到了首个引力波信号，它来自遥远宇宙中两个黑洞的碰撞。这两颗黑洞的质量分别约为太阳的 35 倍和 30 倍，碰撞后融合成一颗黑洞，质量约为太阳的 62 倍，也就是说有相当于 3 倍太阳质量的能量以引力波的形式辐射出去。几个月后 LIGO 探测到了第二次引力波信号，时至今日已经有很多次引力波观测记录，彻底证实了广义相对论的预言。

4.6 重难点分析与解题指导

重难点分析

本章的重难点在于洛伦兹变换的物理意义，尺缩钟慢的适用条件，以及相对论质量、质能关系。洛伦兹变换是最一般的关系式，从它出发可以推出时间间隔和空间距离的变换，对于两事件同时不同地和同地不同时的情况，给出尺缩钟慢效应。另外，在相对论中质量随速度增加，这导致相对论动能与经典力学不同。

解题指导

（1）使用尺缩钟慢公式计算不同惯性系中的时间间隔和空间距离。
（2）对于不同时不同地的事件，根据洛伦兹变换计算事件间隔。
（3）使用相对论质量和质能关系计算粒子速度。
（4）使用质能关系计算核反应释放的能量。

【例题 4-7】 远方的一颗星体，以 $0.8c$ 的速度离开地球，接收星体辐射的闪光周期为 5 昼夜。求在星体上测得的闪光周期。

解： 如图 4-19 所示，建立两个惯性参考系，地球惯性参考系 S 和星体惯性参考系 S'。S 系中信号 1 和信号 2 发射与接收的时间关系如下：

$$t_{1接收} = t_{1发射} + \frac{\Delta l}{c}, \quad t_{2接收} = t_{2发射} + \frac{\Delta l + v\Delta t_{发射}}{c}$$

$$\Delta t_{发射} = t_{2发射} - t_{1发射}$$

$$\Delta t_{接收} = t_{2接收} - t_{1接收} = \left(1 + \frac{v}{c}\right)\Delta t_{发射}$$

根据洛伦兹变换，S 系中两个信号发射的时间差与 S' 系中的时间差有如下关系：

$$\Delta t_{发射} = \frac{\Delta t'_{发射}}{\sqrt{1 - v^2/c^2}} = \frac{5}{3}\Delta t'_{发射}$$

因此，有

$$\Delta t_{接收} = \left(1 + \frac{v}{c}\right) \cdot \frac{5}{3}\Delta t'_{发射} = 3\Delta t'_{发射}$$

将 $\Delta t_{接收} = 5$ 代入上式得

$$\Delta t'_{发射} = \frac{5}{3} \text{昼夜}$$

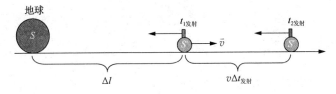

图 4-19

【例题 4-8】 电子静止质量为 8.2×10^{-14} J。试求：(1) 用电子伏特为单位，表示电子的静止能量。(2) 静止电子经过 10^6 V 电压加速后，质量和速率为多少？

解： (1) 电子的静止能量为

$$E_0 = m_0 c^2 = 8.2\times10^{-14}\text{J} = 0.51(\text{MeV})$$

(2) 加速后的电子能量 $E = eV + m_0 c^2$。由质能关系得电子质量为

$$m = \frac{E}{c^2} = \frac{eV + m_0 c^2}{c^2} = 2.69\times10^{-30}(\text{kg})$$

电子速率为

$$v = \sqrt{1-\left(\frac{m_0}{m}\right)^2}\,c = 0.94c$$

第二篇

电磁学

第5章 真空中的静电场

本章首先讨论真空中相对观察者静止的电荷之间的相互作用，以及它们周围存在的静电场的性质。从电荷受力和电场力做功的角度出发，引入描写电场特性的两个重要的物理量——电场强度和电势。通过电场强度对场内任一闭合曲面的电通量及电场强度沿场内任一闭合曲线的积分值，给出静电场的两个基本定理——高斯定理和安培环路定理，并讨论电场强度和电势两者之间的积分关系和微分关系。

5.1 电荷 库仑定律

5.1.1 电荷

用丝绸摩擦过的玻璃棒或者毛皮摩擦过的橡胶棒都能够吸引碎纸屑等轻小的物体，这表明玻璃棒和橡胶棒经过摩擦后进入一种特别的状态，将其称为带电荷的状态。电荷是微观粒子的一种基本属性。物体能产生电磁现象归因于物体带上了电荷以及这些电荷的运动。通过对电荷的各种相互作用和效应的研究，人们认识到电荷的基本性质有以下几个方面。

1. 电荷的种类

电荷有两种，美国科学家富兰克林（B. J. Franklin）将其命名为正电荷与负电荷。电荷的多少用电量来度量。构成原子的三种基本粒子是电子、质子和中子，中子不带电，电子带负电荷，质子带正电荷，二者的电量都是 $e=1.62\times10^{-19}$ C，其中 C 为电量的国际制单位，称为库仑。实验表明，电荷之间具有相互作用，同种电荷间相互排斥，异种电荷间相互吸引，这种作用力称为电性力，相对静止电荷之间的相互作用力也称为静电力。同种电荷间存在斥力的现象可以用来制作验电器，它是检验物体是否带电以及带电性质的简单仪器。

2. 电荷量子化

近代物理从理论上预言，强子（中子和质子等）是由若干种夸克或反夸克组成的，每个夸克带有 $\pm 1/3e$ 或 $\pm 2/3e$ 的电量。迄今为止，尚未发现单独存在的自由夸克。精确的实验表明，自然界中任何物体所带的电量都是 e 的整数倍，即电量是不连续的。电荷的这一特性称为电荷的量子化。即使存在比 e 小的电荷，根据理论，电荷仍然是量子化的，只是基本电荷的电量有所变化。量子化是微观世界的一个基本概念，在微观世界中，能量、角动量等也是量子化的。由于电量 e 非常小，通常问题中涉及的带电粒子的数目又非常巨大，以致在宏观现象中，电荷的量子性就表现不出来了，所以在讨论带电体时，通常认为电荷是连续分布的。

有关"电子电荷测量"的历史

1907—1913 年：在芝加哥大学任教的密立根（R. A. Millikan，1923 年获诺贝尔物理学奖）开始测定电子的电荷。他一开始用的是水滴，实验结果很不稳定，并得出带电体的电荷是"±e"的整数倍的结论。

1913年：博士生哈维·弗雷彻（Harvey Fletcher）用油滴代替水滴，并改进了实验设备，得出较水滴稳定得多的结果。

1914年：中国学者李耀邦（1884—1940）利用紫胶替代油滴，测得较油滴更为精确的结果，并完成《以密立根方法利用固体球测定 e 值》的博士论文。

随着实验仪器的不断更新，基本电荷 e 的测量也越来越精确。表 5-1 所示为国际数据委员会（CODATA）自 1973 年以来的基本电荷 e 测量进展，相对不确定度由 10^{-6} 减小到 10^{-9} 量级。

表 5-1　基本电荷 e 测量进展一览表

发表年份	测定者	$e \times 10^{-19}$ C	相对不确定度
1973	CODATA	1.6021892（46）	2.9×10^{-6}
1986	CODATA	1.60217733（49）	3.0×10^{-7}
2002	CODATA	1.60217653（14）	8.5×10^{-8}
2006	CODATA	1.602176487（40）	2.5×10^{-8}
2010	CODATA	1.602176565（35）	2.2×10^{-8}
2014	CODATA	1.6021766208（98）	6.1×10^{-9}

讨论：

（1）液滴、油滴、尘埃、小球等都可以看成是带电粒子，请问在油滴实验中是否需要考虑带电粒子的重力？

（2）带有 N 个电子的一个油滴，其质量为 m，电子的电量为 e，在重力场中由静止开始下落（重力加速度为 g），下落中穿越一个均匀电场区域，欲使油滴在该区域中匀速下落，则电场的方向和大小分别为多少？

（3）什么是电荷的量子化？并解释为何在日常生活中观测不到？

（4）李耀邦是中国近代物理学史上最早出国学习物理学并获得哲学博士学位者之一。他测定了固体粒子带电电荷的绝对值，对测定并证实基本电荷作出了自己的贡献。请谈一下你的看法。

科学家小故事

赵忠尧

赵忠尧，著名原子核物理学家，1925 年毕业于东南大学，1927 年赴美国加州理工学院学习，师从诺贝尔奖获得者密立根。安德逊从赵忠尧的发现中得到了启发，发现了正电子。1930 年，赵忠尧获得哲学博士学位后回国，先后在清华大学、云南大学、西南联合大学、中央大学任教。1946 年赴美参观原子弹试验后，留美购置核物理实验设备和其他科研器材。1950 年回国，在中国科学院近代物理所工作。1958 年参与中国科技大学筹建工作，并主持创办国内第一个近代物理系，任系主任。1973 年，任中国科学院高能物理研究所副所长。在美留学期间做出了硬 γ 射线通过重元素时的反常吸收和特殊辐射的重要发现，被誉为发现正电子的先驱。曾主持建成我国第一、二台质子静电加速器，为开创中国原子核科学技术事业作出了重要的贡献。赵忠尧与他的同事培养了诺贝尔奖获得者李政道、杨振宁，"两弹一星"功臣朱光亚、邓稼先，国家最高科学技术奖得奖者刘东生、吴征镒、黄昆、叶笃正等人才。中国第一枚原子弹诞生、第一枚氢弹爆炸、第一艘核潜艇下水、第一台高能量正负电子对撞机问世、第一个核电站动土兴建，有近一半的技术力量来自赵忠尧和他的学生们。赵忠尧是我国原子核物理、中子物理、加速器和宇宙线研究的先驱者和奠基人之一。

3. 电荷守恒定律

在已经发现的一切宏观过程和微观过程中，孤立系统的总电量保持不变。这一实验规律称为电荷守恒定律。电荷守恒定律是物理学中的基本定律之一。对宏观过程和微观过程均能适用。在宏观带电体中的起电、中和、静电感应和电极化等现象，其系统所带电荷量的代数和保持不变，电荷守恒定律是成立的。在微观粒子的反应过程中，反应前后的电荷总数是守恒的，这一点得到了精确的验证。例如，重核的裂变过程中 $^{238}_{92}\text{U} \longrightarrow {}^{234}_{90}\text{Th} + {}^{4}_{2}\text{He}$；重核裂变前后，电荷的代数和不变。又如，$\gamma$ 光子与重核的碰撞可转化为电子偶（一个正电子和一个负电子），其反应可表示为 $\gamma \longrightarrow \text{e}^+ + \text{e}^-$；光子的电荷量为零，电子偶的电荷量的代数和也为零。

4. 电荷的相对论不变性

实验证明，电荷的电量与带电体的运动速率无关。例如，电子（或质子）被加速时，随着速度的变化，其质量变化比较明显，而电量却没有任何变化。即电量不因坐标系间的变换而改变，与参考系无关，说明电荷具有相对论不变性。

在实际问题中，对所讨论的问题，在所要求的精度范围内，带电体的本身线度比它到其他带电体间的距离小得多时，带电体的大小和形状可忽略不计。在这种条件下，带电体被看作一个点电荷。点电荷是一个如同质点一样的物理模型，实际上是不存在的。

5.1.2 库仑定律

1. 真空中的库仑定律

在发现电现象 2000 多年之后，人们才开始对电现象进行定量的研究。实验中遇到了三大难题：

（1）静电力作用很微弱，没有测量工具。（解决办法：杠杆原理，扭力定律。）

（2）电量单位还没给出，也不清楚带电体上的电荷分布。（解决办法：从悬丝扭转的角度来判断，对称性原理，电量均分。）

（3）相互作用电荷之间的距离很难确定。（解决办法：通过扭秤外壳上的刻度线标出的圆心角读出。）

1785 年，法国物理学家库仑（C. A. de Coulomb）从扭秤实验中发现：真空中两个静止点电荷之间的相互作用力的大小，与两个点电荷电量乘积成正比，与它们之间距离的平方成反比；作用力的方向沿两个电荷的连线，同号电荷相斥、异号电荷相吸。这一规律称为库仑定律。它是电磁学历史上第一个定量的实验定律，也是电磁学的基础之一，还可以说是万有引力定律在电学和磁学中的"推论"。

库仑扭秤实验（图 5-1）中，在银质悬丝下端挂一绝缘横杆，杆的一端有一带电金属小球 A，另一端有一平衡小球 B。靠近 A 球处，有另一带电金属小球 C 固定在绝缘竖直杆上。令 A、C 小球带同性电荷，A 会因 C 的斥力而转开，直至悬丝的扭力矩与 A 所受静电力矩平衡为止。此时 A、C 距离为 r，然后沿相反方向转动秤头使悬丝扭角增大，悬丝扭力矩增大，球 A 会重新向 C 靠近。当 A、C 间的距离稳定在 $r/2$ 时，通过秤头的转角便可推出悬丝此时的扭角。库仑发现两球相距 $r/2$ 时的扭

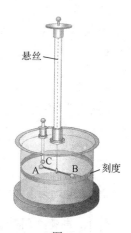

图 5-1

角相当于两球相聚为 r 时扭角的 4 倍。因为扭力矩与扭角成正比,且两球电荷无变化,由此可知静电力与距离的平方成反比。

如图 5-2(a)所示,点电荷 q_1 作用在点电荷 q_2 上的作用力表示为

$$\vec{F}_{21} = \frac{1}{4\pi\varepsilon_0}\frac{q_1 q_2}{r^2}\vec{r}_{21}^{\,0} = -\vec{F}_{12} \tag{5-1}$$

式中,r 为 q_1 和 q_2 之间的距离;$\vec{r}_{21}^{\,0}$ 为由 q_1 到 q_2 方向的单位矢量;$\vec{F}_{12}$ 是 q_2 作用在 q_1 上的力,它与 $\vec{F}_{21}$ 大小相等、方向相反;ε_0 为真空中的介电常数或真空电容率,一般取 $\varepsilon_0 = 8.85 \times 10^{-12}\,\text{C}^2/(\text{N}\cdot\text{m}^{-2})$。

实验表明,距离在 $10^{-17} \sim 10^7\,\text{m}$ 范围内库仑定律都是精确成立的。库仑定律与万有引力定律都遵循平方反比规律,因此二者相关的一些物理规律在数学表达形式上是相似的,区别在于前者表现为吸力和斥力,后者只是引力。后来,英国卡文迪许实验室设计了扭秤实验,测量了万有引力的大小。

2. 静电力的叠加原理

库仑定律只描述了两个静止的点电荷间的作用力,当空间存在多个点电荷时作用于每一个电荷上的总静电力如何描述?大量实验表明,多个点电荷对一个点电荷的作用力等于各个点电荷单独存在时对该电荷的作用力的矢量和。这一结论称为静电力叠加原理。

如图 5-2(b)所示,n 个点电荷对 q_0 总的电场力为

$$\vec{F} = \sum_{i=1}^{n}\vec{F}_{0i} = \sum_{i=1}^{n}\frac{1}{4\pi\varepsilon_0}\frac{q_0 q_i}{r_i^2}\vec{r}_{0i}^{\,0} \tag{5-2}$$

式中,$\vec{F}_{0i}$ 为第 i 个点电荷对 q_0 的作用力;r_i 为 q_0 和 q_i 之间的距离;$\vec{r}_{0i}^{\,0}$ 为由 q_i 到 q_0 方向的单位矢量。只要给定电荷分布,原则上用库仑定律和电力叠加原理可以解决全部静电学的问题。

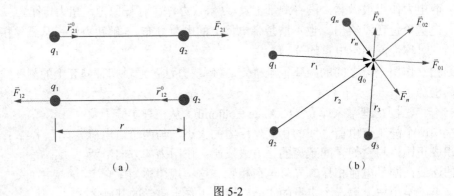

图 5-2

5.2 电场 电场强度

5.2.1 电场强度

1. 电荷之间静电力作用

库仑定律给出了两个静止点电荷之间相互作用的定量关系,但是这个作用究竟是通过什

么机制来传递的呢？关于这个问题，历史上曾经有两种对立的学说，一种认为一个电荷对另一个电荷的作用是不需要通过中间介质而直接作用的，也不需要时间传递，即所谓"超距作用"学说；另一种则认为电荷之间的作用是要通过中间介质的，作用力的传递也是需要一定的时间的。

近代物理学证明后者是正确的。实验表明，任何带电体周围空间都存在着一种"特殊"的物质，这种物质称为电场。电荷与电荷之间通过电场发生相互作用。当电荷发生变化时，其周围的电场也随之而变化。这个变化的电场以光速在空间传播，电荷之间的相互作用力也是以光速传递的。

2. 静电场的宏观表现

电场的概念初看起来很抽象，但是可以通过电场对电荷的作用来认识电场。放在电场中的电荷受到电场的作用力；电荷在电场中运动时，电场力对电荷做功。这两类电场的宏观物理事实表明电场是物质的。因此，可以从力和能量的角度来研究电场的性质和规律，并相应地引入电场强度和电势两个重要的物理量。

通过测量一个静止在电场中不同地点试验电荷 q_0 所受的作用力，可以定量地描述电场。为了逐点地描述电场，要求电荷 q_0 的线度要足够小，可以看作点电荷；还要求电荷 q_0 的电量要足够小，不致改变产生原来电场的电荷分布。

实验发现：①将试验电荷 q_0 放在场源电荷 Q 所激发电场中的不同场点 a、b、c 等处（图 5-3），其受力的大小和方向不同；②将试验电荷 q_0 放入给定的 a 点，q_0 的电量增大为 nq_0 时，所受到的电场力也增大 n 倍，力的方向不变；若 q_0 为等量异号的负电荷，所受力的大小不变，但方向相反，即试验电荷所受的作用力与其电量的比值为 $\vec{F}/q_0$，与试验电荷无关，与 q_0 所在场点位置有关。因此，可以用 $\vec{F}/q_0$ 来描述电场的性质，把这一矢量定义为在给定点的电场强度，简称场强，用 $\vec{E}$ 表示，即

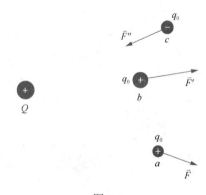

图 5-3

$$\vec{E} = \frac{\vec{F}}{q_0} \quad (5\text{-}3)$$

式（5-3）表明，电场中某点场强的大小等于静止于该点的单位正电荷所受的作用力，其方向与正电荷在该点受力的方向相同。场强的单位是 N/C。

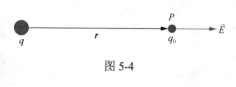

图 5-4

实验表明，电场中每一点都有确定的场强，场强是空间位置坐标的矢量函数。研究电场，着眼点应是场强与空间坐标的函数关系，即场强的空间分布规律。例如，在点电荷 q 产生的电场（图 5-4）中，根据库仑定律，q_0 受到 q 的电场力为

$$\vec{F} = \frac{1}{4\pi\varepsilon_0} \frac{qq_0}{r^2} \vec{r}^0$$

由场强的定义式（5-3）可知，静止点电荷 q 在 P 点的场强为

$$\vec{E} = \frac{1}{4\pi\varepsilon_0} \frac{q}{r^2} \vec{r}^0 \quad (5\text{-}4)$$

式中，r 为场点与点电荷 q 之间的距离；$\vec{r}^0$ 为由 q 到场点方向的单位矢量。式（5-4）表明，$\vec{E}$ 是 $\vec{r}$ 的矢量函数，静止点电荷 q 的场强分布是以电荷为中心的球形对称分布，场强的大小与电量 q 成正比，与场点到电荷之间的距离的平方成反比；方向沿半径向外（$q>0$）或向内（$q<0$），与试验电荷 q_0 无关。

5.2.2 场强叠加原理

由于库仑力满足叠加原理，而静止电荷的场强就是单位正电荷所受的库仑力，因此多个静止电荷在 P 点的合场强等于各个电荷单独存在时在 P 点的场强的矢量和。这一规律称为场强叠加原理。设有 n 个点电荷系 $\vec{E}$，其中第 i 个电荷 q_i 单独存在时在 P 点的场强为 $\vec{E}_i$，则它们在 P 点的合场强为

$$\vec{E} = \vec{E}_1 + \vec{E}_2 + \cdots + \vec{E}_n = \sum_{i=1}^{n} \vec{E}_i \tag{5-5}$$

应该说明的是，场强叠加原理不仅适用于静电场，也适用于其他各类电场。

5.2.3 场强计算

对于任意带电体，原则上可以根据点电荷的场强公式和场强叠加原理求解空间各点的电场。

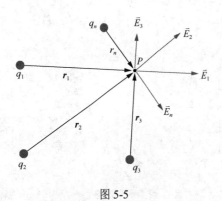

图 5-5

1. 点电荷系的电场

如图 5-5 所示，对于 n 个点电荷构成的电荷系，由式（5-4）可知第 i 个点电荷在空间一点 P 的场强为

$$\vec{E}_i = \frac{1}{4\pi\varepsilon_0} \frac{q_i}{r_i^2} \vec{r}_i^0$$

根据电场强度叠加原理，多个点电荷在空间一点产生的场强为

$$\vec{E} = \sum_{i=1}^{n} \frac{1}{4\pi\varepsilon_0} \frac{q_i}{r_i^2} \vec{r}_i^0 \tag{5-6}$$

【**例题 5-1**】如图 5-6 所示，计算电偶极子轴中垂线上一点 P 的场强。

解：空间中一对等量异号点电荷 $+q$ 和 $-q$ 组成的点电荷系，设两点电荷之间距离为 l，当 $r \gg l$ 时，这样一对正、负点电荷模型称为电偶极子。描述电偶极子性质的物理量是电偶极矩，简称电矩，定义 $\vec{p} = q\vec{l}$，其中矢量 $\vec{l}$ 方向由负电荷指向正电荷，叫作电偶极子的轴。在一正常分子中有相等的正负电荷，当正、负电荷的中心不重合时，这个分子构成了一个电偶极子。在讨论电介质的极化要用到电偶极矩的概念。

计算电偶极子的场强时的近似问题。$(l/2)^2$ 项可以略去，但 $l/2$ 项不能略去。如果略去 $l/2$ 项，就会得出 $\vec{E}=0$ 的结果，这显然是不对的。

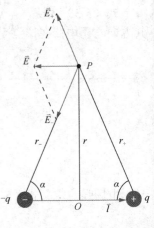

图 5-6

设 P 点是电偶极子轴中垂线上较远的一点，r_+ 和 r_- 分别为正、负电荷到 P 点的距离，r 为电偶极子轴中心 O 点到 P 的距离，α 为 r_+ 与 l 之间的夹角。由电荷系叠加原理可知正、负电荷在 P 点产生的场强为

$$\vec{E}_P = \vec{E}_+ + \vec{E}_-$$

单个正、负电荷在 P 点产生的场强为

$$E_+ = E_- = \frac{1}{4\pi\varepsilon_0}\frac{q}{r_+^2} = \frac{1}{4\pi\varepsilon_0}\frac{q}{r^2 + \left(\frac{l}{2}\right)^2}$$

根据场强叠加原理，P 点场强为

$$E = E_+ \cos\alpha + E_- \cos\alpha = 2E_+ \cos\alpha = \frac{1}{4\pi\varepsilon_0}\frac{ql}{\left[r^2 + \left(\frac{l}{2}\right)^2\right]^{\frac{3}{2}}}$$

由于电场方向与 $\vec{p}$ 的方向相反，写成矢量形式为

$$\vec{E} = -\frac{1}{4\pi\varepsilon_0}\frac{\vec{p}}{\left[r^2 + \left(\frac{l}{2}\right)^2\right]^{\frac{3}{2}}}$$

因为 $l \ll r$，$r^2 + \left(\frac{l}{2}\right)^2 \approx r^2$，所以电偶极子轴中垂线上较远点的场强为

$$\vec{E} = -\frac{1}{4\pi\varepsilon_0}\frac{\vec{p}}{r^3}$$

同理可得，电偶极矩方向上，离电偶极子轴中心远处的场强为

$$\vec{E} = \frac{2\vec{p}}{4\pi\varepsilon_0 r^3}$$

由上面两式看出，电偶极子的场强由电偶极矩决定，并与 r^3 成反比，比点电荷电场递减得快。

电偶极子是一个非常重要的物理模型，它在无线通信领域的应用是偶极子天线。自然界中有一类分子称为有极分子，还有另一类分子称为无极分子，都可以形成电偶极子。

2. 连续带电体电场的电场强度

对于一个电荷连续分布的带电体，求解电场空间各点的电场强度分布时，需要用微积分方法。设想把带电体分割成许多微小 dq 的电荷元，每个电荷元都可视为点电荷，如图 5-7 所示。任一电荷元 dq 在 P 点产生的电场强度为

$$d\vec{E} = \frac{1}{4\pi\varepsilon_0}\frac{dq}{r^2}\vec{r}^0 \quad (5-7)$$

式中，r 为 dq 与 P 点的距离；$\vec{r}^0$ 为由 dq 到 P 点方向的单位矢量。根据场强叠加原理，整个带电体在 P 点的场强为

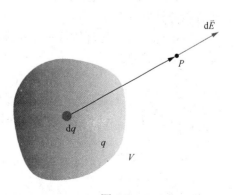

图 5-7

$$\vec{E} = \iiint_V d\vec{E} = \int_V \frac{1}{4\pi\varepsilon_0} \frac{dq}{r^2} \vec{r}^0 \qquad (5\text{-}8)$$

为了方便计算连续带电体产生的电场强度，引入电荷密度的概念。若电荷连续分布在一条直线 l 上时，定义电荷线密度 $\lambda = dq/dl$，dq 为线元 dl 所带的电量；若电荷连续分布在一个面 S 上时，定义电荷面密度 $\sigma = dq/dS$，dq 为面元 dS 所带的电量；若电荷连续分布在一个体积 V 内时，定义电荷体密度 $\rho = dq/dV$，dq 为体积元 dV 所带的电量。应用电荷密度的概念，式（5-8）中的 dq 可根据不同的线、面和体电荷分布写成如下形式：

$$dq = \begin{cases} \lambda dl \\ \sigma dS \\ \rho dV \end{cases}$$

利用式（5-8）计算连续带电体空间中任一点的场强的步骤如下：

（1）建立适当的坐标系；在带电体上任取一电荷元 dq，写出 dq 在待求点处场强的大小，确定 $d\vec{E}$ 的方向，并在图上画出。

（2）如果各电荷元 $d\vec{E}$ 的方向相同，则可直接积分求出 $\vec{E}$。如果各电荷元 $d\vec{E}$ 的方向不同，则将场强分别投影到坐标轴上，写出其分量式。分析电荷分布的对称性，有的分量可以根据对称性推知其值为零，对不为零的分量进行积分。

（3）写出总场强的矢量表达式，或计算总场强的大小和方向。

【例题 5-2】 如图 5-8 所示，设电荷 q 均匀分布在半径为 R 的圆环上，计算在环的轴线上与环心相距 x 的 P 点的场强。

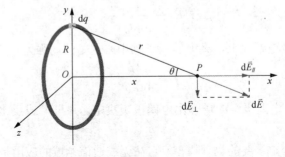

图 5-8

解：由于圆环上电荷是连续分布的，因此将电荷分割成电荷元，利用点电荷的场强公式进行积分计算。

取坐标 x 轴在圆环轴线上，将圆环分成一系列点电荷，在圆环上取长度为 dl 的电荷元 dq，在 P 点产生的场强为

$$dE = \frac{\lambda dl}{4\pi\varepsilon_0 r^2} = \frac{\lambda dl}{4\pi\varepsilon_0 (x^2 + R^2)}$$

式中，$\lambda = \dfrac{q}{2\pi R}$。根据均匀圆环电荷分布对称性，有

$$E_\perp = 0, \quad dE_{/\!/} = dE\cos\theta = \frac{\lambda x dl}{4\pi\varepsilon_0 (x^2 + R^2)^{3/2}}$$

对上式进行积分，有

$$E_{//} = \int_0^{2\pi R} \frac{\lambda x \mathrm{d}l}{4\pi\varepsilon_0 (R^2+x^2)^{3/2}} = \frac{(\lambda \cdot 2\pi R)x}{4\pi\varepsilon_0 (R^2+x^2)^{3/2}} = \frac{qx}{4\pi\varepsilon_0 (R^2+x^2)^{3/2}}$$

P 点的场强为

$$E = E_{//} = \frac{qx}{4\pi\varepsilon_0 (x^2+R^2)^{3/2}}$$

写成矢量形式为

$$\vec{E} = \frac{1}{4\pi\varepsilon_0} \frac{qx}{(R^2+x^2)^{3/2}} \vec{i}$$

讨论：

（1）$\vec{E}$ 与圆环平面垂直，环中心处 $\vec{E}=0$，这一点也可用对称性判断得出。

（2）当 $x \gg R$ 时，$E = \dfrac{q}{4\pi\varepsilon_0 x^2}$，带电圆环可视为点电荷。

【例题 5-3】 如图 5-9 所示，半径为 R 的均匀带电圆盘，电荷面密度为 σ，计算轴线上与盘心相距 x 的 P 点的场强。

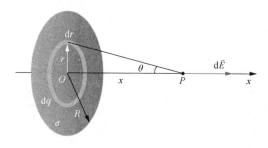

图 5-9

解： 带电圆盘产生的电场可以看作由无限多同心带电细圆环产生的场强的叠加。圆盘电荷分布具有轴对称性，带电圆盘在轴线上产生的电场的方向为沿 x 轴的正方向。

取半径为 r、宽度为 $\mathrm{d}r$，电量 $\mathrm{d}q = \sigma 2\pi r \mathrm{d}r$ 的细圆环，将例题 5-2 得到的均匀带电圆环结果转换为微分量，该带电圆环在 P 点产生的场强大小为

$$\mathrm{d}E = \frac{1}{4\pi\varepsilon_0} \frac{\mathrm{d}qx}{(r^2+x^2)^{3/2}} = \frac{x\sigma \cdot 2\pi r \mathrm{d}r}{4\pi\varepsilon_0 (r^2+x^2)^{3/2}} = \frac{\sigma}{2\varepsilon_0} \cdot \frac{x \cdot r \mathrm{d}r}{(r^2+x^2)^{3/2}}$$

电荷面密度 $\sigma = \dfrac{q}{\pi R^2}$。因为各环在 P 点产生场强的方向均相同，所以整个圆盘在 P 点产生场强大小为

$$E = \int_0^R \frac{\sigma x}{2\varepsilon_0} \frac{r \mathrm{d}r}{(r^2+x^2)^{3/2}} = \frac{\sigma x}{2\varepsilon_0} \frac{1}{2} \int_0^R \frac{\mathrm{d}(r^2+x^2)}{(r^2+x^2)^{3/2}} = \frac{\sigma x}{2\varepsilon_0} \left[\frac{1}{x} - \frac{1}{(R^2+x^2)^{1/2}} \right] = \frac{\sigma}{2\varepsilon_0} \left[1 - \frac{x}{(R^2+x^2)^{1/2}} \right]$$

写成矢量形式为

$$\vec{E} = \frac{q}{2\pi R^2 \varepsilon_0} \left[1 - \frac{x}{(R^2+x^2)^{1/2}} \right] \vec{i}$$

讨论：

（1）$\vec{E}$ 与盘面垂直，$\vec{E}$ 关于盘面对称。

（2）如果 $x \gg R$，则有

$$\frac{x}{(R^2+x^2)^{1/2}} \approx \left(1 - \frac{1}{2}\frac{R^2}{x^2}\right)$$

可得

$$\vec{E} = \frac{q}{2\pi R^2 \varepsilon_0}\left[1 - \frac{x}{(R^2+x^2)^{1/2}}\right]\vec{i} = \frac{q}{4\pi\varepsilon_0 x^2}\vec{i}$$

这表明，在远离圆盘处的场强与圆盘电荷全部集中在盘心处的一个点电荷所激发的场强相同。

（3）如果 $x \ll R$，或 $R \to \infty$，圆盘变成无限大带电薄平板，则有

$$\vec{E} = \frac{\sigma}{2\varepsilon_0}\vec{i}$$

即无限大均匀带电平面所激发的电场与距离 x 无关，是均匀电场。

【例题 5-4】 如图 5-10 所示，有一均匀带电直线，长为 l，电量为 q，求距它为 r 处 P 点的场强。

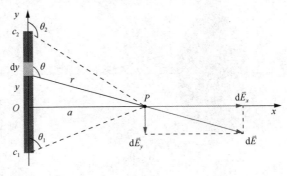

图 5-10

解：将带电体分成一系列点电荷。电荷线密度 $\lambda = q/L$，在细棒上任选一个电荷元 $dq = \lambda dl$，电荷元在 P 点产生的场强为

$$dE = \frac{1}{4\pi\varepsilon_0}\frac{\lambda dy}{r^2}$$

由图 5-10 中的几何关系可知

$$y = a\cot(\pi - \theta)$$

$$dy = \frac{a}{\sin^2\theta}d\theta$$

$$r^2 = \frac{a^2}{\sin^2(\pi - \theta)}$$

电场强度变为

$$dE = \frac{\lambda}{4\pi\varepsilon_0 a}d\theta$$

$d\vec{E}$ 在 x 和 y 方向上的分量可写为

$$dE_x = dE\sin(\pi-\theta) = \frac{\lambda}{4\pi\varepsilon_0 a}\sin\theta d\theta$$

$$dE_y = -dE\cos(\pi-\theta) = \frac{\lambda}{4\pi\varepsilon_0 a}\cos\theta d\theta$$

对上式进行积分，可得

$$E_x = \int dE_x = \int_{\theta_1}^{\theta_2}\frac{\lambda}{4\pi\varepsilon_0 a}\sin\theta d\theta = \frac{\lambda}{4\pi\varepsilon_0 a}(\cos\theta_1 - \cos\theta_2)$$

$$E_y = \int dE_y = \int_{\theta_1}^{\theta_2}\frac{\lambda}{4\pi\varepsilon_0 a}\cos\theta d\theta = \frac{\lambda}{4\pi\varepsilon_0 a}(\sin\theta_2 - \sin\theta_1)$$

写成矢量形式 $\vec{E} = E_x\vec{i} + E_y\vec{j}$，即

$$\vec{E} = \frac{\lambda}{4\pi\varepsilon_0 a}[(\cos\theta_1 - \cos\theta_2)\vec{i} + (\sin\theta_2 - \sin\theta_1)\vec{j}]$$

讨论：

(1) 对于均匀带电半无限长细棒，当 $\theta_1 = 0$，$\theta_2 = \pi/2$ 时，有

$$\vec{E} = \frac{\lambda}{4\pi\varepsilon_0 a}[\vec{i} + \vec{j}]$$

当 $\theta_1 = \pi/2$，$\theta_2 = \pi$ 时，有

$$\vec{E} = \frac{\lambda}{4\pi\varepsilon_0 a}[\vec{i} - \vec{j}]$$

(2) 对于均匀带电无限长细棒，当 $\theta_1 = 0$，$\theta_2 = \pi$ 时，有

$$\vec{E} = \frac{\lambda}{2\pi\varepsilon_0 a}\vec{i}$$

无限均匀带电直线，电场垂直直线，$\lambda > 0$，$\vec{E}$ 背向直线；$\lambda < 0$，$\vec{E}$ 指向直线。对于一些可看作由均匀带电无限长细棒组成的带电体系，可利用上述结论及叠加原理求解。

5.2.4 带电粒子在外电场中所受的作用

由式 (5-3) 可知，电场中某点的场强为 $\vec{E}$，静止于该点的点电荷 q 的粒子处在该点所受电场力为

$$\vec{F} = q\vec{E} \tag{5-9}$$

式中，$\vec{E}$ 是除 q 以外所有其他电荷在点电荷 q 所在处激发的场强。上式也适用于运动电荷，即电场力与受力电荷的运动速度无关。

关于带电粒子在外电场中的运动情况，带电粒子可以看成质点，适用质点的运动规律，在这里不作讨论。

【例题 5-5】电偶极子在均匀外电场中所受的作用。

解： 图 5-11 所示为均匀电场 $\vec{E}$ 中的一个电偶极子，电矩 $\vec{p}$ 的方向与场强 $\vec{E}$ 的方向间的夹角为 θ，正、负电荷所受电场力分别为

$$\vec{F}_+ = q\vec{E}, \quad \vec{F}_- = -q\vec{E}$$

它们的大小相等、方向相反，电偶极子所受的合力为零，故电偶极子在均匀电场中不会平动。但是 F_+ 和 F_- 不在同一直线上，这样两个力形成一个力偶，力偶矩大小为

$$M = qEl\sin\theta = pE\sin\theta$$

写成矢量式为

$$\vec{M} = \vec{p} \times \vec{E}$$

只要 $\vec{E}$ 的方向与 $\vec{p}$ 的方向不一致，电场对电偶极子作用一个力矩，其效果是让 $\vec{p}$ 转向 $\vec{E}$ 的方向，以达到稳定的平衡状态。

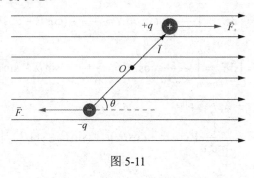

图 5-11

5.3　电通量　高斯定理

5.3.1　电场线

场是由英国科学家法拉第（M. Faraday）于 1845 年提出来的。描述场的量称为场量，场强就是电场的场量。如何构建静电场的物理图像？为了形象描述场强在空间的分布，引入电场线的概念。电场线是人们按照一定的画法规定在电场中所画出的一簇曲线。

为了让电场线能够直观地反映电场中各点处场强的方向和大小，规定电场线和场强 $\vec{E}$ 之间具有以下关系：

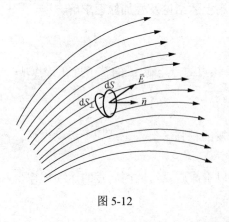

图 5-12

(1) 电场线上任一点的切线方向表示该点 $\vec{E}$ 的方向。

(2) 电场中某一点，通过垂直场强方向上单位面积的电场线条数等于该点 $\vec{E}$ 的大小。

如图 5-12 所示，在场强分布的空间一点选取一面积元 dS，面积元的方向用单位法向矢量 $\vec{n}$ 表示，该面积元在场强方向上的投影大小为 $dS_\perp$。设通过电场中某点垂直于该点场强方向的小面积 $dS_\perp$ 的电场线条数为 $d\Phi_e$，则该点的场强为

$$E = \frac{d\Phi_e}{dS_\perp} \tag{5-10}$$

此规定表明电场线较稀疏处场强值较小，电场线较密集处场强值较大。应该指出，电场线只是描述场强分布的一种手段，是研究电场的一种方法，实际上电场线是不存在的。通过物理实验可以将电场线模拟出来。图 5-13 所示是几种典型带电系统产生的电场线分布图。

其中，图 5-13（a）是正点电荷的场，图 5-13（b）是两个等值异号点电荷的场，图 5-13（c）是两个等值同号点电荷的场，图 5-13（d）是等电量正负带电板的场。必须要注意的是，虽然在电场中每一点的电场线方向与该点正点电荷受力方向相同，但是电场线并不是一个正点电荷在场中运动的轨迹。

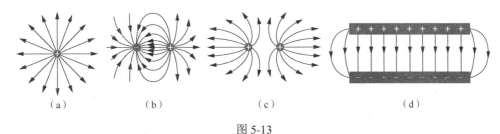

图 5-13

根据电场的性质，可以总结出电场线具有以下性质：
（1）电场线起于正电荷（或无限远），止于负电荷（或无限远），在无电荷处不会中断（电场强度为零的奇异点除外）。
（2）电场线不能形成闭合曲线。
（3）任何两条电场线不会相交。

讨论：中国的智能手机普及率高达 80% 以上。如今平板电脑、智能手机的输入可以通过手机触摸屏来实现。请问如何描绘手机触摸屏上电场线的变化？试分析指纹传感芯片的工作原理。

5.3.2 电通量

矢量场有两个重要的基本性质：一个是通量，另一个是环流。考察一个矢量场的通量和环流是人们总结的研究矢量场的基本方法。静电场的通量和环流所满足的方程，分别称为高斯定理和环路定理，它们是静电学中的两个基本方程。从场线的概念出发，给出电通量较直观的定义。

在电场中通过任意曲面的电场线条数，称为通过该面的电场强度通量，简称电通量，用 $\varPhi_e$ 表示。

通量一词来源于拉丁文的"流动"，虽然在静电场中并没有什么东西在流动，但是仍可以把电场线想象成描述水流动的流线。设想将流水分割成许多小体积元，并给每个小体积元附上一个表示其流动速度的矢量 $\vec{v}$，河流中的流水就是一个速度场。这个速度场对某一曲面的通量，就是单位时间内通过该面的水流量。

按照画电场线的规定，穿过面积元 $\mathrm{d}S$ 的电通量为
$$\mathrm{d}\varPhi_e = E\mathrm{d}S_\perp$$

（1）均匀电场中通过平面 S 的电通量。如图 5-14 所示，在均匀电场中平面 S 的法向方向 $\vec{n}$ 与 $\vec{E}$ 夹角为 θ，则通过 S 面的电通量为
$$\varPhi_e = ES_\perp = ES\cos\theta = \vec{E}\vec{S}$$

（2）非均匀电场中通过任意曲面 S 的电通量。一般情况下，电场是不均匀的。如图 5-15 所示，对于非均匀电场中通过任意曲面 S，把曲面 S 分割成无数个微元面 $\mathrm{d}S$，$\mathrm{d}S$ 可看作平面、均匀场，设 $\vec{n}$ 为 $\mathrm{d}\vec{S}$ 的单位法向向量，$\mathrm{d}\vec{S}$ 与该处 $\vec{E}$ 夹角为 θ，则通过 $\mathrm{d}S$ 的电通量为

$$\mathrm{d}\Phi_e = E\mathrm{d}S\cos\theta = \vec{E}\cdot\mathrm{d}\vec{S}$$

上式对整个曲面积分，得通过整个曲面 S 的电通量为

$$\Phi_e = \iint_S \vec{E}\cdot\mathrm{d}\vec{S} \tag{5-11}$$

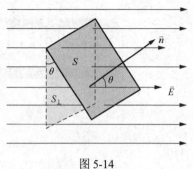
图 5-14

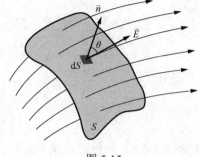
图 5-15

如果曲面是闭合的，如图 5-16（a）所示，则式（5-11）中的曲面积分应变成对闭合曲面积分。因此，在任意电场中通过闭合曲面的电通量为

$$\Phi_e = \oiint_S \vec{E}\cdot\mathrm{d}\vec{S} \tag{5-12}$$

电通量的正负取决于面积元法线矢量 $\vec{n}$ 方向的选取。$\vec{n}$ 方向的选取有两种取法，对于平面，该法线正向可以任意选取。对于曲面，通常取垂直于曲面指向外侧的方向为正法线的方向，如图 5-16（a）所示。对于闭合曲面，通常规定闭合曲面上任意点的法线总是垂直曲面指向外侧，如图 5-16（b）所示，称为外法向。因此，对于整个闭合曲面，进入闭合曲面的电场线的电通量为负，穿出闭合曲面的电通量为正，通过整个闭合曲面的电通量为这两部分电通量的代数和。

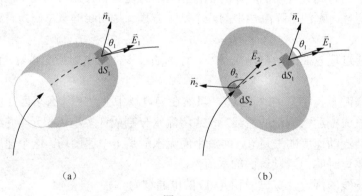

(a)   (b)

图 5-16

5.3.3 高斯定理

对于一定电荷产生的电场而言，通过空间某一给定闭合曲面的电通量应该是一定的，即电通量和场源电荷存在一定的关系。关于电荷是激发电场的源这一结论，如何用数学表达式给出？这一关系由法国物理学家高斯（Gauss）于1840年论证得出，称为高斯定理。其物理表述为：真空中的任何静电场中，穿过任一闭合曲面的电通量等于闭合曲面所包围的电量代数和除以 ε_0，与闭合曲面外的电荷无关。数学表达式为

$$\Phi_e = \oiint_S \vec{E} \cdot d\vec{S} = \frac{1}{\varepsilon_0} \sum_{S_{内}} q_i \tag{5-13}$$

曲面 S 通常是一个假想的闭合曲面，这个闭合曲面称为高斯面，$\sum q_i$ 称为高斯面内的净电荷。

下面采用由特殊到一般的方法对高斯定理进行详细的验证。

1）通过包围点电荷 q 的同心球面的电通量都等于 q/ε_0

如图 5-17 所示，q 为正点电荷，S 为以 q 为中心，以任意 r 为半径的球面，计算通过 S 面的电通量。球面上任意面积元 dS 上，$\vec{E}$ 与 $d\vec{S}$ 平行，且沿矢径方向，任一点 $\vec{E}$ 为

$$\vec{E} = \frac{1}{4\pi\varepsilon_0} \frac{q}{r^2} \vec{r}^0$$

穿过面积元 dS 的电通量为

$$d\Phi_e = \vec{E} \cdot d\vec{S} = EdS = \frac{1}{4\pi\varepsilon_0} \frac{q}{r^2} dS$$

通过闭合曲面 S 的电通量为

$$\Phi_e = \oiint_S \vec{E} \cdot d\vec{S} = \oiint_S \frac{1}{4\pi\varepsilon_0} \frac{q}{r^2} dS$$

$$= \frac{1}{4\pi\varepsilon_0} \frac{q}{r^2} \oiint_S dS = \frac{1}{4\pi\varepsilon_0} \frac{q}{r^2} \cdot 4\pi r^2$$

$$= \frac{q}{\varepsilon_0}$$

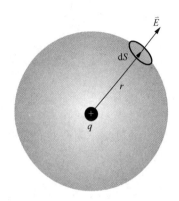

图 5-17

上式表明 Φ_e 与 r 无关，仅与球面所包围的 q 有关。这反映了电场线的基本性质，即电场线自正电荷发出，终止于无限远处。空间无其他电荷存在时，电场线不会中断或增加。

2）通过包围点电荷的任意闭合曲面的电场强度通量都等于 q/ε_0

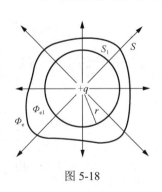

图 5-18

如图 5-18 所示，对任意闭合曲面 S。在 S 内做一个以 $+q$ 为中心，任意半径 r 的闭合球面 S_1，通过球面 S_1 的电通量为 q/ε_0。由于电场线具有连续性，通过 S_1 的电场线必通 S，即此时通过 S 的电通量为

$$\Phi_e = \oiint_S \vec{E} \cdot d\vec{S} = \frac{q_0}{\varepsilon_0}$$

可见，在点电荷产生的电场中，Φ_e 与闭合曲面的形状无关，其值均等于 q/ε_0。不论是正电荷，还是负电荷，这一结论都是正确的。当 q 为正时，表明电场线从闭合曲面内穿出，或者电场线由正电荷发出；当 q 为负时，表明电场线从闭合曲面内穿进，或者电场线会聚于负电荷。

3）通过不包围点电荷的任意闭合曲面的电能量都等于零

如图 5-19 所示，当点电荷在闭合曲面外时。进入 S 面内的电场线必穿出 S 面，即穿入与穿出 S 面的电场线数相等，即

$$\Phi_e = \oiint_S \vec{E} \cdot d\vec{S} = 0$$

表明任意闭合曲面外的电荷对 Φ_e 无贡献。

4）多个点电荷的电通量等于它们单独存在时的电通量的代数和

将上述结论推广到由若干个点电荷产生的电场。如图 5-20 所示，在点电荷 $q_1, q_2, q_3, \cdots, q_n$ 电场中，任一点的场强为

$$\vec{E} = \vec{E}_1 + \vec{E}_2 + \vec{E}_3 + \cdots + \vec{E}_n$$

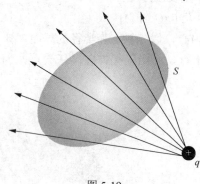
图 5-19

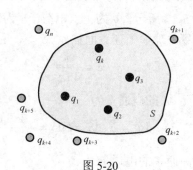
图 5-20

通过某一闭合曲面的电通量为

$$\Phi_e = \oiint_S \vec{E} \cdot d\vec{S} = \Phi_e = \oiint_S (\vec{E}_1 + \vec{E}_2 + \vec{E}_3 + \cdots + \vec{E}_n) \cdot d\vec{S}$$

$$= \oiint_S \vec{E}_1 \cdot d\vec{S} + \oiint_S \vec{E}_2 \cdot d\vec{S} + \cdots + \oiint_S \vec{E}_n \cdot d\vec{S} = \frac{1}{\varepsilon_0} \sum_{S_内} q_i$$

即

$$\Phi_e = \oiint_S \vec{E} \cdot d\vec{S} = \frac{1}{\varepsilon_0} \sum_{S_内} q_i$$

当把上述点电荷换成连续带电体时，利用场强叠加原理，类似可得

$$\Phi_e = \oiint_S \vec{E} \cdot d\vec{S} = \frac{1}{\varepsilon_0} \iiint_V \rho dV \tag{5-14}$$

以上通过用闭合曲面的电通量概念验证了高斯定理，这仅是为了便于理解而用的一种形象解释，不是高斯定理的证明。

对高斯定理应全面、正确地理解，还需要做以下几点说明：

（1）高斯定理的重要意义在于把电场与产生电场的源电荷联系起来。它反映了静电场是有源电场这一基本性质。正电荷是电场线的源头，负电荷是电场线的尾闾。高斯定理是在库仑定律基础上得到的，但是前者适用范围比后者更广泛。后者只适用于真空中的静电场，而前者适用于静电场和随时间变化的场，高斯定理是电磁理论的基本方程之一。

（2）高斯定理式（5-14）表明，通过闭合曲面的电通量只与闭合曲面内的自由电荷代数和有关，而与闭合曲面外的电荷无关，也与高斯面内电荷如何分布无关。

（3）高斯定理式（5-14）中 $\vec{E}$ 是闭合曲面上各点的场强，它是由高斯面内外全部电荷共同产生的合场强。面外电荷对高斯面上的电通量没有贡献，但对高斯面上任一点的场强有贡献。

（4）场强 $\vec{E}$ 和电通量 Φ_e 是两个不同的物理量。当闭合曲面上各点场强为零时，通过闭合曲面的电通量必为零。但是当通过闭合曲面的电通量等于零时，曲面上各点的场强却不一定为零。

（5）当电荷分布满足某些特殊对称性时，可利用高斯定理简便地求出其场强的空间分布，是求场强的另一种方法。

5.3.4 高斯定理应用举例

当电荷分布满足某些特殊对称性时，可利用高斯定理简便地求出场强的空间分布，其方法具体如下。

（1）分析电荷分布对称性。分析给定问题中电荷分布的对称性，要求满足某些特殊对称性：球对称性（点电荷、电荷均匀分布的球面、均匀带电球体）；轴对称性（无限长均匀带电棒、无限长均匀带电圆柱面、圆柱体等）；面对称性（无限大带电平面、平板等）。

（2）分析场强分布对称性。由电荷的对称性分析电场的空间分布的对称性。具有球对称性分布电荷产生的场强方向沿半径方向，具有轴对称性分布电荷产生的场强方向沿垂直于轴线方向，具有面对称性分布电荷产生的场强方向沿垂直于面的方向。

（3）选取适当的高斯面。根据电场分布的对称性，过场点做适当的闭合面即高斯面，为了使穿过该面的电通量的积分易于计算，高斯面的选取应为：①面上任一点的场强为常矢量；②面上一部分场强大小为常数，其他部分为零；③面上一部分场强大小为常数，其他部分为已知；④面上任一点的面元法线与场强方向一致。

一般求具有球对称性分布的电场所做的高斯面是球面，具有轴对称性或面对称性分布的电场所做的高斯面是圆柱面。

（4）计算通过高斯面的电通量 $\Phi_e = \oiint_S \vec{E} \cdot d\vec{S}$ 及高斯面内所包围的电荷的代数和 $\frac{1}{\varepsilon_0}\sum_{S_内} q$。

（5）由高斯定理 $\oiint_S \vec{E} \cdot d\vec{S} = \frac{1}{\varepsilon_0}\sum_{S_内} q$ 求出 E 的大小，同时表明 $\vec{E}$ 的方向。

【**例题 5-6**】一均匀带电球面，半径为 R，电荷为 $+q$，求球面内外任一点场强。

解：由题意知，电荷分布是球对称的，产生的电场是球对称的，场强方向沿半径向外，以 O 点为球心，任意球面上的各点 $\vec{E}$ 值相等。球面将整个空间分成球面内和球面外两部分，应分别选择球面内一点和球面外一点作为研究对象。

（1）球面内任一点 P 的场强。以 O 点为圆心，$r(r<R)$ 为半径做过 P 点的球面为高斯面，如图 5-21（a）所示。根据高斯定理，有

$$\Phi_e = \oiint_S \vec{E} \cdot d\vec{S} = \frac{1}{\varepsilon_0}\sum_{S_内} q_i$$

$\vec{E}$ 与 $d\vec{S}$ 同向，且 S 上 $\vec{E}$ 值不变，有

$$\oiint_S \vec{E} \cdot d\vec{S} = \oiint_S E \cdot dS = E\oiint_S dS = E \cdot 4\pi r^2$$

$$\frac{1}{\varepsilon_0}\sum_{S_内} q_i = 0 \Rightarrow E = 0$$

即球面内处处场强为零。注意不是每个面元上的电荷在球面内产生的场强为零，而是所有面元上的电荷在球面内产生场强的矢量和为零。

（2）球面外任一点 P 的场强。以 O 点为圆心，$r(r>R)$ 为半径做过 P 点的一个球面为高斯面，如图 5-21（b）所示。根据高斯定理，有

$$\oiint_S E dS = E \cdot 4\pi r^2 = \frac{q}{\varepsilon_0} \Rightarrow E = \frac{q}{4\pi\varepsilon_0 r^2}$$

即均匀带电球面外任一点的场强与电荷全部集中在球心处的点电荷在该点产生的场强一样。

带电球面场强在空间中的分布，如图 5-21（c）所示，有
$$E = 0 \quad (r < R)$$
$$E = \frac{q}{4\pi\varepsilon_0 r^2} \quad (r > R)$$

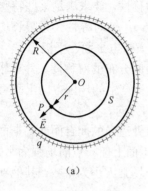
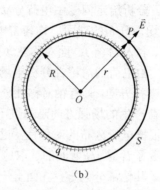
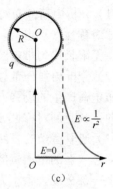

图 5-21

均匀带电球体、球壳及密度随 r 变化的非均匀带电球体等场强分布可仿此法求得；或利用带电球面场强在空间中的分布的结论，用叠加原理也可求得它们的场强分布。

【例题 5-7】 计算均匀带电球体电场分布，已知球体半径为 R，所带的总电量 $q(q>0)$。

解：如图 5-22 所示，电荷和场强分布具有球对称性。

（1）球体内的场强。以半径 $r(r<R)$ 的球面为高斯面，根据高斯定理，有

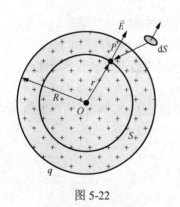

图 5-22

$$\oiint_S \vec{E} \cdot \mathrm{d}\vec{S} = \frac{q'}{\varepsilon_0}$$

式中

$$q' = \left(\frac{4}{3}\pi r^3\right)\rho \Rightarrow \rho = \frac{q}{\left(\frac{4}{3}\pi R^3\right)}$$

代入可得

$$E \cdot 4\pi r^2 = \frac{1}{\varepsilon_0}\left(q\frac{r^3}{R^3}\right)$$

$$E = \frac{q}{4\pi\varepsilon_0}\frac{r}{R^3} = \frac{\rho r}{3\varepsilon_0}$$

（2）球体外场强。以半径 $r(r>R)$ 的球面为高斯面，根据高斯定理，有

$$\oiint_S \vec{E} \cdot \mathrm{d}\vec{S} = \frac{q}{\varepsilon_0}$$

解得

$$E = \frac{q}{4\pi\varepsilon_0 r^2}$$

【例题 5-8】 一无限长均匀带电直线,设电荷线密度为 $+\lambda$,求直线外任一点场强。

解: 如图 5-23 所示,电场的分布具有轴对称性,$\vec{E}$ 的方向垂直直线。在以直线为轴的任一圆柱面上的各点场强大小是等值的。以直线为轴线,设 P 点为考察点,过 P 点做半径为 r、高度为 l 的圆柱面为高斯面,上底为 S_1、下底为 S_2、侧面为 S_3。根据高斯定理,有

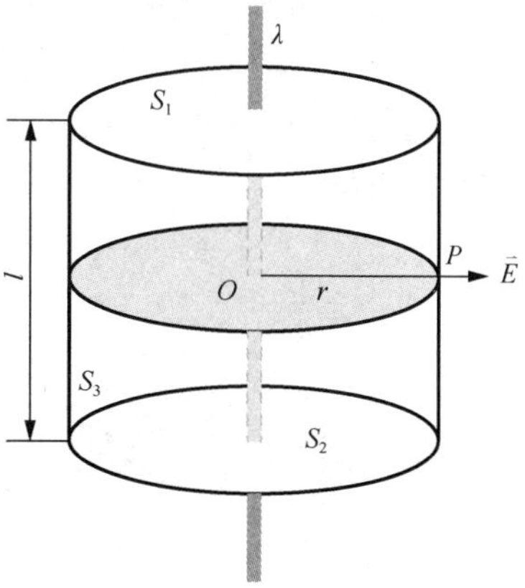

$$\oiint_S \vec{E} \cdot d\vec{S} = \frac{1}{\varepsilon_0} \sum_{S_\text{内}} q$$

其中通过高斯面的电通量为

$$\oiint_S \vec{E} \cdot d\vec{S} = \iint_{S_1} \vec{E} \cdot d\vec{S} + \iint_{S_2} \vec{E} \cdot d\vec{S} + \iint_{S_3} \vec{E} \cdot d\vec{S}$$

因为在 S_1、S_2 上各面元 $d\vec{S} \perp \vec{E}$,所以上式前两项积分为零。又在 S_3 上 $\vec{E}$ 与 $d\vec{S}$ 方向一致,且 $E=$ 常数,所以

$$\oiint_S \vec{E} \cdot d\vec{S} = \iint_{S_3} E dS = E \iint_{S_3} dS = E \cdot 2\pi r l$$

图 5-23

高斯面内所包围的电荷的代数和为

$$\frac{1}{\varepsilon_0} \sum_{S_\text{内}} q = \frac{1}{\varepsilon_0} \lambda l$$

由高斯定理,得

$$E \cdot 2\pi r l = \frac{1}{\varepsilon_0} \lambda l \Rightarrow E = \frac{\lambda}{2\pi \varepsilon_0 r}$$

即 $\vec{E}$ 由带电直线指向考察点(若 $\lambda < 0$,则 $\vec{E}$ 由考察点指向带电直线)。上面结果与例题 5-4 结果一致,比用叠加原理求解更简单。仿此法可求解无限长均匀带电圆柱体、圆筒等的场强分布。

【例题 5-9】 一无限大均匀带电平面,电荷面密度为 $+\sigma$,求平面外任一点场强。

解: 由题意知,平面产生的电场是关于平面二侧对称的,场强方向垂直平面,距平面相同的任意两点处的 $\vec{E}$ 值相等。如图 5-24 所示,设 P 点为考察点,过 P 点做一闭合的圆柱面为高斯面,使其侧面垂直于带电平面,两底面与带电平面平行且相对平面对称。右端底面为 S_1,左端底面为 S_2,侧面为 S_3。根据高斯定理,有

$$\oiint_S \vec{E} \cdot d\vec{S} = \frac{1}{\varepsilon_0} \sum_{S_\text{内}} q$$

其中,

$$\oiint_S \vec{E} \cdot d\vec{S} = \iint_{S_1} \vec{E} \cdot d\vec{S} + \iint_{S_2} \vec{E} \cdot d\vec{S} + \iint_{S_3} \vec{E} \cdot d\vec{S}$$

因为在 S_3 上的各面元 $d\vec{S} \perp \vec{E}$,所以第三项积分等于零,又因在 S_1、S_2 上各面元 $d\vec{S}$ 与 $\vec{E}$ 同向,且在 S_1、S_2 上 $|\vec{E}|=$ 常数,则有

$$\oiint_S \vec{E} \cdot d\vec{S} = \iint_{S_1} E dS + \iint_{S_2} E dS = E \iint_{S_1} dS + E \iint_{S_2} dS = ES_1 + ES_2 = 2ES_1$$

进一步有

$$\frac{1}{\varepsilon_0}\sum_{S_{内}}q = \frac{1}{\varepsilon_0}\cdot\sigma S_1 \Rightarrow E\cdot 2S_1 = \frac{1}{\varepsilon_0}\cdot\sigma S_1 \Rightarrow E = \frac{\sigma}{2\varepsilon_0}$$

结果表明：无限大均匀带电平面外一点场强的大小和方向与它到带电平面的距离无关，是均匀电场。场强的方向垂直平面指向考察点（若 $\sigma < 0$，则场强的方向由考察点指向平面）。此结论与例题 5-5 的推论完全一致，方法明显更简单。无限大均匀带电厚板等场强分布可类比此法求解。

图 5-24

【例题 5-10】如图 5-25 所示，一个球形均匀带电体，电荷体密度为 ρ，内部有一个偏心球形空腔，证明空腔内部为均匀电场。

证明： 空腔的电场是由带正电大球体（$+\rho$）和带负电小球体（$-\rho$）共同产生的。

空腔中任意一点 P 的电场强度为

$$\vec{E} = \vec{E}_1 + \vec{E}_2$$

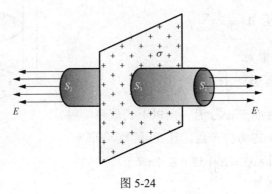

其中

$$\begin{cases} \vec{E}_1 = \dfrac{\rho\vec{r}'}{3\varepsilon_0} \\ \vec{E}_2 = -\dfrac{\rho\vec{r}''}{3\varepsilon_0} \end{cases}$$

$$\vec{r}' = \vec{r} + \vec{r}''$$

代入可得

$$\vec{E} = \frac{\rho\vec{r}}{3\varepsilon_0}$$

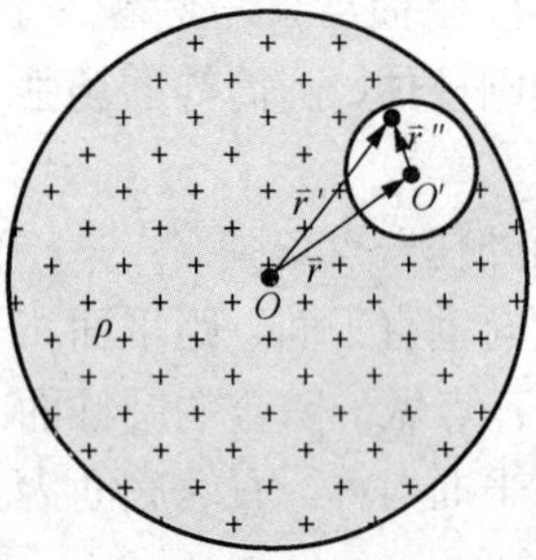

图 5-25

因此，空腔内部为均匀电场。

上面应用高斯定理求出了几种带电体产生的场强，从这几个例子看出，用高斯定理求场强比用叠加原理求场强更简单。但是，应该明确，虽然高斯定理是普遍成立的，但是任何带电体产生的场强并不是都能由它计算出。因为这样的计算是有条件的，它要求电场分布具有一定的对称性，在具有某种对称性时，才能选取适当的高斯面，从而方便地计算出电场的值。

原子模型

英国剑桥大学卡文迪许实验室在鼎盛时期曾获誉"全世界一半的物理学发现都来自于这里"，从 1904 年至 1989 年的 85 年间一共产生了 29 位诺贝尔奖得主。有关"氢原子模型"的研究工作基本出自此实验室。

1897 年：英国物理学家汤姆逊发现了电子。表明原子是由带负电的电子和带正电的电子两部分构成的。

1903 年：汤姆逊提出"葡萄干布丁原子结构模型"，即原子的正电荷均匀分布在半径为 1.0×10^{-10} m 的球体内，原子的负电荷（即电子）则在正电荷球内运动。

1909—1911 年：汤姆逊（1906 年获诺贝尔物理学奖）的学生卢瑟福（1908 年获诺贝尔化学奖）通过自己设计的 α 粒子的散射实验，推翻了老师的理论模型。刚好验证了中国那句古话："青出于蓝而胜于蓝。"他提出了"原子的核结构模型"，即原子的正电荷量 e 均匀分布在半径 $R=6.9\times 10^{-15}$ m 的球体内，原子的负电荷量 $-e$ 集中成电子，在正电荷的球体内运动。

1911—1913 年：丹麦哥本哈根 26 岁的玻尔（1922 年获诺贝尔物理学奖）来实验室做博士后，相继发表了三篇论文，提出了"原子结构量子模型"，即现在所知的氢原子理论，成功解释了氢原子结构和光谱，极大地点燃了大家发现新元素的兴趣，从此原子的研究进入了一个崭新的科学时代。

（1）在原子范围内，请问卢瑟福模型和汤姆逊模型的正电荷所产生的电场强度是否相同？

（2）以金原子为例，比较这两种结果，请用高斯公式判断卢瑟福模型和汤姆逊模型哪一个是正确的？

（3）1785 年，库仑定律也是由卡文迪许实验室通过实验验证的。高斯定理与库仑定律之间有何关系？

5.4 静电场环路定理 电势

前文从静电场力的特性引入了场强这一物理量来描述静电场。本小节从静电场力做功的角度来研究静电场的性质，引入电势这一物理量，导出反映静电特性的环路定理，从而揭示静电场是一个保守力场。

5.4.1 静电场力的功

力学中引入保守力和非保守力的概念。保守力的特征是其功只与始末两个位置有关，而与路径无关。保守力有重力、弹性力、万有引力等，那么静电力是否为保守力？

1）在点电荷产生的电场中静电场力做功

如图 5-26 所示，点电荷 q 固定在原点 O 处，试验电荷 q_0 在 q 的电场力作用下从由 a 点运动到 b 点。在任一点处 q_0 位移 $\mathrm{d}\vec{l}$，静电力 $\vec{F}$ 对 q_0 做的功为

$$\mathrm{d}A = \vec{F}\cdot\mathrm{d}\vec{l} = q_0\vec{E}\cdot\mathrm{d}\vec{l} = q_0 E\mathrm{d}l\cos\theta = \frac{qq_0}{4\pi\varepsilon_0}\frac{1}{r^2}\mathrm{d}r$$

q_0 从 a 点运动到 b 点的过程中，静电场力做的功为

$$A_{ab} = \int\mathrm{d}A = \frac{qq_0}{4\pi\varepsilon_0}\int_{r_a}^{r_b}\frac{1}{r^2}\mathrm{d}r = \frac{qq_0}{4\pi\varepsilon_0}\left[\frac{1}{r_a}-\frac{1}{r_b}\right]$$

式中，r_a 和 r_b 分别为试验电荷的起点和终点到场源电荷的距离。可见，在点电荷产生的电场中静电场力做

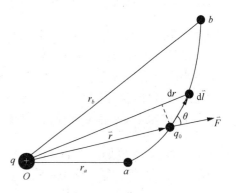

图 5-26

功仅与 q_0 的始末位置有关，而与路径无关。

2）在点电荷系产生的电场中静电场力做功

设 q_0 在 $q_1, q_2, \cdots, q_n$ 的电场中，由场强叠加原理有

$$\vec{E} = \vec{E}_1 + \vec{E}_2 + \cdots + \vec{E}_n$$

q_0 从 a 点沿任意路径移到 b 点时，静电场力做的功为

$$A = \int_a^b \vec{F} \cdot \mathrm{d}\vec{r} = \int_a^b q_0 \vec{E} \cdot \mathrm{d}\vec{r} = \int_a^b q_0 \vec{E}_1 \cdot \mathrm{d}\vec{l} + \int_a^b q_0 \vec{E}_2 \cdot \mathrm{d}\vec{l} + \cdots + \int_a^b q_0 \vec{E}_n \cdot \mathrm{d}\vec{l}$$

上式右端每一项都只与 q_0 始末位置有关，而与过程无关，所以点电荷系静电场力对 q_0 做的功只与 q_0 始末位置有关，而与过程无关。静电场力做功与过程无关这一事实，说明静电场力同重力、弹性力及万有引力一样也是保守力，静电场是保守力场。对连续带电体，可看作是很多个点电荷组成的点电荷系。由此得出结论：任何电荷系统的静电场都是保守力场。

5.4.2 静电场环路定理

如图 5-27 所示，由于静电场力做功与路径无关，因此在静电场中，试验电荷 q_0 由任意点 P_1 沿闭合路径一周再回到 P_1 点，电场力做功必然为零，即

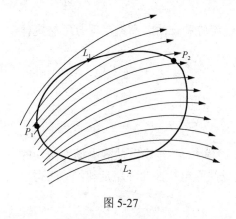

图 5-27

$$A = \int_{P_1}^{P_2} q_0 \vec{E} \cdot \mathrm{d}\vec{l} + \int_{P_2}^{P_1} q_0 \vec{E} \cdot \mathrm{d}\vec{l}$$

$$= \int_{P_1}^{P_2} q_0 \vec{E} \cdot \mathrm{d}\vec{l} + \left(-\int_{P_1}^{P_2} q_0 \vec{E} \cdot \mathrm{d}\vec{l} \right) = 0$$

q_0 在静电场中沿闭合路径 L 运动一周，静电场力对它做功可表示为

$$\oint_L q_0 \vec{E} \cdot \mathrm{d}\vec{l} = 0$$

由于 $q_0 \neq 0$，所以有

$$\oint_L \vec{E} \cdot \mathrm{d}\vec{l} = 0 \tag{5-15}$$

式中，$\oint_L \vec{E} \cdot \mathrm{d}\vec{l}$ 为静电场场强的环流。式（5-15）称为静电场的环路定理：静电场场强沿任一闭合回路的环流都等于零。这也表明静电场是有源无旋场，电场线不闭合。

设想一个装满水的圆桶，转轴位于桶中央的叶轮被马达带动以匀角速度转动，桶中水会从中心向外逐渐跟着叶轮转动起来，桶中各点水流速度不同，达到稳定后，桶内空间有一个稳定的速度分布，称桶内是一个速度场。对于流体，速度场 $\vec{v}$ 沿有向闭合曲线 $\vec{L}$ 的曲线积分 $\oint_L \vec{E} \cdot \mathrm{d}\vec{l}$ 称为速度场沿 $\vec{L}$ 的环流。对桶中旋转的速度场，在水面上取中心在转轴上、半径为 r 的圆周为 L，速度场沿 L 的环流显然不等于零。但是，如果在平稳流动的河水中，计算河水速度环流可能等于零，这是环流描述水流的涡旋性质。

静电场的环流定律是静电场的重要特征之一，静电学中的一切结论都可以从高斯定理及环流定律得出，它们是静电场的基本定律。

5.4.3 电势能 电势

如何探寻静电场的场源？静电场是保守力场，可以引入势能的概念。本小节首先介绍电势能的概念，在此基础上引入描述电场性质的另一个物理量——电势，进而讨论电势的计算。

1）电势能

正如在重力场中物体处在一定的位置具有一定的重力势能一样，电荷在静电场中某一位置也具有一定的电势能。根据保守力所做的功等于相关势能增量的负值，设 W_a、W_b 分别为 q_0 在 a、b 二点的电势能，则有

$$-(W_b - W_a) = A_{ab} = \int_a^b q_0 \vec{E} \cdot d\vec{l} \tag{5-16}$$

电势能是相对量，为了确定电荷在电场中某一点的电势能，必须选择一个势能参考点，并取该点电势能为零。电势能的零点与其他势能零点一样，也是任意选的，选 $W_b = 0$，由式（5-16）可得 a 点的势能为

$$W_a = q_0 \int_a^b \vec{E} \cdot d\vec{l} = q_0 \int_a^0 \vec{E} \cdot d\vec{l} \tag{5-17}$$

式中，0 表示电势零点。上式表明 q_0 在电场中某点的电势能等于将电荷 q_0 从该点移到电势能为零处电场力所做的功。

对于有限带电体，通常把电势能零点选在无限远，即规定 $W_\infty = 0$，则 q_0 在 a 点的电势能为

$$W = q_0 \int_a^\infty \vec{E} \cdot d\vec{l} \tag{5-18}$$

式（5-18）表明 q_0 在电场中某点的电势能等于将电荷 q_0 从 a 点移到无限远处电场力所做的功。可见，电势能不仅与电场强度有关，而且与引入电场的电荷 q_0 有关。

2）电势

从前面讨论可知，电势能不仅与电场的性质有关，而且与引入电场的电荷 q_0 有关。但是人们发现，电荷在电场中某点的电势能与电量的比值与 q_0 无关，只与电场在那点的性质和位置有关，因此这一比值是描述电场中任一点电场性质的一个基本物理量，称为 a 点的电势，用 φ 表示。φ 同 $\vec{E} = \dfrac{\vec{F}}{q_0}$ 一样，反映的是电场本身的性质。电势的定义式为

$$\varphi = \frac{W}{q_0} = \frac{A_{a0}}{q_0} = \int_a^0 \vec{E} \cdot d\vec{l} \tag{5-19}$$

若电势能零点选在无限远处，则有

$$\varphi = \int_a^\infty \vec{E} \cdot d\vec{l} \tag{5-20}$$

式（5-20）表明，电场中某一点 a 的电势等于单位正电荷从该点移到电势为零处（即电势能为零处）静电力对它做的功。

3）电势差

电场中任意两点 a、b 间的电势之差，称为电势差（或电压），用 U_{ab} 表示为

$$U_{ab} = \varphi_a - \varphi_b = \int_a^\infty \vec{E} \cdot d\vec{l} - \int_b^\infty \vec{E} \cdot d\vec{l} = \int_a^b \vec{E} \cdot d\vec{l} \tag{5-21}$$

式（5-21）表明，a、b 两点电势差等于单位正电荷从 a 点移到 b 点的过程中静电场力做的功。对于电势能、电势和电势差应明确以下几点：

（1）电势是空间坐标的标量函数，可正、负或 0，由场源电荷和场点决定，单位是 V。

（2）电势的零点（电势能零点）任选。在理论上对有限带电体通常取无穷远处电势等于零，实际上通常取地球为电势零点。一方面因为地球是一个很大的导体，它本身的电势比较稳定，适宜作为电势零点；另一方面任何其他地方都可以方便地将带电体与地球比较，以确定电势。

（3）电势与电势能是两个不同的概念，电势是电场具有的性质，而电势能是电场中电荷与电场组成的系统所共有的，若电场中不引进电荷，则无电势能，但是各点电势还是存在的。按照电势的定义，如果电荷 q 所在处的电势为 φ，则该电荷所具有的静电势能 $W = q\varphi$，也称为电场与电荷的相互作用能量。

（4）场强的方向即为电势的降落方向。

（5）电势差是绝对的，与电势零点的选取无关。利用电势差的概念，可以方便地计算出点电荷 q 从 a 点移动到 b 点静电力做功为

$$A_{ab} = qU_{ab} = q(\varphi_a - \varphi_b) \tag{5-22}$$

可见，电场力对点电荷所做的功等于点电荷始末位置的电势差与其电量的乘积。

5.4.4 电势叠加原理

根据场强叠加原理和电势定义，很容易证明电势也是满足叠加原理的。在点电荷系 $q_1, q_2, \cdots, q_n$ 产生的电场中，由场强叠加原理可知，总场强为

$$\vec{E} = \vec{E}_1 + \vec{E}_2 + \cdots + \vec{E}_n$$

取无穷远处为电势零点，则任意点 a 的电势为

$$\begin{aligned}\varphi &= \int_a^\infty \vec{E} \cdot d\vec{l} = \int_a^\infty \left(\vec{E}_1 + \vec{E}_2 + \cdots + \vec{E}_n \right) \cdot d\vec{l} \\ &= \int_a^\infty \vec{E}_1 \cdot d\vec{l} + \int_a^\infty \vec{E}_2 \cdot d\vec{l} + \cdots + \int_a^\infty \vec{E}_n \cdot d\vec{l} \\ &= \varphi_1 + \varphi_2 + \cdots \varphi_n \end{aligned}$$

上式表明，点电荷系中某点电势等于各个点电荷单独存在时产生电势的代数和，此结论为静电场中的电势叠加原理。

如图 5-28 所示，将无穷远取为参考点，点电荷 q 在 a 点产生的电势为

$$\varphi = \int_a^\infty \vec{E} \cdot d\vec{l} = \int_a^\infty \frac{q}{4\pi\varepsilon_0 r^2} \vec{r}^{\,0} \cdot d\vec{l}$$

选择沿 $\vec{r}$ 方向积分，则有

$$\varphi = \int_a^\infty \frac{q}{4\pi\varepsilon_0 r^2} dr = \frac{q}{4\pi\varepsilon_0 r}$$

按照电势叠加原理，点电荷系的电势为

$$\varphi = \sum_{i=1}^n \frac{q_i}{4\pi\varepsilon_0 r_i} \tag{5-23}$$

式中，r_i 为第 i 个点电荷 q_i 到 a 点的距离。

如图 5-29 所示，对于有限空间连续带电的物体，设连续带电体由无穷多个电荷元组成，每个电荷元视为点电荷，求和换算成积分有

$$\varphi = \int d\varphi = \int_q \frac{dq}{4\pi\varepsilon_0 r} \tag{5-24}$$

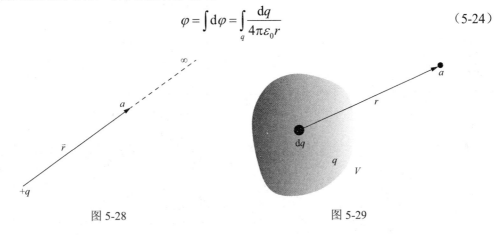

图 5-28　　　　　　　　　　　图 5-29

5.4.5 电势的计算

电势分布的计算是静电场的另一类基本问题，当电荷分布一定时，求电势的分布通常有如下两种方法。

（1）根据电势的定义式求电势。计算公式为

$$\varphi = \int_a^{"0"} \vec{E} \cdot d\vec{l}$$

这种求电势的方法是对场空间积分，电荷分布应具有对称性，这样容易用高斯定理求出场强分布。选定电势的零参考点，从场点 a 到零势点可取任意路径进行积分。为了便于计算，选取路径尽量与电场线重合或垂直，如果积分路径上各区域内的场强不连续，必须分段积分。

（2）根据点电荷的电势和电势叠加原理求电势。电势零参考点选在无穷远处，求点电荷系的电势分布，根据式（5-23）可直接把各点电荷的电势叠加（求代数和）。求带电体的电势分布，则是把带电体分割成许多电荷元（视为点电荷），然后利用式（5-24）进行积分，注意该积分是对场源积分。

【例题 5-11】如图 5-30 所示，求电偶极子 $\vec{p} = q\vec{l}$ 在空间 P 点产生的电势。

解：取 $r \to \infty$ 处为电势零点，由电势叠加原理
得 P 点的电势为

$$\varphi = \varphi_1 + \varphi_2 = \frac{1}{4\pi\varepsilon_0}\frac{q}{r_+} + \frac{1}{4\pi\varepsilon_0}\frac{-q}{r_-} = \frac{q}{4\pi\varepsilon_0}\left(\frac{r_- - r_+}{r_+ r_-}\right)$$

因为 $r_+ \gg l, r_- \gg l$，所以有

$$r_- - r_+ = l\cos\theta, \quad r_+ r_- \approx r^2$$

进一步有

$$\varphi = \frac{1}{4\pi\varepsilon_0}\frac{ql}{r^2}\cos\theta = \frac{1}{4\pi\varepsilon_0}\frac{\vec{p}\cdot\vec{r}}{r^3}$$

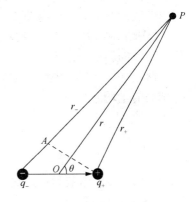

图 5-30

【例题 5-12】均匀带电圆环半径为 R，电荷为 q，求其轴线上任一点电势。

解：如图 5-31 所示，x 轴在圆环轴线上，取无穷远处为电势零点，这里用两种方法求解。

方法一：根据电势的定义式求解。由例 5-2 的结果有

$$E = \frac{qx}{4\pi\varepsilon_0(R^2+x^2)^{\frac{3}{2}}}$$

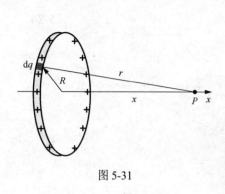

图 5-31

$\vec{E}$ 与 x 轴平行，取沿 x 轴为积分路径，则有

$$\varphi = \int_x^\infty E\mathrm{d}x = \int_x^\infty \frac{qx}{4\pi\varepsilon_0(R^2+x^2)^{\frac{3}{2}}}\mathrm{d}x$$

$$= \frac{q}{4\pi\varepsilon_0}\cdot\frac{1}{2}\int_x^\infty \frac{\mathrm{d}(R^2+x^2)}{(R^2+x^2)^{\frac{3}{2}}} = \frac{q}{4\pi\varepsilon_0}\cdot\frac{1}{2}\cdot\frac{1}{-\frac{1}{2}}\cdot\frac{1}{\sqrt{R^2+x^2}}\bigg|_x^\infty$$

$$= \frac{q}{4\pi\varepsilon_0\sqrt{R^2+x^2}}$$

方法二：用电势叠加原理求解。把圆环分成一系列电荷元，每个电荷元视为点电荷，$\mathrm{d}E$ 在 P 点产生电势为

$$\mathrm{d}\varphi = \frac{\mathrm{d}q}{4\pi\varepsilon_0 r} = \frac{1}{4\pi\varepsilon_0}\frac{\mathrm{d}q}{(x^2+R^2)^{\frac{1}{2}}}$$

$$\mathrm{d}q = \frac{q}{2\pi R}\mathrm{d}l$$

整个环在 P 点产生的电势为

$$\varphi = \int\mathrm{d}\varphi = \int_0^{2\pi R}\frac{1}{4\pi\varepsilon_0(x^2+R^2)^{\frac{1}{2}}}\frac{q}{2\pi R}\mathrm{d}l = \int_0^{2\pi R}\frac{1}{4\pi\varepsilon_0(x^2+R^2)^{\frac{1}{2}}}\frac{q}{2\pi R}\mathrm{d}l = \frac{q}{4\pi\varepsilon_0(x^2+R^2)^{\frac{1}{2}}}$$

讨论：

（1）$x=0$ 处，$\varphi = \dfrac{q}{4\pi\varepsilon_0 R}$。

（2）$x \gg R$ 时，$\varphi = \dfrac{q}{4\pi\varepsilon_0 x}$。

与点电荷产生的电势一样，环可视为点电荷。均匀带电圆环沿轴线的电势分布可用图 5-32 表示。

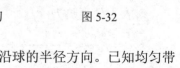

图 5-32

【例题 5-13】一均匀带电球面，半径为 R，电荷为 q，求均匀带电球面的电势分布。

解：如图 5-33 所示，电荷分布具有球对称，场强的方向沿球的半径方向。已知均匀带电球面的电场分布为

$$\begin{cases} E_1 = 0, & r < R \\ E_2 = \dfrac{q}{4\pi\varepsilon_0 r^2}, & r > R \end{cases}$$

选取无穷远处为电势零点，取径向为积分路线。

$r > R$ 的空间，有

$$\varphi = \int_r^\infty \vec{E}_2 \cdot \mathrm{d}\vec{r} = \int_r^\infty \frac{q}{4\pi\varepsilon_0} \frac{1}{r^2} \vec{r}_0 \cdot \mathrm{d}\vec{r} = \int_r^\infty \frac{q}{4\pi\varepsilon_0} \frac{1}{r^2} \mathrm{d}r = \frac{1}{4\pi\varepsilon_0} \frac{q}{r}$$

上式表明，均匀带电球面外任一点电势，如同全部电荷都集中在球心的点电荷的电势一样。

$r < R$ 的空间，有

$$\varphi = \int_r^R \vec{E}_1 \cdot \mathrm{d}\vec{r} + \int_R^\infty \vec{E}_2 \cdot \mathrm{d}\vec{r} = \int_R^\infty \vec{E}_2 \cdot \mathrm{d}\vec{r} = \frac{1}{4\pi\varepsilon_0} \frac{q}{R}$$

$r = R$ 球面上，有

$$\varphi = \frac{1}{4\pi\varepsilon_0} \frac{q}{R}$$

可见，球面内任一点电势与球面上电势相等，为等势空间。均匀带电球面的空间电势分布可用图 5-34 表示。

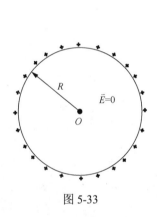

图 5-33

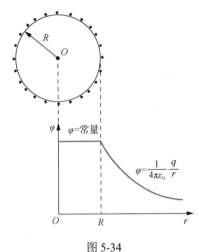

图 5-34

利用均匀带电球面的空间电势分布结果和电势叠加法，可求多个均匀带电同心球面带电系在空间产生的电势分布。

【**例题 5-14**】计算两个同心放置，半径分别为 R_1 和 R_2 $(R_1 < R_2)$，带电分别为 Q_1 和 Q_2 的球面在空间产生的电势分布。

解：利用球面产生的电势结果和电势的叠加原理求解。

对于球面 1，有

$$\varphi_1 = \begin{cases} \dfrac{1}{4\pi\varepsilon_0} \dfrac{Q_1}{r}, & r > R_1 \\ \dfrac{1}{4\pi\varepsilon_0} \dfrac{Q_1}{R_1}, & r \leq R_1 \end{cases}$$

对于球面 2，有

$$\varphi_2 = \begin{cases} \dfrac{1}{4\pi\varepsilon_0} \dfrac{Q_2}{r}, & r > R_2 \\ \dfrac{1}{4\pi\varepsilon_0} \dfrac{Q_2}{R_2}, & r \leq R_2 \end{cases}$$

(1) $r > R_2$ 时，电势为

$$\varphi = \frac{1}{4\pi\varepsilon_0}\frac{Q_1 + Q_2}{r}$$

(2) $R_1 < r \leqslant R_2$ 时，电势为

$$\varphi = \frac{1}{4\pi\varepsilon_0}\frac{Q_1}{r} + \frac{1}{4\pi\varepsilon_0}\frac{Q_2}{R_2}$$

(3) $r \leqslant R_1$ 时，电势为

$$\varphi = \frac{1}{4\pi\varepsilon_0}\frac{Q_1}{R_1} + \frac{1}{4\pi\varepsilon_0}\frac{Q_2}{R_2}$$

【例题 5-15】 两个带等量异号电荷的均匀带电同心球面，半径分别为 $R_1 = 0.03\text{m}$ 和 $R_2 = 0.10\text{m}$，已知两球面的电势差 $U_{12} = 450\text{V}$，求内球面上所带的电荷。

解： 设内球面带电量为 Q，两球之间的场强为

$$E = \frac{Q}{4\pi\varepsilon_0 r^2}, \quad R_1 < r < R_2$$

电势差为

$$U_{12} = \int_{R_1}^{R_2} E \mathrm{d}r = \frac{Q}{4\pi\varepsilon_0}\left(\frac{1}{R_1} - \frac{1}{R_2}\right)$$

求解可得

$$Q = \frac{4\pi\varepsilon_0 R_1 R_2 U_{12}}{R_2 - R_1} = 2.14 \times 10^{-9}\text{(C)}$$

5.5 等势面　场强与电势的微分关系

电场强度和电势都是描述电场中各点性质的物理量，两者之间必定存在着某种确定的关系。前文讨论了两者之间的积分形式的关系，本节着重研究两者之间的微分关系。为了对这种关系有比较直观的认识，首先介绍电势的图示法。

5.5.1 等势面

如何了解整个电场的性质？画等势面是研究电场的一种极为有用的方法。在很多实际问题中，电场的电势分布往往不能方便地用函数形式表示，但可以用实验的方法测绘出等势面的分布图，从而了解整个电场的性质。前文介绍了借助电场线来形象地描绘电场强度的空间分布，下面介绍用等势面来形象地描绘电势的空间分布。电势相等的点连接起来构成的曲面称为等势面。规定任意两个相邻的等势面之间的电势差相等，从等势面的疏密分布可以形象地描绘出电场中电势和场强的空间分布。图 5-35 和图 5-36 所示分别是正点电荷及电偶极子的等势面图，可见点电荷电场中的等势面是一系列同心的球面。

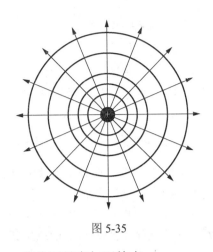

图 5-35

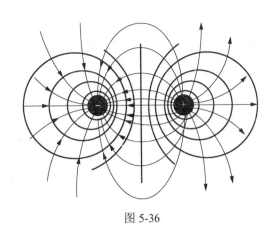

图 5-36

等势面具有如下特点：

（1）等势面上移动电荷时电场力不做功。设点电荷 q_0 沿等势面从 a 点运动到 b 点，电场力做功为

$$A_{ab} = -q_0(\varphi_b - \varphi_a) = 0$$

（2）任何静电场中电力线与等势面正交。如图 5-37 所示，设点电荷 q_0 自 P 点沿等势面发生位移 $d\vec{l}$，电场力做功为

$$dA = q_0 \vec{E} \cdot d\vec{l} = q_0 E dl \cos\theta$$

式中，$\vec{E}$ 为 P 点的场强；θ 为 $\vec{E}$ 与 $d\vec{l}$ 之间的夹角。在等势面上运动，有

$$dA = -q_0(\varphi_2 - \varphi_1) = q_0 \vec{E} \cdot d\vec{l} = 0$$
$$q_0 E dl \cos\theta = 0$$

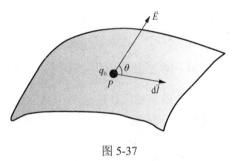

图 5-37

因为 $q_0 \neq 0, E \neq 0, dl \neq 0$，所以 $\cos\theta = 0$，即 $\theta = \dfrac{\pi}{2}$，说明电力线与等势面正交，$\vec{E}$ 垂直于等势面。

（3）电场线总是指向电势降低的方向。考虑沿一条电场线的方向移动正电荷 q_0，电场力做功 $A > 0$，由式（5-16）得

$$A = -(W_2 - W_1) = -q_0(\varphi_2 - \varphi_1) > 0$$

说明该电荷具有的电势能减小，沿电场线方向，电势降低。

（4）等势面密集处电场强度大，等势面越稀疏，场强越小。

5.5.2　场强与电势关系

式（5-20）表明 $\vec{E}$、φ 之间的积分关系，下面讨论 $\vec{E}$、φ 之间的微分关系。如图 5-38 所示，电场中相邻的两个等势面，相应所在等势面的电势分别为 φ_1、φ_2。

假设 $\varphi_2 = \varphi_1 + d\varphi$，$d\varphi > 0$，两等势面的垂直距离 $\overline{OP} = dn$，方向沿法线 $\vec{n}$，Q 为等势面 φ_2 上与 P 点邻近的一点，$\overline{OQ} = dl$，方向沿 $\vec{l}$。现将单位正电荷从 O 点移动到 Q 点，则电场力做功等于电势能增量负值，即

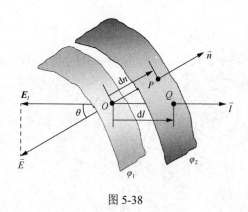

图 5-38

$$\vec{E} \cdot \mathrm{d}\vec{l} = -[(\varphi + \mathrm{d}\varphi) - \varphi]$$
$$\varphi_1 - \varphi_2 = \vec{E} \cdot \mathrm{d}\vec{l}$$
$$-\mathrm{d}\varphi = E\mathrm{d}l\cos\theta$$

式中，$E\cos\theta$ 为 $\vec{E}$ 在 $\mathrm{d}\vec{l}$ 方向的分量，用 E_l 表示，因此有

$$E_l = -\frac{\mathrm{d}\varphi}{\mathrm{d}l} \tag{5-25}$$

式（5-25）表明，电场中某点的场强沿任意方向投影大小为电势沿该方向变化率的负值。

电场中任一点沿不同方向，φ 的空间变化率一般不等，如果 $\mathrm{d}\vec{l}$ 沿等势面的法线方向，则 $\theta = 0$，$\mathrm{d}\vec{n} // \vec{E}$，由于等势面处处与电场线正交，场强在等势面法线方向的分量就是本身的大小，这时式（5-25）可写成

$$E = E_n = -\frac{\mathrm{d}\varphi}{\mathrm{d}n} \tag{5-26}$$

$\vec{E}$ 的方向与 $\vec{n}$ 的方向相反。式（5-26）的矢量式为

$$\vec{E} = -\frac{\mathrm{d}\varphi}{\mathrm{d}n}\vec{n} \tag{5-27}$$

式（5-27）是场强与电势的微分关系，具有如下含义：

（1）负号表示当 $\frac{\mathrm{d}\varphi}{\mathrm{d}n} > 0$ 时，$E < 0$，即 $\vec{E}$ 的方向总是由高电势指向低电势。

（2）根据规定，任意两个相邻的等势面之间的电势差相等，则 $\mathrm{d}n$ 越小，等势面越密集，场强越大；$\mathrm{d}n$ 越大，等势面越稀疏，场强越小。

（3）在国际单位制中，场强的另一种单位为伏特每米（V/m）。

在直角坐标系中，$\varphi = \varphi(x, y, z)$，则场强沿 x、y、z 方向的分量分别为

$$\begin{cases} E_x = -\dfrac{\mathrm{d}\varphi}{\mathrm{d}x} \\ E_y = -\dfrac{\mathrm{d}\varphi}{\mathrm{d}y} \\ E_z = -\dfrac{\mathrm{d}\varphi}{\mathrm{d}z} \end{cases}$$

场强在直角坐标系中的矢量式为

$$\vec{E} = E_x\vec{i} + E_y\vec{j} + E_z\vec{k} = -\left(\frac{\partial\varphi}{\partial x}\vec{i} + \frac{\partial\varphi}{\partial y}\vec{j} + \frac{\partial\varphi}{\partial z}\vec{k}\right) \tag{5-28}$$

数学上，$\frac{\partial\varphi}{\partial x}\vec{i} + \frac{\partial\varphi}{\partial y}\vec{j} + \frac{\partial\varphi}{\partial z}\vec{k}$ 称为 φ 的梯度，记作

$$\mathrm{grad}\varphi = \nabla\varphi = \frac{\partial\varphi}{\partial x}\vec{i} + \frac{\partial\varphi}{\partial y}\vec{j} + \frac{\partial\varphi}{\partial z}\vec{k}$$

其中，矢量算符 $\nabla = \frac{\partial}{\partial x}\vec{i} + \frac{\partial}{\partial y}\vec{j} + \frac{\partial}{\partial z}\vec{k}$，有

$$\vec{E} = -\mathrm{grad}\varphi = -\nabla\varphi \tag{5-29}$$

式（5-29）表示电场中任一点场强等于电势梯度在该点的负值。

需要指出的是，场强与电势的微分关系说明，电场中某点的场强决定于电势在该点的空间变化，而与该点电势本身无直接关系。由于电势是标量，与场强矢量相比，电势更易于计算。因此往往先求电场的电势分布，再利用场强与电势的微分关系求场强较为方便，下面举例说明。

【**例题 5-16**】一均匀带电圆盘，半径为 R，电荷面密度为 σ。试求：（1）圆盘轴线上任一点电势；（2）由场强与电势关系求轴线上任一点场强。

解：（1）如图 5-39 所示，取 $r \to \infty$ 处为电势零点。在圆盘上选取半径为 r、宽度为 $\mathrm{d}r$、电量 $\mathrm{d}q = 2\pi r \mathrm{d}r \sigma$ 的细圆环为电荷元，其在 P 点产生的电势为

$$\mathrm{d}\varphi = \frac{\mathrm{d}q}{4\pi\varepsilon_0 \sqrt{x^2+r^2}} = \frac{\sigma \cdot 2\pi r \mathrm{d}r}{4\pi\varepsilon_0 \sqrt{x^2+r^2}} = \frac{\sigma r \mathrm{d}r}{2\varepsilon_0 \sqrt{x^2+r^2}}$$

整个圆盘在 P 点产生的电势为

$$\varphi_p = \int \mathrm{d}\varphi_p = \int_0^R \frac{\sigma r \mathrm{d}r}{2\varepsilon_0 \sqrt{x^2+r^2}} = \frac{\sigma}{4\varepsilon_0} \int_0^R \frac{\mathrm{d}r^2}{\sqrt{x^2+r^2}}$$

$$\varphi = \frac{\sigma}{2\varepsilon_0} \left(\sqrt{x^2+R^2} - x \right)$$

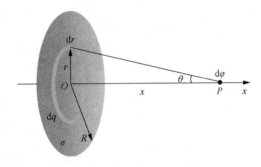

图 5-39

（2）场强与电势的关系为

$$\vec{E} = -\left(\frac{\partial \varphi}{\partial x} \vec{i} + \frac{\partial \varphi}{\partial y} \vec{j} + \frac{\partial \varphi}{\partial z} \vec{k} \right)$$

其中，

$$E_x = -\frac{\partial \varphi}{\partial x} = -\frac{\sigma}{2\varepsilon_0} \left(\frac{2x}{2\sqrt{x^2+R^2}} - 1 \right) = \frac{\sigma}{2\varepsilon_0} \left(1 - \frac{x}{\sqrt{x^2+R^2}} \right)$$

$$E_y = E_z = 0$$

因此，轴线任一点的场强为

$$\vec{E} = \frac{\sigma}{2\varepsilon_0} \left(1 - \frac{x}{\sqrt{x^2+R^2}} \right) \vec{i}$$

这一结果与例题 5-2 中用积分方法算出的结果完全相同。

5.6 重难点分析与解题指导

重难点分析

本章的难点是场强 $\vec{E}$ 和电势 φ 的计算，由高斯定理和场强叠加原理，原则上可计算任意闭合曲面的电通量在其周围空间产生的场强，用安培环路定理也可以简便地求出电场分布。通过电势和场强的微分关系，可以求解出电势。

解题指导

1. 静电场场强的计算

（1）可以用库仑定律式（5-4），也可以用静电场的高斯定理式（5-13）求解。
（2）建立合适的坐标系，找出电荷元 $\mathrm{d}q$ 的微分表示形式，这是计算静电场 $\vec{E}$ 的基础。
（3）确定积分路径，分别计算静电场强度 $\vec{E}$ 在各分量方向上的表示，然后进行静电场叠加，得到静电场的矢量表示。

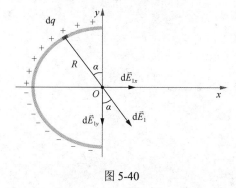

图 5-40

【例题 5-17】如图 5-40 所示，一个细玻璃棒被弯成半径为 R 的半圆形，上半部分和下半部分均匀分布着正负电荷 $+Q$ 和 $-Q$，计算圆心 O 点的场强。

解：上半圆环的电荷元 $\mathrm{d}q = \lambda \mathrm{d}l$，在 O 点产生的场强大小为

$$\mathrm{d}E_1 = \frac{1}{4\pi\varepsilon_0}\frac{\mathrm{d}q}{R^2} = \frac{1}{4\pi\varepsilon_0}\frac{\lambda(R\mathrm{d}\alpha)}{R^2}$$

$$\mathrm{d}\vec{E}_1 = \frac{1}{4\pi\varepsilon_0}\frac{\lambda \mathrm{d}\alpha}{R^2}(\sin\alpha\vec{i} - \cos\alpha\vec{j})$$

上半圆环的电荷在 O 点的场强为

$$\vec{E}_1 = \int_0^{\pi/2} \frac{1}{4\pi\varepsilon_0}\frac{\lambda \mathrm{d}\alpha}{R^2}(\sin\alpha\vec{i} - \cos\alpha\vec{j}) = \frac{1}{4\pi\varepsilon_0}\frac{2Q}{\pi R^2}(\vec{i} - \vec{j})$$

下半圆环的电荷在 O 点的场强为

$$\vec{E}_2 = \frac{1}{4\pi\varepsilon_0}\frac{2Q}{\pi R^2}(-\vec{i} - \vec{j})$$

O 点总的场强为

$$\vec{E} = \vec{E}_1 + \vec{E}_2 = -\frac{Q}{\pi^2\varepsilon_0 R^2}\vec{j}$$

【例题 5-18】将一无限长带电细线弯成如图 5-41 所示的形状，设电荷均匀分布，电荷线密度为 λ，四分之一圆弧 AB 的半径为 R，试求圆心 O 点的场强。

解：1/4 段圆弧，半无限长直线 1 和 2 在 O 点产生的场强分别为

$$\begin{cases} \vec{E}_1 = \dfrac{\lambda}{4\pi\varepsilon_0 R}(\vec{i}-\vec{j}) \\ \vec{E}_2 = \dfrac{\lambda}{4\pi\varepsilon_0 R}(-\vec{i}+\vec{j}) \end{cases}$$

圆弧 AB 在 O 点产生的场强为

$$\vec{E}_3 = \dfrac{\lambda}{4\pi\varepsilon_0 R}(\vec{i}+\vec{j})$$

O 点的总场强为

$$\vec{E} = \vec{E}_1 + \vec{E}_2 + \vec{E}_3 = \dfrac{\lambda}{4\pi\varepsilon_0 R}(\vec{i}+\vec{j})$$

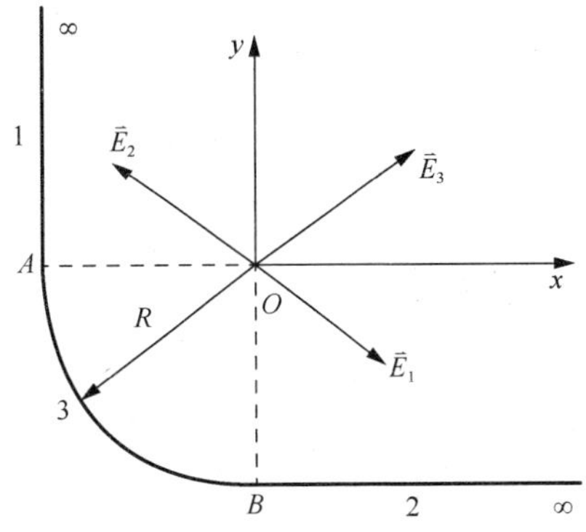

图 5-41

2. 静电势的计算

（1）可以用静电势的定义式（5-19）进行求解。

（2）选定合适的电势能零点位置，依据公式 $\varphi = \int_a^{a_0} \vec{E}\cdot d\vec{l}$ 求出电荷的电势，再运用电势叠加原理即可得到所求位置的电势。

图 5-42

【**例题 5-19**】如图 5-42 所示，两个电量分别为 $+q$ 和 $-3q$ 点电荷，相距为 d。试求：（1）在它们连线上场强为零的点与点电荷 $+q$ 相距多远？（2）若选取无穷远为电势零点，两个点电荷之间电势为零的点与点电荷 $+q$ 相距多远？

解：点电荷 $+q$ 在原点。

（1）设连线上场强为零的 P 点的坐标为 x，P 点的场强大小为

$$E = \dfrac{1}{4\pi\varepsilon_0}\dfrac{q}{x^2} - \dfrac{1}{4\pi\varepsilon_0}\dfrac{3q}{(x-d)^2} = 0$$

由此可知，坐标满足 $2x^2 + 2dx - d^2 = 0$，求解可得

$$\begin{cases} x_1 = -\dfrac{1}{2}(1+\sqrt{3})d \\ x_2 = \dfrac{1}{2}(\sqrt{3}-1)d \end{cases}$$

（2）设两个电荷连线之间电势为零的 P 点的坐标为 x，P 点的电势为

$$\varphi = \dfrac{1}{4\pi\varepsilon_0}\dfrac{q}{x} - \dfrac{1}{4\pi\varepsilon_0}\dfrac{3q}{d-x} = 0$$

可得 $x = \dfrac{1}{4}d$ 时，电势为零。

【**例题 5-20**】电荷以相同的面密度 σ 分布在 $r_1 = 10\text{cm}$（球面 1）和 $r_2 = 20\text{cm}$（球面 2）的两个同心球面上。设无限远处的电势为零，球心处的电势 $\varphi_O = 300\text{V}$。求：（1）电荷面密度 σ。（2）如果使球心处的电势为零，外球面上应放掉多少电荷？

解：（1）带电 Q，半径为 R 的球面在空间产生的电势为

$$\varphi = \begin{cases} \dfrac{1}{4\pi\varepsilon_0} \dfrac{Q}{r}, & r > R \\ \dfrac{1}{4\pi\varepsilon_0} \dfrac{Q}{R}, & r \leq R \end{cases}$$

球面 1 的电势分布为

$$\varphi_1 = \begin{cases} \dfrac{1}{4\pi\varepsilon_0} \dfrac{Q_1}{r}, & r > r_1 \\ \dfrac{1}{4\pi\varepsilon_0} \dfrac{Q_1}{r_1}, & r \leq r_1 \end{cases}$$

球面 2 的电势分布为

$$\varphi_2 = \begin{cases} \dfrac{1}{4\pi\varepsilon_0} \dfrac{Q_2}{r}, & r > r_2 \\ \dfrac{1}{4\pi\varepsilon_0} \dfrac{Q_2}{r_2}, & r \leq r_2 \end{cases}$$

球心处的电势为

$$\varphi_O = \varphi_1 + \varphi_2$$

将两个球面的电势代入可得

$$\varphi_O = \dfrac{\sigma}{\varepsilon_0}(r_1 + r_2)$$

解得

$$\sigma = 8.85 \times 10^{-9} (\text{C/m}^2)$$

（2）设放掉电荷后，外球面的电荷面密度为 σ'，则球心处的电势为

$$\varphi_O = \dfrac{1}{4\pi\varepsilon_0} \dfrac{\sigma \cdot 4\pi r_1^2}{r_1} + \dfrac{1}{4\pi\varepsilon_0} \dfrac{\sigma' \cdot 4\pi r_2^2}{r_2} = 0$$

简化可得

$$\sigma r_1 + \sigma' r_2 = 0$$

因此，外球面应放掉电荷为

$$\Delta Q = Q - Q' = \sigma \cdot 4\pi r_2^2 - \sigma' \cdot 4\pi r_2^2 = 6.67 \times 10^{-9} (\text{C})$$

第 6 章　导体和电介质中的静电场

第 5 章讨论了真空中的静电场，实际上在静电场中总有导体或电介质存在。处于静电场中的导体，其中的自由电荷由于受到电场力的作用而重新分布，这种电荷分布的改变又将对电场产生影响。电介质由分子组成，在外静电场的作用下，电介质中的电荷虽然不能自由运动，但是能在分子范围内发生位移，这种位移同样对电场产生影响。电介质分子的电荷分布可以用电偶极子模型表示。电场与电介质之间的相互作用如何解释？分析电偶极子在均匀电场中的受力情况，解释电介质取向极化引起表面束缚电荷的分布。本章讨论导体、电介质与静电场相互作用的规律，以及有导体或电介质存在时静电场的性质。

6.1　静电场中的导体

6.1.1　导体的静电平衡条件

导体的种类很多，这里只讨论金属导体。金属导体是由大量带负电的自由电子和带正电的结晶点阵构成的。当导体不带电，也不受外电场影响时，自由电子做无规则的热运动，并在导体内均匀分布，因此整个导体不显电性。

如图 6-1 所示，如果将金属导体置于外电场 $\vec{E_0}$ 中，则导体中的自由电子在电场力作用下做定向运动，从而使导体中的电荷重新分布，结果使原来电中性的导体的两端面出现带正电、带负电的情况，这就是静电感应现象。当外加电场发生变化时，导体内自由电荷会在外电场作用下发生移动，并很快达到一个新的平衡分布。导体由于静电感应而带的电荷称为感应电荷，同时这些感应电荷会产生一个附加电场 $\vec{E'}$，这时导体内部的场强 $\vec{E} = \vec{E_0} + \vec{E'}$。导体中的自由电子在外电场中

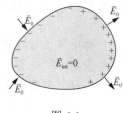

图 6-1

的运动方向与 $\vec{E_0}$ 方向相反，即 $\vec{E'}$ 与 $\vec{E_0}$ 方向相反，所以导体内部的场强不断减弱。当导体内部 $\vec{E} = \vec{E_0} + \vec{E'} = 0$ 时，导体内自由电子的定向运动才会停止，导体上的电荷分布稳定了，空间电场也就不随时间变化了，这种状态称为导体的静电平衡状态。

从场强的角度看，导体达到静电平衡时应满足的条件如下：
（1）导体内部的场强处处为零；
（2）导体表面附近的场强处处与导体表面垂直。

如果导体内部的场强某处不为零，则该处的自由电子将会在电场的作用下定向运动，导体就没有达到静电平衡。也只有导体表面附近的场强处处与导体表面垂直时，场强在导体表面上的投影分量才处处为零，导体表面才不会有电荷移动。电子线路或电缆通常会置于金属外壳内，从而屏蔽其他仪器产生的电场影响。

从电势角度看，导体的静电平衡条件相应地表述如下：

(1) 导体是等势体；
(2) 导体表面是等势面。

在导体内部或表面上任取两点 a、b，其电势差为

$$U_{ab} = \varphi_a - \varphi_b = \int_a^b \vec{E} \cdot d\vec{l}$$

积分沿任意路径从 a 点到 b 点，因为导体内部 $E = 0$，有

$$U_{ab} = \varphi_a - \varphi_b = \int_a^b \vec{E} \cdot d\vec{l} = 0$$

所以 $\varphi_a = \varphi_b$。由于 a、b 两点是任取的，说明导体是等势体，表面是等势面。

6.1.2 静电平衡时导体上的电荷分布

静电平衡时，导体上的净电荷只能分布在导体的表面，导体内部无净电荷分布。下面分三种情况加以证明。

1）实心导体

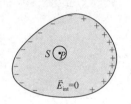

图 6-2

在处于静电平衡电荷为 Q 的实心导体内任取一闭合曲面做一高斯面 S，如图 6-2 所示。根据高斯定理，静电平衡时，导体内有

$$\oiint_S \vec{E} \cdot d\vec{S} = 0 \Rightarrow \sum_{S_内} q = 0$$

由于 S 面是任意的，导体内无净电荷存在，导体所带电荷只能分布在导体外表面上。

2）空腔内无带导体

如图 6-3（a）所示，空腔导体电量为 Q，在空腔导体上任取一闭合曲面做一高斯面 S，根据高斯定理，静电平衡时导体内 $\vec{E} = 0 \Rightarrow \sum_{S_内} q = 0$，即 S 内无净电荷。由于高斯面 S 是任意的，静电平衡时导体内无净电荷，导体空腔内又无其他电荷，因此净电荷 Q 只能分布于导体外表面。

但是，在空腔内表面上能否出现符号相反、等量的正负电荷？假如存在这种可能，如图 6-3（b）所示，在 a 点附近出现 $+q$，在 b 点附近出现 $-q$，这样在空腔内就有始于正电荷、终于负电荷的电场线，由此可知，$\varphi_a > \varphi_b$。但静电平衡时，导体为等势体，即 $\varphi_a = \varphi_b$，因此，假设不成立。

3）空腔内有带导体的导体空腔

如图 6-3（c）所示，导体电量为 Q，其空腔内有点电荷 $+q$，在导体内做一高斯面 S，静电平衡时有

$$\vec{E} = 0 \Rightarrow \sum_{S_内} q = 0$$

因为此时导体内部无净电荷，而空腔内有电荷 $+q$，故空腔内表面必有感应电荷 $-q$。这样导体内部还是无净电荷，净电荷 $+q$ 和 Q 只能分布于外表面。由静电平衡的条件可知，内表面上的电场一定与内表面垂直，可推知空腔内表面电荷的分布，至于外表面的净电荷分布则与周围的带电及导体表面的曲率有关。

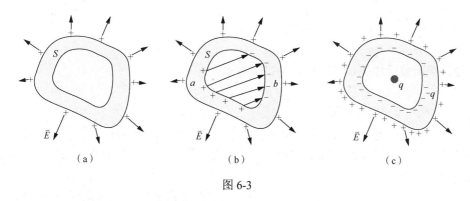

图 6-3

综上所述，处于静电平衡下的导体，净电荷只能分布于外表面。

6.1.3 导体表面曲率对电荷分布的影响

当一个导体周围不存在其他导体，或其他导体或带电体的影响可以忽略不计时，这样的导体称为孤立导体。对于一个形状不规则的孤立带电导体，导体面上各点电荷面密度与该点导体表面曲率有关，即静电平衡时导体表面曲率对电荷分布有影响。如图 6-4 所示，考虑半径为 r_1 和 r_2、带电量为 Q_1 和 Q_2 的两个导体球。现用一根长导线将两导体球连接，当两球相距很远时，相互场作用可忽略，每个球面上电荷均匀分布。

图 6-4

导体球 1、2 的电势分布分别表示为

$$\begin{cases} Q_1 = \sigma_1 \cdot 4\pi r_1^2 \\ \varphi_1 = \dfrac{1}{4\pi\varepsilon_0}\dfrac{Q_1}{r_1} \end{cases}, \quad \begin{cases} Q_2 = \sigma_2 \cdot 4\pi r_2^2 \\ \varphi_2 = \dfrac{1}{4\pi\varepsilon_0}\dfrac{Q_2}{r_2} \end{cases}$$

由于两球用导线连接，电势相等，则有

$$\varphi_1 = \varphi_2 \Rightarrow \frac{\sigma_1}{\sigma_2} = \frac{r_2}{r_1} \tag{6-1}$$

式（6-1）表明球面电荷面密度与曲率半径成反比，即球面的半径越小，曲率越大，球面电荷面密度越大。

6.1.4 静电平衡的导体表面附近的场强

当导体处于静电平衡状态时，其表面附近的场强与表面垂直。现在进一步讨论导体表面场强的大小。

如图 6-5 所示，P 点为靠近导体表面的任一点，过 P 点做直圆柱形高斯面，使其轴线与导体表面垂直。P 点在圆柱面的一个底面上，另一个底面在导体内部，圆柱的两底面与导体表面平行。

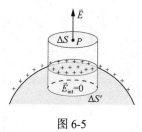

图 6-5

设底面面积为 ΔS，由于 ΔS 很小，可以认为上底面各点场强均匀，导体内部的下底面上各点场强均为零。又因圆柱侧面与场强平行，场强通过下底面和侧面的电通量均为零，所以通过整个圆柱形高斯面的电通量等于圆柱上底面的电通量，根据高斯定理，有

$$\oiint_S \vec{E} \cdot \mathrm{d}\vec{S} = E\Delta S = \frac{1}{\varepsilon_0}\sum_{S_\text{内}} q$$

设导体表面被圆柱面包围的电荷面密度为 σ，则有

$$\frac{1}{\varepsilon_0}\sum_{S_\text{内}} q = \frac{1}{\varepsilon_0}\sigma\Delta S \Rightarrow E\Delta S = \frac{1}{\varepsilon_0}\sigma\Delta S \Rightarrow E = \frac{\sigma}{\varepsilon_0} \tag{6-2}$$

上述结果表明，导体表面附近 $E\infty\sigma$。应当指出：上式中 E 是由空间所有电荷共同产生的，不仅仅由 P 点附近导体表面上的电荷产生；电荷面密度是导体静电平衡时，该处导体表面上的电荷面密度。

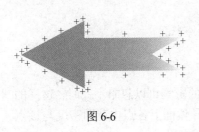

图 6-6

由于导体表面附近的场强与表面电荷面密度成正比，处于静电平衡的导体的电荷面密度在尖端处最大。因此，对于一个有尖端的带电导体（图 6-6）来说，它的尖端处电荷面密度就很大，因而附近的场强就特别强。

避雷针（富兰克林发明）是利用尖端放电避免雷击的一种装置，常见于高大建筑物的顶端，用粗导线与埋在地里的金属板相连，保持与大地的良好接触。我国南北朝时期就出现了为防止雷击而在建筑物上安装的"避雷室"。宋朝以来，许多建筑物都安装了"雷公柱"。这说明我国的避雷针比富兰克林的风筝实验整整早了 64 年。避雷针的顶端非常尖锐，空气中的一些带电粒子在强电场的作用下获得足够的能量，与空气分子发生碰撞，使分子电离产生新的带电粒子。中性的空气分子在移动时不能传输净电荷，但是电离的空气分子可以自由移动电荷，空气就可以导电了。电离使建筑物上的电荷通过空气慢慢释放。这些粒子在强电场的作用下，负离子飞向尖端与正电荷中和，正离子从尖端处飞离，产生尖端放电现象。

讨论：

（1）举例说明日常生活中的尖端放电现象，并解释尖端放电现象的物理机制。

（2）避雷针展示了"善疏则通、能导必安"的道理。请列举与这个道理相近的物理原理。

（3）任何事物都具有两面性，避雷针也不例外，请举例说明日常生活中接触到的因尖端放电引起的诸多不利的因素，以及通常采用了哪些措施来减小其不利的影响。

6.1.5 静电屏蔽

利用导体壳消除电场对其他空间的影响，这种作用称为静电屏蔽。如图 6-7 所示，一个空心的导体壳放在外电场中，由于静电感应，导体壳外表面将出现感应电荷，从而使外电场的电场线全部终止在导体壳外表面上，没有电场线能穿过壳体进入腔内，即腔内区域 V 不会受到外电场的影响。

如图 6-8 所示，如果导体空腔内包围有电荷，则由于静电感应而在空腔导体的内外表面产生等量异号感应电荷。当腔内电荷变化时，在空心导体的外电场也要随之变化。为了消除这种影响，将导体壳接地，导体壳外的电场为零，如图 6-9 所示，外表面电荷将全部导入地下，外表面上没有电场线发出。这样接地的导体外壳能屏蔽区域 V 内电荷对外部空间电场的影响。

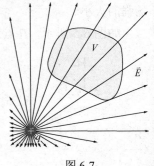

图 6-7

第 6 章　导体和电介质中的静电场

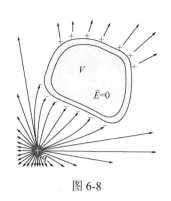

图 6-8

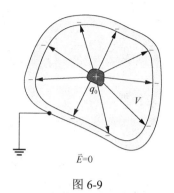

图 6-9

静电屏蔽实际上有广泛的应用。例如，为了不使精密电磁仪器受到外界电场的干扰，常在仪器外面加上一个金属网罩；电话线从高压线下经过，为了防止高压线对电话线的影响，在高压线与电话线之间装一金属网等；为了不让高压设备影响其他仪器的正常工作，常将高压设备的外壳接地；传输弱信号的信号线，往往在其外围包上一层金属网，以防外界电磁场对弱信号的影响等。

6.1.6　有导体存在时静电场的分析与计算

静电场中的导体不论带电与否，都会产生感应电荷并使电荷和电场重新分布。当导体达到静电平衡时，其电荷与电场分布同时被确定。具体计算时，通常是先根据电荷守恒定律和静电平衡条件确定导体上新的电荷分布，再根据高斯定理或场强叠加原理求空间电场分布。

【例题 6-1】两块带电分别为 q_A 和 q_B 的平行导体板 A 和 B，面积均为 S、相距 d。假设 $S \gg d^2$。试求：(1) 静电平衡时两板各表面上电荷的面密度和空间场强分布。(2) 如果 $q_B = 0$，两板各表面上电荷的面密度和空间场强分布。(3) 如果 $q_B = 0$，B 板接地，两板各表面上电荷的面密度和空间场强分布。

解：（1）如图 6-10 所示，静电平衡时电荷只能分布在板的表面上。设 A 板和 B 板表面电荷面密度为 σ_1、σ_2、σ_3、σ_4。根据电荷守恒定律，有

$$\begin{cases} \sigma_1 S + \sigma_2 S = q_A \\ \sigma_3 S + \sigma_4 S = q_B \end{cases}$$

因为 $S \gg d^2$，每一个带电面可看作无限大，在空间的场强为 $\sigma/(2\varepsilon_0)$。静电平衡时导体内部场强为零，取坐标轴的正向水平向右，则 A 板内任一点 P_A 和 B 板内任一点 P_B（图 6-11）的场强为

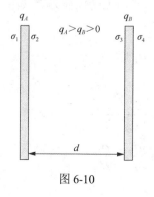

图 6-10

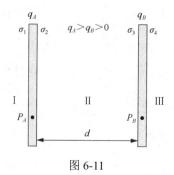

图 6-11

$$\begin{cases} E_{P_A} = \dfrac{\sigma_1}{2\varepsilon_0} - \dfrac{\sigma_2}{2\varepsilon_0} - \dfrac{\sigma_3}{2\varepsilon_0} - \dfrac{\sigma_4}{2\varepsilon_0} = 0 \\ E_{P_B} = \dfrac{\sigma_1}{2\varepsilon_0} + \dfrac{\sigma_2}{2\varepsilon_0} + \dfrac{\sigma_3}{2\varepsilon_0} - \dfrac{\sigma_4}{2\varepsilon_0} = 0 \end{cases}$$

联解上述四个方程得

$$\begin{cases} \sigma_1 = \sigma_4 = \dfrac{q_A + q_B}{2S} \\ \sigma_2 = -\sigma_3 = \dfrac{q_A - q_B}{2S} \end{cases}$$

可见，A 板和 B 板相对的两表面所带电荷等量异号，相背的两表面所带电荷等量同号。由场强的叠加原理得到三个空间区域（Ⅰ、Ⅱ、Ⅲ）的场强分布为

$$\begin{cases} E_{\text{Ⅰ}} = -\dfrac{\sigma_1}{2\varepsilon_0} - \dfrac{\sigma_4}{2\varepsilon_0} = -\dfrac{q_A + q_B}{2\varepsilon_0 S} \\ E_{\text{Ⅱ}} = \dfrac{\sigma_2}{2\varepsilon_0} + \dfrac{|\sigma_3|}{2\varepsilon_0} = \dfrac{q_A - q_B}{2\varepsilon_0 S} \\ E_{\text{Ⅲ}} = \dfrac{\sigma_1}{2\varepsilon_0} + \dfrac{\sigma_4}{2\varepsilon_0} = \dfrac{q_A + q_B}{2\varepsilon_0 S} \end{cases}$$

其中负号表示场强与规定的方向相反。

（2）已知 $q_A > 0, q_B = 0$，将 $q_B = 0$ 代入方程组得

$$\begin{cases} \sigma_1 = \sigma_4 = \dfrac{q_A + q_B}{2S} \\ \sigma_2 = -\sigma_3 = \dfrac{q_A - q_B}{2S} \end{cases} \Rightarrow \begin{cases} \sigma_1 = \sigma_4 = \dfrac{q_A}{2S} \\ \sigma_2 = -\sigma_3 = \dfrac{q_A}{2S} \end{cases}$$

因此，三个空间区域的场强分布为

$$\begin{cases} E_{\text{Ⅰ}} = -\dfrac{\sigma_1}{2\varepsilon_0} - \dfrac{\sigma_4}{2\varepsilon_0} = -\dfrac{q_A}{2\varepsilon_0 S} \\ E_{\text{Ⅱ}} = \dfrac{\sigma_2}{2\varepsilon_0} + \dfrac{|\sigma_3|}{2\varepsilon_0} = \dfrac{q_A}{2\varepsilon_0 S} \\ E_{\text{Ⅲ}} = \dfrac{\sigma_1}{2\varepsilon_0} + \dfrac{\sigma_4}{2\varepsilon_0} = \dfrac{q_A}{2\varepsilon_0 S} \end{cases}$$

（3）已知 $q_A > 0, q_B = 0$，即 B 板接地，B 板与地球等电势，因此 $\sigma_4 = 0$，表明 B 板右侧面上的电荷为零（图 6-12）。由电荷守恒定律得

$$\sigma_1 + \sigma_2 = \dfrac{q_A}{S}$$

由静电平衡条件得

$$\begin{cases} E_{P_A} = \dfrac{\sigma_1}{2\varepsilon_0} - \dfrac{\sigma_2}{2\varepsilon_0} - \dfrac{\sigma_3}{2\varepsilon_0} = 0 \\ E_{P_B} = \dfrac{\sigma_1}{2\varepsilon_0} + \dfrac{\sigma_2}{2\varepsilon_0} + \dfrac{\sigma_3}{2\varepsilon_0} = 0 \end{cases}$$

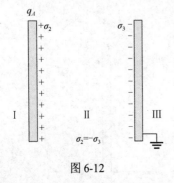

图 6-12

$$\sigma_1 = 0, \quad \sigma_2 = -\sigma_3 = \frac{q_A}{S}$$

由场强的叠加原理得到空间场强分布为

$$\begin{cases} E_I = 0 \\ E_{II} = \frac{\sigma_2}{2\varepsilon_0} + \frac{|\sigma_3|}{2\varepsilon_0} = \frac{q_A}{\varepsilon_0 S} \\ E_{III} = 0 \end{cases}$$

【例题 6-2】 一个半径为 R_1 的金属球 A 带电量为 q_1，在其外同心地罩一个内、外半径分别为 R_2 和 R_3 的金属球壳 B，金属球壳 B 带电量为 q_2，如图 6-13 所示。试求此系统的（1）电荷分布；（2）电场分布；（3）电势分布。

解：（1）根据导体静电平衡条件，金属球带电量 q_1 分布在 A 表面上，球壳内表面带有感应电荷 $-q_1$，由电荷守恒定律可知，球壳外表面电量为 $q_1 + q_2$，由于导体球及球壳表面曲率处处相等，故 q_1 均匀分布在内球表面上，$-q_1$ 和 $q_1 + q_2$ 分别均匀地分布在其球壳的内外表面上。

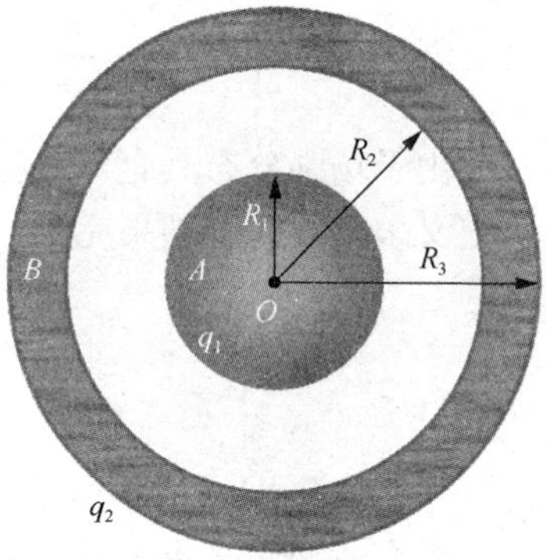

（2）利用均匀带电球面的场强分布和电势叠加原理可求此带电系统的场强分布。将带电系统视为三个孤立的带电球面，它们在空间单独存在时在空间产生的电场 E_1、E_2、E_3 分别为

图 6-13

$$\begin{cases} E_1 = 0, & r \leqslant R_1 \\ E_1 = \frac{1}{4\pi\varepsilon_0}\frac{q_1}{r^2}, & r > R_1 \end{cases}$$

$$\begin{cases} E_2 = 0, & r \leqslant R_2 \\ E_2 = \frac{1}{4\pi\varepsilon_0}\frac{q_2}{r^2}, & r > R_2 \end{cases}$$

$$\begin{cases} E_3 = 0, & r \leqslant R_3 \\ E_3 = \frac{1}{4\pi\varepsilon_0}\frac{q_3}{r^2}, & r > R_3 \end{cases}$$

应用电场叠加原理得到空间场强分布为

$$\begin{cases} E = 0, & r < R_1 \\ E = \frac{(\varphi_A - \varphi_B)R_1 R_2}{(R_2 - R_1)r^2}, & R_1 < r < R_2 \\ E = 0, & R_2 < r < R_3 \\ E = \frac{\varphi_B R_3}{r^2}, & r > R_3 \end{cases}$$

（3）利用均匀带电球面的电势分布

$$\varphi = \frac{1}{4\pi\varepsilon_0}\frac{q}{R}, \quad r < R$$

$$\varphi = \frac{1}{4\pi\varepsilon_0}\frac{q}{r}, \quad r > R$$

和电势叠加原理，求此带电系统的电势分布。将带电系统视为三个孤立的带电球面，它们把空间分为四个区域，电势分别为

$$\begin{cases} \varphi = \frac{1}{4\pi\varepsilon_0}\frac{q_1}{R_1} - \frac{1}{4\pi\varepsilon_0}\frac{q_1}{R_2} + \frac{1}{4\pi\varepsilon_0}\frac{q_1+q_2}{R_3}, & r < R_1 \\ \varphi = \frac{1}{4\pi\varepsilon_0}\frac{q_1}{r} - \frac{1}{4\pi\varepsilon_0}\frac{q_1}{R_2} + \frac{1}{4\pi\varepsilon_0}\frac{q_1+q_2}{R_3}, & R_1 < r < R_2 \\ \varphi = \frac{1}{4\pi\varepsilon_0}\frac{q_1}{r} - \frac{1}{4\pi\varepsilon_0}\frac{q_1}{r} + \frac{1}{4\pi\varepsilon_0}\frac{q_1+q_2}{R_3} = \frac{1}{4\pi\varepsilon_0}\frac{q_1+q_2}{R_3}, & R_2 < r < R_3 \\ \varphi = \frac{1}{4\pi\varepsilon_0}\frac{q_1}{r} - \frac{1}{4\pi\varepsilon_0}\frac{q_1}{r} + \frac{1}{4\pi\varepsilon_0}\frac{q_1+q_2}{r} = \frac{1}{4\pi\varepsilon_0}\frac{q_1+q_2}{r}, & r > R_3 \end{cases}$$

由于场强分布具有球对称性，第二问也可用高斯定理求出场强分布，第三问也可以用电势定义求解，得到结果完全一样。

6.2 静电场中的电介质

电介质通常是指不导电的绝缘物质，如云母、塑料、陶瓷、橡胶等。电介质分子中的电子被原子核所束缚，在外电场的作用下，不能像在导体中那样自由移动，但电介质的正、负电荷仍能在分子范围内做微小的相对运动，导致电介质的极化形成。

6.2.1 电介质极化

按照电介质分子内部结构的不同，可将电介质分为无极分子和有极分子两类。无外电场作用时，分子的正、负电荷中心重合，对外不显电性的电介质称为无极分子电介质，如氢、甲烷和石蜡等均为无极分子电介质，图 6-14 所示为甲烷的分子结构。无外电场作用时，分子的正、负电荷中心不重合，对外显电性的电介质称为有极分子电介质，如水、氯化氢和聚氯乙烯等均为有极分子电介质。有极分子电介质的分子正负电荷中心不重合时相当于一个电偶极子，其电矩 $\vec{p} = q\vec{l}$，式中 q 是分子正、负电荷中心的电量；l 是正、负电荷中心之间的距离，$\vec{l}$ 和 $\vec{p}$ 的方向由负电荷的中心指向正电荷的中心。图 6-15 所示为水分子的结构。

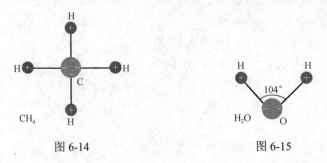

图 6-14   图 6-15

1. 无极分子电介质的极化

无外电场作用时，无极分子电介质的分子电偶极矩为零，整块无极电介质对外不显电性。当有外电场 $\vec{E_0}$ 作用时，由于正、负电荷受到的电场力方向相反，分子中的正、负电荷中心发生相对位移，形成一个电偶极子，其电矩方向沿外电场 $\vec{E_0}$ 的方向。从电介质整体来看，每个分子的电偶极矩都沿外电场方向整齐排列，如图 6-16 所示。在电介质内部，相邻电偶极子正、负电荷相互抵消，因此电介质内部呈电中性。在整块电介质与外电场垂直的两个端面上，仍存在没有被抵消的负电荷和正电荷，这种电荷称为极化电荷。由于这些电荷不能在电介质内部自由移动，更不可能脱离电介质而转移到其他带电体上，因而又称为束缚电荷。无极分子电介质的极化，是由正、负电荷中心发生相对位移产生的，故称为位移极化。

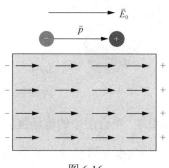

图 6-16

2. 有极分子电介质的极化

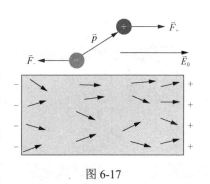

图 6-17

有极分子本身就相当于一个电偶极子，在没有外电场时，由于分子做不规则热运动，这些分子偶极子的排列是杂乱无章的，因而电介质内部呈电中性。当有外电场 $\vec{E_0}$ 作用时，每一个分子都受到一个电矩作用，这个电矩要使分子偶极子转向外电场 $\vec{E_0}$ 的方向，如图 6-17 所示。由于分子的热运动，各分子偶极子不能完全转到外电场的方向，只是部分地转到外电场的方向，但随着外电场 $\vec{E_0}$ 的增强，排列整齐的程度要增大。无论排列整齐的程度如何，与无极分子电介质极化相同，有极分子电介质在外电场存在时，其内部呈电中性，在垂直外电场的两个端面上都产生了束缚电荷。有极分子的电极化是由于分子偶极子在外电场的作用下发生转向的结果，因此这种电极化称为取向极化。

在静电场中，尽管两类电介质极化的微观机理显然不同，但是宏观上都表现为在电介质的端面上都出现束缚电荷，在以后的讨论中将不再区分两类电介质。

6.2.2 极化强度

电介质的极化程度，用极化强度矢量表示。电介质中某点附近单位体积内分子电偶极矩的矢量和称为该点的极化强度，用 $\vec{P}$ 表示，则有

$$\vec{P} = \frac{\sum \vec{p_i}}{\Delta V} \tag{6-3}$$

极化强度的单位是 C/m^2，与面电荷密度的单位相同。

实验表明，对于各向同性的线性电介质，极化强度与场强成正比，即

$$\vec{P} = \chi_e \varepsilon_0 \vec{E} = \varepsilon_0 (\varepsilon_r - 1) \vec{E} \tag{6-4}$$

式中，ε_r 为介质的相对介电常量或相对电容率，它决定于介质的种类和状态；$\chi_e = \varepsilon_r - 1$ 为介质的电极化率。均匀的电介质被均匀地极化时，只在电介质表面产生极化电荷，内部任一点附近的 ΔV 中呈电中性。若电介质不均匀，不仅电介质表面有极化电荷，内部也产生极化电荷体密度。理论上可以证明 $\vec{P}$ 与极化电荷的面密度 σ' 有关，即

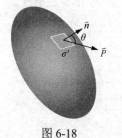

$$\sigma' = \vec{P} \cdot \vec{n} = P\cos\theta = P_n \tag{6-5}$$

式中，$\vec{n}$ 为介质表面外法线方向单位矢量；θ 为 $\vec{P}$ 与 $\vec{n}$ 的夹角，如图 6-18 所示，即电介质极化时，产生的极化电荷面密度等于极化强度沿表面的外法线方向的分量。

图 6-18

6.2.3 电介质中的电场强度

当电介质受外电场 $\vec{E_0}$ 作用而极化时，电介质出现极化电荷，极化电荷也要产生电场，所以电介质中的电场是外电场 $\vec{E_0}$ 与极化电荷产生电场 $\vec{E'}$ 的叠加，即介质中的场强为

$$\vec{E} = \vec{E_0} + \vec{E'}$$

一般来说，外电场中电介质内部的电场强度的计算比较复杂，为简单起见，现以无限大平行金属板间充满均匀且各向同性电介质为例，讨论电介质内部的场强计算。如图 6-19 所示，设两个金属板上自由电荷面密度分别为 $+\sigma_0$ 和 $-\sigma_0$，极化电荷均匀分布在上下两个与金属板接触的介质面上，极化电荷面密度分别为 $+\sigma'$ 和负 $-\sigma'$。由于电介质是均匀各向同性的，因此极化电荷的产生不会影响电容器金属板上自由电荷面密度的均匀分布和金属板间电场的均匀性。

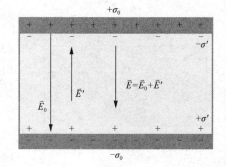

图 6-19

自由电荷产生的场强 $E_0 = \sigma_0/\varepsilon_0$，极化电荷产生的场强 $E' = \sigma'/\varepsilon_0$。由于 $\vec{E_0}$ 与 $\vec{E'}$ 方向相反，因此电介质内部任一点的场强为

$$E = \frac{\sigma_0}{\varepsilon_0} - \frac{\sigma'}{\varepsilon_0} \tag{6-6}$$

将式（6-4）、式（6-5）代入式（6-6）得

$$E = \frac{E_0}{\varepsilon_r} \tag{6-7}$$

式（6-7）表明，充满电场空间的各向同性均匀电介质内部的场强大小等于真空中场强的 $1/\varepsilon_r$。这一结论虽然是由无限大平行金属板特例得出，但是在各向同性均匀电介质中普遍适用，可推广到其他形状的带电体的情形。例如，点电荷或无限长均匀带电线等电荷在各向同性均匀电介质中的场强就等于它们在真空中场强的 $1/\varepsilon_r$。

由式（6-6）、式（6-7）可得极化电荷面密度 σ' 与自由电荷面密度 σ_0 之间的定量关系为

$$\varepsilon_r = \frac{E_0}{E} = \left(\frac{\sigma_0}{\varepsilon_0}\right) \bigg/ \left(\frac{\sigma_0}{\varepsilon_0} - \frac{\sigma'}{\varepsilon_0}\right) \Rightarrow \sigma' = \left(1 - \frac{1}{\varepsilon_r}\right)\sigma_0$$

上式表明极化电荷面密度小于金属板上自由电荷面密度。由极化电荷激发的场强 $\vec{E'}$ 总比自

由电荷产生的场强 $\overline{E_0}$ 小，只能部分削弱自由电荷激发的电场。所以在电介质内部，$\bar{E}$ 总是小于 $\overline{E_0}$，并且 $\bar{E}$ 与 $\overline{E_0}$ 方向相同。

6.2.4 $\bar{D}$ 矢量及其有电介质时的高斯定理

描述电场性质的两个基本方程是高斯定理和环路定理。在电介质中的电场比在真空中的电场增加了极化电荷所激发的场。极化电荷的场也是有势场，所以有电介质存在时，电场的环路定理仍然成立，即

$$\oint_L \bar{E} \cdot \mathrm{d}\bar{l} = 0$$

极化电荷对电场强度通量有影响，真空中的高斯定理在介质中不适用。下面在无限大各向同性的均匀电介质中，将真空中的高斯定理推广到有电介质存在的情况。

如图 6-20 所示，取一任意的闭合曲面做高斯面 S，由式（6-7）可得通过 S 面的电通量为

$$\oiint_S \bar{E} \cdot \mathrm{d}\bar{S} = \oiint_S \frac{\overline{E_0}}{\varepsilon_\mathrm{r}} \cdot \mathrm{d}\bar{S} = \frac{1}{\varepsilon_\mathrm{r}} \oiint_S \overline{E_0} \cdot \mathrm{d}\bar{S} \quad (6\text{-}8\mathrm{a})$$

根据真空中的高斯定理，通过闭合曲面 S 的电通量为高斯面所包围的电荷代数和除以 ε_0，即

$$\oiint_S \overline{E_0} \cdot \mathrm{d}\bar{S} = \frac{1}{\varepsilon_0} \sum_{S_\text{内}} q \quad (6\text{-}8\mathrm{b})$$

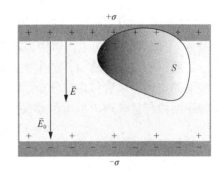

图 6-20

此处，$\sum\limits_{S_\text{内}} q$ 为闭合曲面内自由电荷的代数和，将式（6-8a）代入式（6-8b）得

$$\oiint_S \bar{E} \cdot \mathrm{d}\bar{S} = \frac{1}{\varepsilon_\mathrm{r}} \oiint_S \overline{E_0} \cdot \mathrm{d}\bar{S} = \frac{1}{\varepsilon_0 \varepsilon_\mathrm{r}} \sum_{S_\text{内}} q \Rightarrow \oiint_S \varepsilon_0 \varepsilon_\mathrm{r} \bar{E} \cdot \mathrm{d}\bar{S} = \sum_{S_\text{内}} q$$

定义 $\bar{D} = \varepsilon_0 \varepsilon_\mathrm{r} \bar{E} = \varepsilon \bar{E}$，其中，$\bar{D}$ 称为电位移矢量，其单位为 C/m^2，ε 为绝对介电常数，上式可写为

$$\oiint_S \bar{D} \cdot \mathrm{d}\bar{S} = \sum_{S_\text{内}} q \quad (6\text{-}9)$$

式（6-8）称为电介质中的高斯定理，即在有介质的电场中，通过任意闭合曲面的电位移通量等于该闭合曲面包围的自由电荷的代数和。进一步说明如下：

（1）电介质中的高斯定理是在无限大各向同性的均匀电介质条件下得出，它是普遍成立的。

（2）$\bar{D}$ 是辅助量，无真正的物理意义。由式（6-9）可以先算出 $\bar{D}$，再利用场强与电位移通量的关系 $\bar{E} = \bar{D}/\varepsilon_0 \varepsilon_\mathrm{r}$，求 $\bar{E}$。

（3）与描述电场强度一样，也可以引入电位移线来描述空间电位移的分布，电位移线与电场线有着区别，从 $\oiint_S \bar{D} \cdot \mathrm{d}\bar{S} = \sum\limits_{S_\text{内}} q$ 可以得出电位移线起于自由正电荷，终止于自由负电荷，与束缚电荷无关。电力线可始于一切正电荷和止于一切负电荷（即包括极化电荷）。

【例题 6-3】 带电量为 q 的金属球浸入各向同性的均匀介质油中，计算空间的电位移矢量和场强分布。

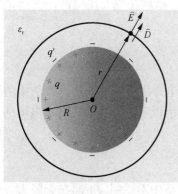

图 6-21

解：自由电荷和电介质分布具有球对称性，因此，电介质中 $\vec{D}$ 具有球对称性。如图 6-21 所示，选取半径为 r 的球面为高斯面，S 面上各点 $\vec{D}$ 的大小相等，$\vec{D}$ 的方向沿径向，与球面 S 的外法线相同。根据高斯定理，有

$$\oiint_S \vec{D} \cdot \mathrm{d}\vec{S} = \sum_{S_{内}} q_0 \Rightarrow D \cdot 4\pi r^2 = q \Rightarrow D = \frac{q}{4\pi r^2}$$

金属球外任一点的电位移矢量为

$$\vec{D} = \frac{q}{4\pi r^2} \vec{r}^0$$

应用 $\vec{D} = \varepsilon_0 \varepsilon_r \vec{E}$ 可求得金属球外任一点的场强为

$$\vec{E} = \frac{q}{4\pi \varepsilon_0 \varepsilon_r r^2} \vec{r}^0$$

【例题 6-4】 两条平行的无限长直导线 A、B，半径为 r，相距为 d ($d \gg r$)，放在介电常数为 ε 的无限大均匀电介质中，计算两极板间的电势差。

解：假设直导线 A、B 上单位长度分别带电 $+\lambda$、$-\lambda$，导线表面的电荷可以看作均匀分布，选取如图 6-22 所示的坐标。两轴线平面内任意一点 P 的电位移矢量大小为

$$D = D_1 + D_2$$

其中

$$D_1 = \frac{\lambda}{2\pi x}, \quad D_2 = \frac{\lambda}{2\pi(d-x)}$$

方向沿 X 轴正方向，所以有

$$D = \frac{\lambda}{2\pi x} + \frac{\lambda}{2\pi(d-x)}$$

场强为

$$E = \frac{D}{\varepsilon} = \frac{\lambda}{2\pi \varepsilon} \left(\frac{1}{x} + \frac{1}{d-x} \right)$$

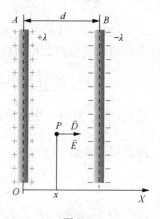

图 6-22

其中，$\varepsilon = \varepsilon_0 \varepsilon_r$。导线之间的电势差为

$$U_{AB} = \int_A^B \vec{E} \cdot \mathrm{d}\vec{r} = \int_r^{d-r} \frac{\lambda}{2\pi \varepsilon} \left(\frac{1}{x} + \frac{1}{d-x} \right) \mathrm{d}x = \frac{\lambda}{\pi \varepsilon} \ln \frac{d-r}{r}$$

考虑 $d \gg r$，可得

$$U_{AB} \approx \frac{\lambda}{\pi \varepsilon} \ln \frac{d-r}{r}$$

6.3 电容 电容器

6.3.1 孤立导体的电容

导体静电平衡特性之一是导体面上有确定的电荷分布，并且有一定的电势值。从理论及

实验可知，孤立带电导体的电量与电势之比为常数。前面讨论了孤立导体表面曲率对电荷分布的影响。对于在真空中半径为 R 的孤立球形导体，假设它的电量为 q，取无限远处电势为零，那么它的电势为

$$\varphi = \frac{q}{4\pi\varepsilon_0 R}$$

上式表明，对于给定的球形导体，即 R 一定，它的电势 φ 随其所带的电量 q 的不同发生变化，而电量与电势的比值是一定的。将孤立导体的电量 q 与其电势 φ 之比定义为孤立导体的电容，用 C 表示，记作

$$C = \frac{q}{\varphi} \qquad (6\text{-}10)$$

对于孤立导体球，其电容为

$$C = \frac{q}{\varphi} = \frac{q}{\dfrac{q}{4\pi\varepsilon_0 R}} = 4\pi\varepsilon_0 R$$

电容的单位为 F（法），1F=1C/V。在实际应用中因为 F 太大，常用 μF 或 pF，它们之间的换算关系为

$$1\text{F} = 10^6\,\mu\text{F} = 10^{12}\,\text{pF}$$

应当指出，对于一个给定的导体其电容是一定的，它仅与导体大小和形状等有关，与电量的存在与否无关。此结论虽然是对球形孤立导体而言的，但是对一定形状的其他导体也是如此。

6.3.2　电容器

在电子电路和电力工程中，孤立的导体是不存在的，大多是由若干导体组成的系统。两个带有等值异号电荷的导体所组成的带电系统称为电容器，组成电容器的两导体称为电容器的极板。电容器是一种常见的电子元器件，可以储存电荷，也可以储存能量。

如果维持电容器两极板的大小、形状及相对位置不变，当极板上所带电量改变时，两极板之间的电势差也随之变化。可以证明，两极板上所带电量增加 k 倍，两极板（假设为 A 板和 B 板）间的电势差 U 也增加 k 倍。因此，电容器的极板所带电量与两极板间的电势差之比是一个与极板上所带电量无关的量，这个量称为电容器的电容，用 C 表示，即

$$C = \frac{q}{U} = \frac{q}{\varphi_A - \varphi_B} \qquad (6\text{-}11)$$

由式（6-11）可知，若将极板 B 移至无限远处，即 $\varphi_B = 0$，式（6-11）就是孤立导体的电容。所以孤立导体的电势相当于孤立导体与无限远处导体之间的电势差，孤立导体电容是极板 B 放在无限远处时的特例。

6.3.3　电容器电容的计算

1. 平行板电容器的电容

如图 6-23 所示，平行板电容器由两块靠得很近、平行放置的导体板构成。两极板的面积为 S，相距为 d，且满足 $S \gg d^2$。设两极板带电量分别为 $+q$ 和 $-q$ 时，电荷均匀分布在相

对的两个表面上,面密度为 $+\sigma$ 和 $-\sigma$。由高斯定理和场强叠加原理可得两极板间的场强为

$$E = \frac{\sigma}{\varepsilon_0}$$

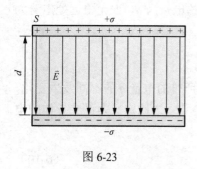

图 6-23

由于两极板都是导体,在一个极板上所有的点都处于相同的电势,两极板间的电势差为

$$U = Ed = \frac{qd}{\varepsilon_0 S}$$

平行板电容器的电容为

$$C = \frac{q}{U} = \frac{\varepsilon_0 S}{d}$$

2. 球形电容器的电容

如图 6-24 所示,球形平行电容器由两个同心导体球壳构成。设两球面半径为 R_1、R_2,电荷为 $+Q$ 和 $-Q$。两球壳间的场强由高斯定理得

$$E = \frac{1}{4\pi\varepsilon_0}\frac{Q}{r^2}$$

两极板间的电势差为

$$U = \int \vec{E} \cdot d\vec{r} = \frac{Q}{4\pi\varepsilon_0}\frac{R_2 - R_1}{R_2 R_1}$$

球形电容器的电容为

$$C = \frac{Q}{U} = \frac{4\pi\varepsilon_0 R_2 R_1}{R_2 - R_1}$$

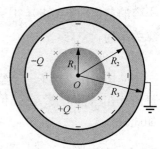

图 6-24

当 $(R_2 - R_1) \ll R_1$ 时,有 $R_2 \approx R_1$,令 $R_2 - R_1 = d$,则有

$$C = \frac{Q}{U} = \frac{4\pi\varepsilon_0 R_1^2}{d} = \frac{\varepsilon_0 S_1}{d}$$

即为平行板电容器的电容。当 $R_2 \to \infty$ 时有 $C = 4\pi\varepsilon_0 R_1$,这正是半径为 R_1 的孤立导体球的电容。

3. 圆柱形电容器的电容

如图 6-25 所示,圆柱形电容器由两个同轴且等长的导体圆柱面（A、B）构成。设内外圆柱面的半径分别为 R_1、R_2,所带电量分别为 $+Q$、$-Q$。除边缘外,电荷均匀分布在内外两圆柱面上,单位长柱面带电量 $\lambda = Q/L$,L 是柱高。由高斯定理知两极板（即两圆柱面）间任一点场强大小为

$$E = \frac{\lambda}{2\pi\varepsilon_0 r}$$

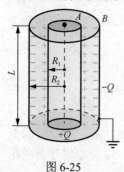

图 6-25

两极板间的电势差为

$$U = \int \vec{E} \cdot d\vec{r} = \frac{q}{2\pi\varepsilon_0 L}\ln\frac{R_2}{R_1}$$

圆柱形电容器的电容为

$$C = \frac{q}{U} = \frac{2\pi\varepsilon_0 L}{\ln(R_2/R_1)}$$

可以看出，圆柱形电容器的电容和球形电容器的一样，仅取决于几何因素，如 L、R 等。

4. 介质中的电容

以上假设两导体间是真空，当两导体间充满相对介电常量为均匀的线性各向同性电介质时，由于介质极化产生的极化电荷激发的附加电场削弱了原来的电场，则有

$$E' = \frac{E}{\varepsilon_r} \Rightarrow U' = \frac{U}{\varepsilon_r}$$

极板间充满电介质的电容器的电容为

$$C' = \frac{Q}{U'} = \varepsilon_r \frac{Q}{U} = \varepsilon_r C \tag{6-12}$$

比真空情况下增大 ε_r 倍。

6.3.4 电容器的串联与并联

表示电容器性能的指标除了电容外，还有耐电压高低。现成的电容器不一定能适合实际的要求，如电容大小不合适，或者电容器的耐压程度不合要求有可能被击穿等。因此在使用中常用多个不同的电容器，采用不同的连接方式，以满足需要的电容量和耐电压。电容器最基本的连接方式是串联和并联。

1. 电容器串联

依次把每个电容器的负极板接到下一个电容器的正极板上，这种连接方式称为串联，如图 6-26 所示，其特点是各电容的电量相同，总电压等于电容器上电势差之和。

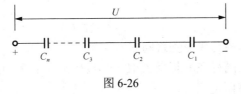

图 6-26

设两面极间的电压为 U，两端极板电荷分别为 $+q$、$-q$，由于静电感应，各极板电量相等，总电压为

$$U = \frac{q}{C_1} + \frac{q}{C_2} + \frac{q}{C_3} + \cdots + \frac{q}{C_n}$$

由电容定义有

$$C = \frac{q}{U} = \frac{1}{\frac{1}{C_1} + \frac{1}{C_2} + \frac{1}{C_3} + \cdots + \frac{1}{C_n}}$$

因此，串联总电容为

$$\frac{1}{C} = \frac{1}{C_1} + \frac{1}{C_2} + \frac{1}{C_3} + \cdots + \frac{1}{C_n}$$

2. 电容器并联

每个电容器的正极板一端接在一起，负极板一端也接在一起，这种连接方式称为并联，

如图 6-27 所示，其特点是加在每个电容器两端的电压相同，均为 U，各电容器由于电容不同，所带电荷量不同。并联电容器总的电量为

$$q = q_1 + q_2 + q_3 + \cdots + q_n$$

由电容定义有

$$C = \frac{q}{U} = \frac{q_1 + q_2 + q_3 + \cdots + q_n}{U} = C_1 + C_2 + C_3 + \cdots + C_n$$

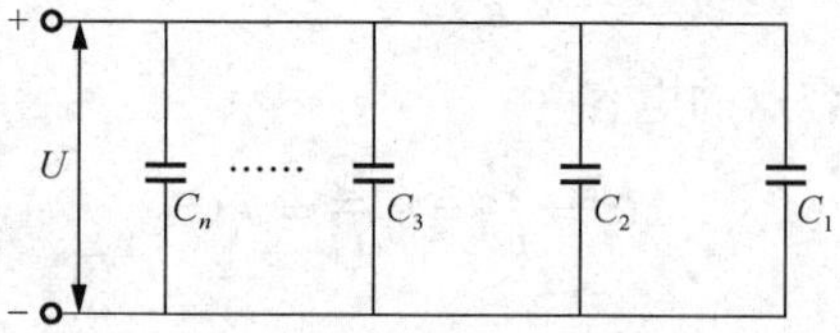

图 6-27

【例题 6-5】平行板电容器，极板间有两种各向同性的均匀介质，电介质分为界面平行板面，介电常数分别为 ε_1、ε_2，厚度为 d_1、d_2，自由电荷面密度为 $\pm\sigma$。求：(1) 两电介质层中的场强；(2) 电容器的电容。

解：(1) 设两种介质中电位移矢量分别为 $\overline{D_1}$ 和 $\overline{D_2}$，在左极板处取一与极板平行的侧面面积为 ΔS 的高斯面 S，如图 6-28 所示。因为左底面 $\vec{D}=0$，侧面上 $\vec{D} \perp \mathrm{d}\vec{S}$，由高斯定理得

$$\oiint_S \vec{D} \cdot \mathrm{d}\vec{s} = D_1 \Delta S = \sum_{S_{内}} q_0$$

又因为 $\sum_{S_{内}} q_0 = \sigma \Delta S$，所以有

$$D_1 \Delta S = \sigma \Delta S \Rightarrow D_1 = \sigma$$

其方向与极板垂直向右。

同样在右极板处取一与极板平行的侧面面积为 $\Delta S'$ 的高斯面 S'，由高斯定理得

$$\oiint_S \vec{D} \cdot \mathrm{d}\vec{S} = -D_2 \Delta S' \Rightarrow \sum_{S_{内}} q_0 = \sigma \Delta S' \Rightarrow -D_2 \Delta S' = -\sigma \Delta S' \Rightarrow D_2 = \sigma$$

图 6-28

其方向与极板垂直向右。

可见 $\overline{D_1} = \overline{D_2}$，即两种介质中 $\vec{D}$ 相同（法向不变）。进一步可计算出场强为

$$\begin{cases} E_1 = \dfrac{D_1}{\varepsilon_1} = \dfrac{\sigma}{\varepsilon_1} \\ E_2 = \dfrac{D_2}{\varepsilon_2} = \dfrac{\sigma}{\varepsilon_2} \end{cases}$$

其方向与极板垂直向右。上式说明两介质中场强不等。

(2) 两极板间电势差为

$$U \int_A^B \vec{E} \cdot \mathrm{d}\vec{r} = \int_0^{d_1} \overline{E_1} \cdot \mathrm{d}\vec{r} + \int_{d_1}^{d_1+d_2} \overline{E_2} \cdot \mathrm{d}\vec{r} = E_1 d_1 + E_2 d_2$$

因此，电容器的电容为

$$C = \frac{q}{U} = \frac{q}{E_1 d_1 + E_2 d_2} = \frac{q}{\frac{\sigma}{\varepsilon_1} d_1 + \frac{\sigma}{\varepsilon_2} d_2} = \frac{\sigma S}{\frac{\sigma}{\varepsilon_1} d_1 + \frac{\sigma}{\varepsilon_2} d_2} = \frac{S}{\frac{1}{\varepsilon_1} d_1 + \frac{1}{\varepsilon_2} d_2}$$

此结果相当于两个电容器串联。

【例题 6-6】 两个电容器，$C_1 = 8\mu F$、$C_2 = 2\mu F$，分别把它们充电到 1000V，如图 6-29（a）所示，然后将它们反接，计算此时两极板间的电势差。

解： 反接前和反接后两个电容器极板上的电荷为 Q_1、Q_2 和 Q_1'、Q_2'，反接前和反接后两个电容器极板间的电压为 U 和 U'，两个电容器反接之前各自带电量为

$$\begin{cases} Q_1 = UC_1 \\ Q_2 = UC_2 \end{cases} \tag{1}$$

当电容器反接时，如图 6-29（b）所示，两个电容器极板上的电荷重新分布，达到新的平衡时，两个电容器的极板电压相同，极板电压为

$$U' = \frac{Q_1'}{C_1} = \frac{Q_2'}{C_2} \Rightarrow \begin{cases} Q_1' = C_1 U' \\ Q_2' = C_2 U' \end{cases} \tag{2}$$

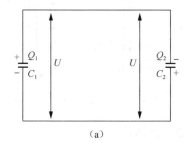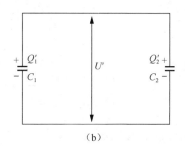

图 6-29

由电荷守恒得 $Q_1' + Q_2' = Q_1 - Q_2$，则有

$$C_1 U' + C_2 U' = C_1 U - C_2 U$$

两极板间的电势差为

$$U' = \frac{C_1 - C_2}{C_1 + C_2} U = 600(\text{V})$$

6.4 静电场的能量

电场是物质，它具有能量。本节先以平行板电容器为例讨论电场能量的建立过程及电场能量密度的表达式，再介绍计算电场能量的方法。

6.4.1 电容器的能量

电场可以从外界获得能量并储存，也可以向外界释放能量。用电容器 C、电源和灯泡 L 连接成如图 6-30 所示的电路。当开关 K 接通 a 时，外电源对电容器充电；当开关 K 接通 b 时，电容器和灯泡构成闭合回路，灯泡发光，同时释放热量。可见，光能和热能是由充了电的电容器释放出来的，即充电后的电容器储存了能量。

电容器的充电过程，实质上是电源把正电荷逐渐从电容器的负极板移动到正极板的过程。由于正、负极板间有电势差，因此电源要克服电场力做功，电容器两个极板电荷累积的过程，也就是电容器中电场能量的建立过程，这部分电场能量是由电源做功完成的。电容器在放电过程中，这部分能量又释放出来了。

现在以平行板电容器为例通过计算电源在充电过程中所做的功来推导电容器的储能公式。如图 6-31 所示，设 t 时刻，两极板（A、B）上电荷分别为 $+q(t)$ 和 $-q(t)$，两极板间电势差为

$$U(t) = \frac{q(t)}{C}$$

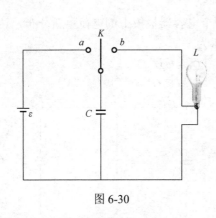
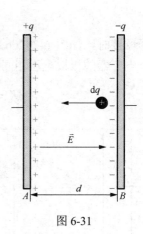

图 6-30　　　　　　　　　　图 6-31

将电量 dq 从极板 B 移到极板 A，外力做的功为电源克服电场力做的功，即

$$dA = dq U(t) = \frac{q(t)}{C} dq$$

充电结束时，极板 A、B 上电量达到 $+Q$ 和 $-Q$ 时，整个过程中电源克服电场力做的总功为

$$A = \int_0^Q \frac{q(t)}{C} dq = \frac{Q^2}{2C}$$

电源克服电场力做的功等于电容器中储存的电场能量，即 $A = W$，因此，平行板电容器的电场能量为

$$W = \frac{Q^2}{2C} \tag{6-13a}$$

利用 $Q = CU$，上式可写成

$$W = \frac{1}{2}QU \text{ 或 } W = \frac{1}{2}CU^2 \tag{6-13b}$$

可以证明，由平行板电容器得出的储存电场能量的式（6-13a）和式（6-13b），适用于任何电容器。

6.4.2　电场能量

以平行板电容器为例，将电容器中储存的电场能量用电场性质的物理量 E 来表征。设平行板电容器两极板面积为 S，极板间距为 d，极板间充以相对介电常量为 ε_r 的电介质。当电容器两极板间电势差为 U 时，电容器的储能为

$$W = \frac{1}{2}CU^2$$

将电容器电容 $C = \frac{\varepsilon_0 \varepsilon_r S}{d} = \frac{\varepsilon S}{d}$，$U = Ed$ 代入上式，可得

$$W = \frac{1}{2}\varepsilon E^2 Sd = \frac{1}{2}DEV$$

式中，$Sd = V$ 是电容器两极板间空间的体积。将单位体积内的电场能量称为静电场的能量密度，用 w_e 表示，则有

$$w_e = \frac{W}{V} = \frac{1}{2}DE \tag{6-14}$$

在国际单位制中，电场能量密度的单位为焦耳每立方米（J/m^3）。可以证明，由平行板电容器这一特例得出的式（6-14）是普遍成立的。

对于不均匀电场，则有

$$W = \iiint_V w_e \mathrm{d}V = \iiint_V \frac{1}{2}DE \mathrm{d}V \tag{6-15}$$

式中，V 是电场分布的体积。

由式（6-13）知，能量存在是由于电荷的存在，电荷是能量的携带者。式（6-15）表明，能量存在于电场中，电场是能量的携带者。在静电场中能量究竟是由电荷携带的还是由电场携带的，无法判断。因为在静电场中，电场和电荷是不可分割地联系在一起的，有电场必有电荷，有电荷必有电场，而且电场与电荷之间有一一对应关系，因而无法判断能量是属于电场还是属于电荷。但是，在电磁波情形下就不同了，电磁波是由变化的电磁场产生的，变化的电磁场可以离开电荷而独立存在。没有电荷也可以有电场，而且场的能量能够以电磁波的形式传播，这一事实证实了能量是属于电场的，而不是属于电荷的。充电电容器的电势能可以认为是储存在极板间的电场中。便携心脏除颤器在短时间内使电容器充电到高电势差，储存大量的能量。这种用电池给电容器充电后在高得多的功率下使它放电的技术也常被用于闪光照相术和频闪照相术中。

【**例题 6-7**】如图 6-32 所示，一个球形电容器，内外球的半径为 R_1 和 R_2，两球之间充满相对介电常量为 ε_r 的介质。求此电容器带电量为 Q 时所储存的电场能量。

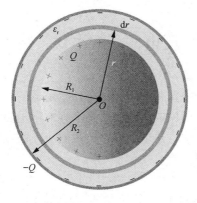

图 6-32

解： 应用介质中的高斯定理可以得到空间电位移矢量分布为

$$\begin{cases} D = 0, & r < R_1 \\ D = \dfrac{Q}{4\pi r^2}, & R_1 < r < R_2 \\ D = 0, & r > R_2 \end{cases}$$

空间场强的分布为

$$\begin{cases} E = 0, & r < R_1 \\ E = \dfrac{Q}{4\pi\varepsilon_0\varepsilon_r r^2}, & R_1 < r < R_2 \\ E = 0, & r > R_2 \end{cases}$$

空间静电能密度分布为

$$\begin{cases} w_e = 0, & r < R_1 \\ w_e = \dfrac{1}{2}\dfrac{1}{\varepsilon_0\varepsilon_r}\left(\dfrac{Q}{4\pi r^2}\right)^2, & R_1 < r < R_2 \\ w_e = 0, & r > R_2 \end{cases}$$

电容器带电为 Q 时所储存的电能为

$$W = \iiint_V w_e \mathrm{d}V$$

取半径为 r、厚度为 $\mathrm{d}r$ 的球壳，其体积 $\mathrm{d}V = 4\pi r^2 \mathrm{d}r$，则有

$$W = \int_{R_1}^{R_2} \dfrac{1}{2}\dfrac{1}{\varepsilon_0\varepsilon_r}\left(\dfrac{Q}{4\pi r^2}\right)^2 (4\pi r^2 \mathrm{d}r) = \dfrac{Q^2}{8\pi\varepsilon_0\varepsilon_r}\left(\dfrac{1}{R_1} - \dfrac{1}{R_2}\right)$$

与电容器的电能公式 $W = \dfrac{1}{2}\dfrac{Q^2}{C}$ 比较得到电容器的电容为

$$C = 4\pi\varepsilon_0\varepsilon_r \dfrac{R_1 R_2}{R_2 - R_1}$$

与根据电容定义得到的结果一致，说明利用电容器静电能的结果可以计算电容，这也是计算电容器电容的一种方法。

6.5 压电体 铁电体 驻极体

电介质是凝聚态物质的一个重要的组成部分，也是电子元器件的先导和重要物质基础。对电介质特殊效应的理论和应用构成了电介质物理学非常重要的研究内容。这些特殊效应包括压电效应、电致伸缩、驻极体、热电效应、电热效应、铁电性。

1. 压电体

1880 年法国人 P. 居里（P. Curie）和 J. 居里（J. Curie）兄弟发现石英晶体受到压力时，它的某些表面上会产生电荷，电荷量与压力成正比，这种现象称为压电效应。具有压电效应的物体称为压电体。居里兄弟还证实了压电体具有逆压电效应，即在外电场作用下压电体会

产生形变,所以又称电致伸缩效应。

各种压电晶体都是各向异性电介质,压电晶体的对称性较低,当受外力作用产生形变时,晶体单胞中正负离子的相对位移使正负电荷中心出现不相等的移动,导致晶体发生宏观极化,而晶体表面电荷密度等于极化强度在表面法向上的投影,故晶体受压力形变时表面出现电荷。

天然压电材料有石英、电气石等。人工合成材料有酒石酸钾钠、磷酸二氢铵、人工石英、压电陶瓷、碘酸锂、铌酸锂、氧化锌和高分子压电薄膜等,它们在压力的作用下发生极化而在两端表面之间出现电位差。利用压电材料的这种特性可实现机械振动(声波)和交流电的互相转换,在电、磁、声、光、热、湿、气、力等功能转换器件中发挥重要作用,具有广泛的应用。例如,利用压电晶体的机械谐振性与压电效应相耦合可制成压电谐振器,其振动频率极其稳定,广泛用于计算机等需要精确频率的设备。由压电体制成的电声换能器可用来有效地产生和接收声波,大量用于声呐、超声无损检测和功率超声技术。惯性力作用于压电体可以产生电信号,可用来测量加速度和导航。甚至汽车点火装置中也有压电晶体,按一下点火按钮就会导致压电晶体产生撞击,从而产生足够的电压来引起火花并点燃汽油。

讨论:由压电体制成的电声换能器可用来有效地产生和接收声波,大量用于声呐、超声无损检测和功率超声技术。惯性力作用于压电体可以产生电信号,可用来测量加速度和导航。试阐述舰船及鱼雷声呐的探测距离与水声材料的压电性能的关系。

2. 铁电体

有一些特殊的电介质,如酒石酸钾钠,钛酸钡等,极化强度与场强并不呈简单的线性关系,即电介质的介电常量不为常数。当撤消外电场后,极化也并不消失,而是具有所谓的"剩余极化",犹如铁磁质磁化后撤去外磁场还具有剩磁一样,这类电介质叫作铁电性电介质,简称为铁电体。

1921年法国人瓦拉塞克(Valasek)首先发现铁电体。铁电体是一类特殊的电介质,当温度超过某一温度时,铁电性消失,这一温度叫作居里(Pierre Curie)温度。在周期性变化的电场作用下,出现电滞回线,有剩余极化强度,如图6-33所示。铁电体内存在自发极化小区,这种小区叫作电畴。正是因为存在电畴,铁电体才具有以上这些独特的性质。

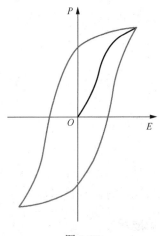

图6-33

当温度高于某一限度时,铁电体的铁电性消失而变成一般的各向同性的电介质,利用这一性质可以制成热敏电阻。有的铁电体还具有奇特的光学性质,把它同偏振光技术结合起来可以制成电光开关和电光调制器等。铁电体在强光作用下能够产生非线性效应,可用来制成倍频、混频器件和光参量放大器元件。所有铁电体都可以通过人工极化使其具有压电性,但具有压电性的并不一定都是铁电体。

讨论:铁电体是一种应用广泛的电介质,利用它的电、力、光、声等效应可制成各种不同功能的器件。高端电子元器件依赖电子陶瓷材料的基础创新及工艺条件水平。铁电陶瓷的相对介电常量很大,可用来制成容量大、体积小的电容器。试阐述当多层陶瓷电容器的尺寸随技术升级越来越小时会面临哪些基础的物理问题?

> **科学家小故事**
>
> **姚熹**
>
> 姚熹,材料科学家、中国科学院院士、美国国家工程院外籍院士。姚熹是中国铁电陶瓷领域的奠基人,发展了新的介质极化理论,建立了弛豫铁电体"微畴-宏畴转变",倡导了Ⅱ型介质瓷料的产业化研制,率先开展了纳米复合材料和铁电集成器件的研究工作,推动了弛豫铁电单晶、反铁电陶瓷在重点科技领域的应用研究,促进了国家功能材料领域战略的制定和实施,引领了行业龙头企业的技术进步,培养了一大批人才,带领中国电介质研究走向世界,使中国成为该领域的引领者。

3. 驻极体

许多电介质的极化是与外电场同时存在、同时消失的。也有一些电介质,受强外电场作用后其极化现象不随外电场的去除而完全消失,出现极化电荷"永久"存在于电介质表面和体内的现象。这种在强外电场等因素作用下极化并能"永久"保持极化状态的电介质,称为驻极体。

讨论:结合压电体与驻极体的材料特点,通过网络调研,试阐述其在仿生皮肤的研发、人机交互和人工智能等领域的应用。

6.6 重难点分析与解题指导

重难点分析

本章的重难点是场强和电势的计算。首先分析电荷分布的对称性,如果其产生的电场具有球、面、轴对称性,可应用高斯定理求解场强,用电势的定义式计算电势。当电势计算比较简单时,也可用场强与电势的微分关系计算场强。

解题指导

1. 对电荷系,采用典型电场的场强计算结果叠加法计算场强

【**例题 6-8**】两个电量分别为 $+q$ 和 $-3q$ 点电荷,相距为 d。试求:(1)在它们连线上场强为零的点与点电荷 $+q$ 相距多远?(2)若取无穷远为电势零点,则两个点电荷之间电势为零的点与点电荷 $+q$ 相距多远?

解:此带电系统由两个点电荷组成,利用点电荷的场强公式和电势公式求解。

(1)选取如图 6-34(a)所示的坐标系,点电荷 $+q$ 在原点。设两个电荷连线上场强为零的 P 点的坐标为 x,P 点的场强为

$$E = \frac{1}{4\pi\varepsilon_0}\frac{q}{x^2} - \frac{1}{4\pi\varepsilon_0}\frac{3q}{(x-d)^2} = 0$$
$$\Rightarrow 2x^2 + 2dx - d^2 = 0$$

方程的解为

$$\begin{cases} x_1 = -\dfrac{1}{2}(1+\sqrt{3})d \\ x_2 = \dfrac{1}{2}(\sqrt{3}-1)d \end{cases}$$

$x_2 = \dfrac{1}{2}(\sqrt{3}-1)d$ 不合题意舍去。两个电荷连线上场强为零的点的坐标为

$$x_1 = -\dfrac{1}{2}(1+\sqrt{3})d$$

（2）如图 6-34（b）所示，两个电荷连线之间电势为零的 P 点的坐标为 x。P 点的电势为

$$\varphi = \dfrac{1}{4\pi\varepsilon_0}\dfrac{q}{x^2} - \dfrac{1}{4\pi\varepsilon_0}\dfrac{3q}{(d-x)} = 0$$

$$d - 4x = 0$$

两个电荷连线之间电势为零的点的坐标为

$$x = \dfrac{1}{4}d$$

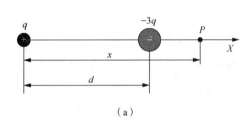
（a）

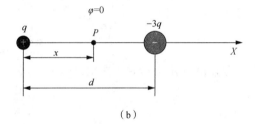
（b）

图 6-34

2. 对连续带电体，选取典型微元，采用典型电场的场强计算结果积分计算场强

【例题 6-9】用绝缘细线弯成半圆环，半径为 R，其上均匀地带有正电荷 Q。试求圆心 O 点的场强。

解：给出的电荷分布可分割成电荷元构成，利用点电荷的场强公式，进行积分计算。注意场强是矢量，必须列出分量式化为标量积积分。

选取圆心 O 为原点，坐标 Oxy 如图 6-35 所示，其中 Ox 轴沿半圆环的对称轴，在环上任意取一小段圆弧 $dl=Rd\theta$，其上电荷为

$$dq = \dfrac{Qdl}{\pi R} = \dfrac{Qdq}{\pi}$$

它在 O 点产生的场强为

$$dE = \dfrac{dq}{4\pi\varepsilon_0 R^2} = \dfrac{Qd\theta}{4\pi^2\varepsilon_0 R^2}$$

在 x、y 轴方向的两个分量为

$$dE_x = dE\cos\theta = \dfrac{Q}{4\pi^2\varepsilon_0 R^2}\cos\theta d\theta$$

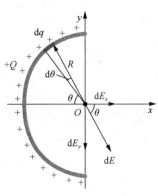

图 6-35

$$dE_y = dE\sin\theta = \frac{Q}{4\pi^2\varepsilon_0 R^2}\sin\theta d\theta$$

由对称性分析可知

$$E_y = \int dE_y = 0$$

对 x 分量进行积分，有

$$E_x = \int dE_x = \frac{Q}{4\pi^2\varepsilon_0 R^2}\int_{-\pi/2}^{\pi/2}\cos\theta d\theta = \frac{Q}{2\pi^2\varepsilon_0 R^2}$$

$$\Rightarrow \vec{E} = E_x\vec{i} = \frac{Q}{2\pi^2\varepsilon_0 R^2}\vec{i}$$

i 为 x 轴正向的单位矢量。

【例题 6-10】 无限长均匀带电的半圆柱面，半径为 R，设半圆柱面沿轴线 OO' 单位长度上的电荷为 q，如图 6-36（a）所示。试求轴线上一点的场强。

解： 无限长均匀带电的半圆柱面可以看作由无数带电无限长直线组成，而无限长带电直线的场强分布是已知的，因此可用叠加法求出此带电面的场强。

选择坐标系如图 6-36（b）所示，将半圆柱面划分成许多窄条，dl 宽的窄条的电荷线密度为

$$d\lambda = \frac{\lambda}{\pi R}dl = \frac{\lambda}{\pi}d\theta$$

取 θ 位置处的一条，它在轴线上一点产生的场强大小为

$$dE = \frac{d\lambda}{2\pi\varepsilon_0 R} = \frac{\lambda}{2\pi^2\varepsilon_0 R}d\theta$$

它在 x、y 轴上的两个分量为

$$dE_x = dE\sin\theta, \quad dE_y = -dE\cos\theta$$

分析对称性可得

$$E_y = \int_0^\pi dE_y = 0$$

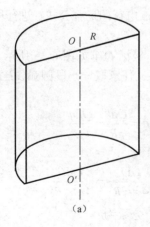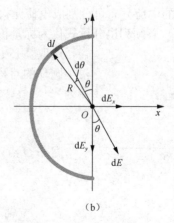

图 6-36

对 x 分量积分有

$$E_x = \frac{\lambda}{2\pi^2\varepsilon_0 R}\int_0^\pi \sin\theta\mathrm{d}\theta = \frac{\lambda}{\pi^2\varepsilon_0 R}$$

场强矢量式为

$$\vec{E} = E_x\vec{i} + E_y\vec{j} = \frac{\lambda}{\pi^2\varepsilon_0 R}\vec{i}$$

【例题 6-11】电荷线密度为 λ 的无限长均匀带电细线，弯成如图 6-37 所示形状。若半圆弧 AB 的半径为 R，试求圆心 O 点的场强。

解： 此带电系统由半圆弧 AB、半无限长均匀带电细线 $A\infty$ 及 $B\infty$ 构成，O 点的场强由此三段连续带电线的场强叠加而成。利用例题 6-10 及例题 5-4 的结果，可求得 O 点的场强。

以 O 点为坐标原点，建立坐标如图 6-37 所示，半无限长直线 $A\infty$ 在 O 点产生的场强 $\vec{E_1}$ 为

$$\vec{E_1} = \frac{\lambda}{4\pi\varepsilon_0 R}(-\vec{i}-\vec{j})$$

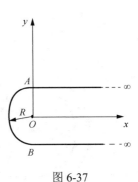

图 6-37

半无限长直线 $B\infty$ 在 O 点产生的场强 $\vec{E_2}$ 为

$$\vec{E_2} = \frac{\lambda}{4\pi\varepsilon_0 R}(-\vec{i}+\vec{j})$$

半圆弧线段 $\widehat{AB}$ 在 O 点产生的场强 $\vec{E_3}$ 为

$$\vec{E_3} = \frac{\lambda}{2\pi\varepsilon_0 R}\vec{i}$$

由场强叠加原理，O 点合场强为

$$\vec{E} = \vec{E_1} + \vec{E_2} + \vec{E_3} = 0$$

【例题 6-12】计算均匀带电球体的电场分布，已知球体半径为 R，所带的总电量为 $q(q>0)$。

解： 均匀带电球体的电荷分布具有球对称性，场强的分布也具有球对称性，可利用高斯定理求解。因为以 O 点为圆心做出的任一球面上各点场强大小相等，方向沿半径方向，所以取球面为高斯面。球面把空间分为两个区域，分别求解两区域的场强分布。

（1）球体外场强的计算，以 $r(r<R)$ 为半径做出一个球面为高斯面，如图 6-38（a）所示。根据高斯定理，得

$$\oiint_S \vec{E}\cdot\mathrm{d}\vec{S} = \frac{1}{\varepsilon_0}\rho\left(\frac{4}{3}\pi r^3\right)$$

其中体电荷密度为

$$\rho = \frac{q}{4/3\pi R^3}$$

所以有

$$\oiint_S E\mathrm{d}S = E\cdot 4\pi r^2 = \frac{q}{\varepsilon_0}\frac{r^3}{R^3} \Rightarrow E = \frac{q}{4\pi\varepsilon_0}\frac{r}{R^3}$$

(2) 球体外场强的计算。以 $r(r>R)$ 为半径做出一个球面为高斯面，如图 6-38（b）所示。根据高斯定理得

$$\oiint_S \vec{E}\cdot d\vec{S} = \frac{q}{\varepsilon_0} \oiint_S \vec{E}\cdot d\vec{S} = \frac{q}{\varepsilon_0} \Rightarrow E\cdot 4\pi r^2 = \frac{q}{\varepsilon_0} \Rightarrow E = \frac{q}{4\pi\varepsilon_0 r^2}$$

与一个放置在圆心 O 点的点电荷产生的电场相同。场强在空间的分布如图 6-38（c）所示。

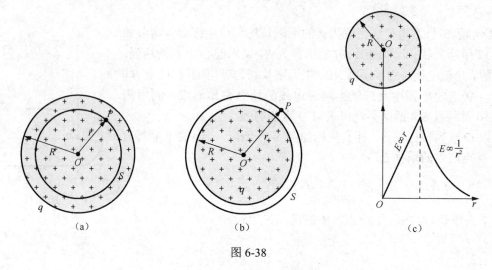

图 6-38

【例题 6-13】 如图 6-39（a）所示，一个球形均匀带电体，电荷体密度为 ρ，内部有一个偏心球形空腔，证明空腔内部为均匀电场。

解： 本题带电体电荷分布不满足球对称，它的电场分布也不是球对称分布，因此不能用高斯定理求其电场分布，也无法用点电荷场强公式由积分法求得，但可用场强的叠加原理，即补偿法进行求解。挖去空腔的带电球体在电学上等效于一个完整的、电荷体密度为 ρ 的均匀带电球体和一个电荷体密度为 $-\rho$ 的空腔球体。这样，利用场强的叠加原理，挖去空腔的带电球体的场强就可以计算。这种方法常称为补偿法。

空腔任意一点的电场是电荷体密度为 ρ 与球体等大的实心球体和电荷体密度为 $-\rho$ 与空腔等大的实心球体共同产生的，如图 6-39（b）所示。

如图 6-39（c）所示，空腔中任意一点 P 的场强为

$$\vec{E} = \vec{E_1} + \vec{E_2}$$

根据高斯定理得

$$\vec{E_1} = \frac{\rho \vec{r'}}{3\varepsilon_0}, \quad \vec{E_2} = -\frac{\rho \vec{r''}}{3\varepsilon_0}$$

应用矢量关系有

$$\vec{r'} = \vec{r} + \vec{r''}$$

$$\vec{E} = \frac{\rho \vec{r'}}{3\varepsilon_0} - \frac{\rho \vec{r''}}{3\varepsilon_0} = \frac{\rho(\vec{r'}+\vec{r''})}{3\varepsilon_0} - \frac{\rho \vec{r'}}{3\varepsilon_0} = \frac{\rho \vec{r}}{3\varepsilon_0}$$

可见空腔内部为均匀电场，与 $\vec{r'}$ 和 $\vec{r''}$ 均无关，方向就是 $\vec{r}$ 的方向。

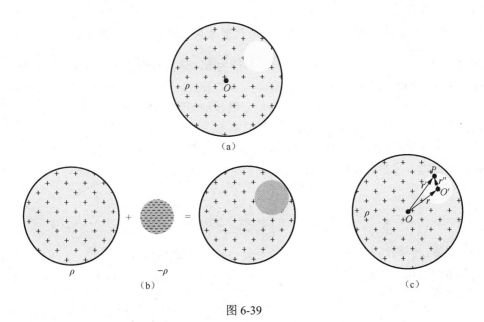

图 6-39

【例题 6-14】 有一个内外半径分别为 a 和 b 的带电球壳，电荷体密度 $\rho = A/r$，在球心有一个点电荷 Q，证明当 $A = \dfrac{Q}{2\pi a^2}$ 时，球壳区域内的场强的大小与 r 无关。

解：此带电系统的场强分布可以分成三个区域：球壳空腔内、球壳中及球壳外，由于点电荷和球壳内电荷分布是球对称的，它的场强也是球对称，因此可用高斯定理求场强的分布。如图 6-40 所示，在球壳区域内选取半径为 r 的球面为高斯面，根据高斯定理，有

$$\oiint_S \vec{E}\cdot d\vec{S} = \frac{Q + \iiint_V \rho dV}{\varepsilon_0}$$

$$E\cdot 4\pi r^2 = \frac{Q + \iiint_V \dfrac{A}{r}\cdot 4\pi r^2 dr}{\varepsilon_0}$$

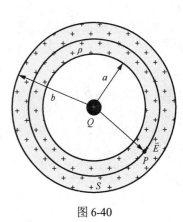

图 6-40

球壳区域内的场强大小为

$$E = \frac{Q}{4\pi\varepsilon_0 r^2} + \frac{1}{4\pi\varepsilon_0 r^2}\cdot 2\pi A(r^2 - a^2)$$

$$= \frac{Q}{4\pi\varepsilon_0 r^2} + \frac{A}{2\varepsilon_0} - \frac{Aa^2}{2\varepsilon_0 r^2}$$

已知场强的大小与 r 无关，有

$$\frac{Q}{4\pi\varepsilon_0 r^2} - \frac{Aa^2}{2\varepsilon_0 r^2} = 0 \Rightarrow A = \frac{Q}{2\pi a^2}$$

证毕。

3. 对连续带电体，选取典型微元，采用典型电场的电势计算结果积分计算电势

【例题 6-15】 无限长均匀带电圆柱面，半径为 R，单位长度带电为 $+\lambda$。求电势的分布。

解： 无限长均匀带电圆柱面电荷分布具有轴对称性，用高斯定理容易得到场强的分布。可用电势定义式求电势分布。需要注意的是无限长均匀带电圆柱面的电场，求电势分布时，不能选择无穷远处为电势零点，否则，所得的结果为无穷大，失去意义。因为电势零点可以任意选择，所以取距离圆柱面轴线为 r_0 的 P_0 点为电势零参考点。

由高斯定理容易得到无限长均匀带电圆柱面空间场强的分布为

$$E = \begin{cases} 0, & r < R \\ \dfrac{\lambda}{2\pi\varepsilon_0 r}, & r > R \end{cases}$$

取距离圆柱面轴线为 r_0 的 P_0 点为电势零参考点，如图 6-41（a）所示。

$r > R$ 的空间 P 点的电势为

$$\varphi = \int_P^{P_0} \vec{E} \cdot \mathrm{d}\vec{r}$$

选择积分路线，如图 6-41（a）所示，则有

$$\varphi = \int_P^{P'} \vec{E} \cdot \mathrm{d}\vec{r} + \int_{P'}^{P_0} \vec{E} \cdot \mathrm{d}\vec{r}$$

$\vec{E}$ 的方向垂直轴线向外，与 PP' 方向垂直，所以有

$$\int_P^{P'} \vec{E} \cdot \mathrm{d}\vec{r} = 0 \Rightarrow \varphi = \int_{P'}^{P_0} \vec{E} \cdot \mathrm{d}\vec{r} = \int_r^{r_0} \vec{E} \cdot \mathrm{d}\vec{r}$$

$\vec{E}$ 的方向垂直轴线向外，与 PP_0 方向相同，则有

$$\varphi = \int_{P'}^{P_0} \dfrac{\lambda}{2\pi\varepsilon_0 r}\vec{r}_0 \cdot \mathrm{d}\vec{r} = \int_r^{r_0} \dfrac{\lambda}{2\pi\varepsilon_0 r}\mathrm{d}r = -\dfrac{\lambda}{2\pi\varepsilon_0}\ln r + c$$

$r < R$ 的空间 P 点的电势为

$$\varphi = \int_P^{P_0} \vec{E} \cdot \mathrm{d}\vec{r}$$

积分路线如图 6-41（b）所示，则有

$$\varphi = \int_{P'}^{R} \vec{E} \cdot \mathrm{d}\vec{r} + \int_{R}^{P'} \vec{E} \cdot \mathrm{d}\vec{r} + \int_{P'}^{P_0} \vec{E} \cdot \mathrm{d}\vec{r}$$

因为 $\int_{P'}^{R} \vec{E} \cdot \mathrm{d}\vec{r} = 0$，$\int_{P'}^{P_0} \vec{E} \cdot \mathrm{d}\vec{r} = 0$，所以有

$$\varphi = \int_R^{P'} \vec{E} \cdot \mathrm{d}\vec{r} = \int_R^{r_0} \vec{E} \cdot \mathrm{d}\vec{r} = \int_R^{r_0} \dfrac{1}{2\pi\varepsilon_0}\dfrac{\lambda}{r}\mathrm{d}r = -\dfrac{\lambda}{2\pi\varepsilon_0}\ln R + c$$

上式表明，圆柱面内电势为常数。以上计算 $r < R$ 的空间 P 点的电势时，由 r 到电势零点处的路径上经过了柱面外和柱面内两个区域，这两个区域中的场强是不同的，所以求电势时需要分段积分。

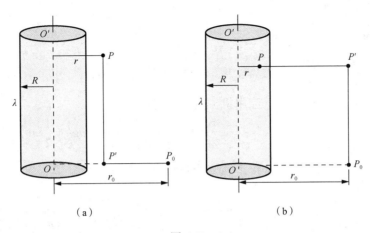

图 6-41

4. 可通过计算电势得出电势能

【例题 6-16】计算电子在原子核（带正电 Ze）势场中的电势能。

解： 电势能的计算可通过计算电势得出。电子在半径为 r 的轨道绕核运动，选取无穷远为原子核电势零点，如图 6-42 所示，原子核产生的电势为

$$\varphi = \frac{1}{4\pi\varepsilon_0}\frac{Ze}{r}$$

电子的静电势能为

$$W = (-e)\varphi = -\frac{1}{4\pi\varepsilon_0}\frac{Ze^2}{r}$$

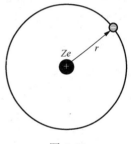

图 6-42

上式表明轨道半径越小，电子的静电势能越低，总的能量越低

5. 粒子在静电场中运动，受到电场力，其运动规律也可用质点的运动规律来描述

【例题 6-17】一半径为 R 的均匀带电细圆环，其电荷密度为 λ，水平放置。今有一质量为 m、带电量为 q 的粒子沿圆环轴线自上而下向圆环的中心运动。已知该粒子在通过距环心高为 h 的一点时的速率为 v_1。试求该粒子到达环心时的速率。

解： 本题可用牛顿定律、动能定理及能量守恒定律求解。下面用第三种方法求解。

如图 6-43 所示，选取无穷远处为电势能零点，O 点为重力势能零点。带电细圆环在轴线上一点的电势为

$$\varphi = \frac{Q}{4\pi\varepsilon_0\sqrt{h^2+R^2}}$$

带电粒子在 h 高度的位置时静电势能为

$$W_{e1} = \frac{q\lambda R}{2\varepsilon_0\sqrt{h^2+R^2}}$$

重力势能 $W_{g1} = mgh$ 和动能 $W_{k1} = \frac{1}{2}mv_1^2$。

带电粒子到达圆心 O 时静电势能为

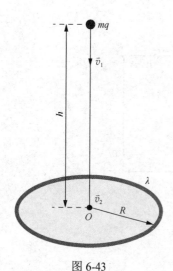

图 6-43

$$W_{e2} = \frac{q\lambda}{2\varepsilon_0}$$

重力势能 $W_{g2}=0$ 和动能 $W_{k2}=\frac{1}{2}mv_2^2$。

应用机械能守恒定律，有

$$\frac{1}{2}mv_1^2 + \frac{q\lambda R}{2\varepsilon_0\sqrt{h^2+R^2}} + mgh = \frac{1}{2}mv_2^2 + \frac{q\lambda}{2\varepsilon_0}$$

粒子到达环心时的速率为

$$v_2 = \left[v_1^2 + 2gh - \frac{q\lambda R}{m\varepsilon_0}\left(\frac{1}{R} - \frac{1}{\sqrt{h^2+R^2}}\right)\right]^{\frac{1}{2}}$$

6. 平行板电容器做功

【例题 6-18】平行板电容器每个极板面积为 S，两极板间距为 d，现将一面积也为 S，厚度为 d' 的金属板插入电容器，如图 6-44 所示。计算：（1）此电容器的电容；（2）把电容器充电到两极板电势差为 U 后再与电源断开，把金属板从电容器中抽出需要做的功。

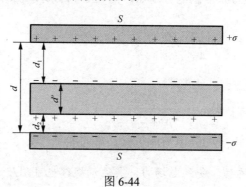

图 6-44

解： 当维持两极板上的电荷不变时，取出电介质后，两极板间的场强增大了，这表明电容器的电场能量增加了，电容器能量增加等于外力做功。

（1）设极板面密度为 σ、$-\sigma$，金属板插入前电容器电容为

$$C = \frac{\varepsilon_0 S}{d}$$

插入金属板后，金属板外空间场强不变，$E=\dfrac{\sigma}{\varepsilon_0}$，金属板内 $E=0$。电容器两极板的电势差为

$$U = \int_+^- \vec{E}\cdot d\vec{l} = Ed_1 + Ed_2 = \frac{\sigma}{\varepsilon_0}(d-d')$$

电容为

$$C' = \frac{Q}{U} = \frac{\varepsilon_0 S}{d-d'}$$

结果表明，C' 大于未插入金属板时的电容；与金属板到电容器两极板的距离无关。插入金属板后的电容器，也可看作两个电容器串联，即

$$\frac{1}{C'} = \frac{d_1}{\varepsilon_0 S} + \frac{d_2}{\varepsilon_0 S} = \frac{d-d'}{\varepsilon_0 S}$$

得到的结果相同。

（2）金属板从电容器中抽出后，电容器静电场能量增加，根据功能原理，增加的能量等于抽出金属板时，外力做的功，即

$$A = W_2 - W_1 = \frac{1}{2C}Q^2 - \frac{1}{2C'}Q^2 = \frac{Q^2}{2}\frac{d'}{\varepsilon_0 S}$$

其中，极板上的自由电荷为

$$Q = UC' = \frac{\varepsilon_0 SU}{d-d'} \Rightarrow A = \frac{1}{2}\frac{\varepsilon_0 Sd'U^2}{(d-d')^2}$$

用电场能量公式也可求得

$$A = W_2 - W_1 = w_e(V_2 - V_1) = \frac{1}{2}\varepsilon_0 E^2 \left[d - (d-d')\right]S = \frac{1}{2}\frac{\varepsilon_0 Sd'U^2}{(d-d')^2}$$

第 7 章 真空中的稳恒磁场

本章研究由稳恒电流（运动电荷）产生的稳恒磁场以及稳恒磁场对处于其中的稳恒电流（运动电荷）作用的性质和规律。稳恒磁场是指该磁场在空间的分布不随时间变化。本章的前三节从运动电荷在磁场中受力的角度出发，通过引入磁感应强度来描述稳恒磁场的性质。采用与静电场类比的方法，利用磁场的高斯定理和安培环路定理，从场的角度来理解稳恒磁场的性质。本章的后两节讨论稳恒磁场对运动电荷、电流或载流线圈的作用，并介绍它们在磁场中所受的磁场力、磁力矩及磁场力做功所遵循的物理规律。

7.1 磁场 磁感应强度 磁场的高斯定理

7.1.1 电流 电流密度

电荷在空间的定向运动形成电流，也称传导电流。通常用电流强度 I 描述导体中电流的强弱。电流强度简称电流，等于单位时间通过某一截面的电荷量，即

$$I = \frac{dq}{dt} \tag{7-1}$$

式中，dq 为在 dt 时间间隔内通过导体某一截面的电荷量。应该注意的是：
（1）该定义中的截面可以推广到任意曲面上。
（2）习惯上将正电荷流动的方向规定为电流的正方向。
（3）电流虽然为标量，但是有正负。

电流的单位是安培（A），$1A = 1C \cdot s^{-1}$。目前常用的电流单位有毫安（mA）和微安（μA）。它们之间的换算关系是 $1\,A = 10^3\,mA = 10^6\,\mu A$。

如果通过导体任一截面的电流不随时间变化，即 I 为常量，这种电流称为恒定电流，又称为直电流。

实际上还常常遇到大块导体中产生的电流，这时导体不同部分电流的大小和方向都不一样，形成一定的电流分布。因此仅有电流的概念是不够的，还必须引入能够描述导体中各处电流分布的物理量——电流密度。电流密度是一个矢量，通常用 $\vec{J}$ 表示，其大小等于通过该点垂直于电荷运动方向上单位时间、单位面积的电流，方向为该点正电荷的运动方向。具体理解如下：

假设导体中每个载流子带电 q，所有载流子均以平均速度 $\bar{v}$ 运动，载流子密度为 n。如图 7-1 所示，在导体中选取一个底面积为 dS、长度为 vdt 的斜圆柱体，设 dt 时间内，圆柱体内的载流子全部通过 dS，则穿过 dS 的电流强度为

$$dI = \frac{qn(\bar{v}dt) \cdot d\vec{S}}{dt} = qn\bar{v} \cdot d\vec{S}$$

令 $\vec{J} = qn\vec{v}$，则 dI 为

$$dI = \vec{J} \cdot d\vec{S} = JdS\cos\theta$$

所以

$$J = \frac{dI}{dS_\perp}$$

即电流密度的大小等于通过垂直于载流子运动方向上单位面积的电流，如图 7-2 所示。在电流区域通过一个有限面积 S 的电流 I 与电流密度 $\vec{J}$ 之间的关系为

$$I = \iint_S \vec{J} \cdot d\vec{S} \tag{7-2}$$

式（7-2）表明，电流密度 $\vec{J}$ 与电流 I 之间的关系是矢量和它的通量之间的关系。国际单位制中电流密度的单位为 A/m²。

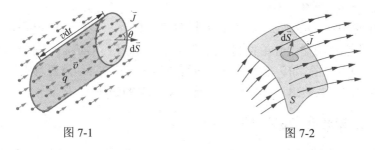

图 7-1　　　　　　　　　　图 7-2

7.1.2　磁感应强度

一切磁现象起源于电荷的运动。运动电荷（或电流）在其周围不仅激发电场，而且激发磁场。在电场中，静止的电荷只受电场力的作用，而运动电荷（或电流）除受电场力的作用外，还受磁场的作用（即磁场力）。电流或运动电荷之间相互作用的磁力是通过磁场来实现的。通常这种关系可表示为

运动电荷 1（电流 1） $\xrightleftharpoons[\text{作用}]{\text{激发}}$ 磁场 $\xrightleftharpoons[\text{激发}]{\text{作用}}$ 运动电荷 2（电流 2）

与电场的物质性相似，磁场也是一种物质。

因为磁场对处于其中的运动电荷、电流或磁针等有磁场力的作用，因此可以用磁场对运动电荷、电流或磁针所受的磁场力来描述磁场的性质，并照此方法引入一个重要的物理量——磁感应强度 $\vec{B}$。它是描述磁场强弱与方向的物理量。可以从运动试探电荷在磁场中受力的角度来定义。一个运动试探电荷在磁场中运动到某处，可以通过该处运动试探电荷所受磁力的大小和方向来描述该处磁场的强弱和方向。

实验发现，当运动试探电荷 q 以速度 $\vec{v}$ 向磁场中某位置运动时，所受磁场力 $\vec{F}_m$ 的大小和方向与 q、$\vec{v}$ 及运动方向有关。

实验表明：

（1）当运动试探电荷 q 以同一速度沿不同方向通过磁场中某点时，运动试探电荷所受的磁场力的大小会发生变化，但存在一个特定的方向。当运动试探电荷沿该特定方向（或其反方向）运动时，所受的磁场力为零。这个特定方向与运动试探电荷无关，它所在的直线方向能反映磁场的性质，记为 $\vec{B}$ 的方向。

（2）当运动试探电荷 q 沿与前述特定方向垂直的方向运动时，其所受的磁力最大，记为

F_{max}。比值 F_{max}/qv 在某点具有确定值，与运动试探电荷的 qv 值的大小无关。比值 F_{max}/qv 反映该点磁场强弱的性质，记为 $\vec{B}$ 的大小。

（3）磁场力 $\vec{F}_m$ 总是垂直于磁场 $\vec{B}$ 和 $\vec{v}$ 所组成的平面。

综上所述，以正电荷为例，$\vec{F}_m$、$\vec{B}$ 和 $\vec{v}$ 关系如图 7-3 所示。磁力 $\vec{F}_m$、$\vec{B}$ 和 $\vec{v}$ 三者满足如下关系：

$$\vec{F}_m = q\vec{v} \times \vec{B} \quad (7\text{-}3)$$

由式（7-3）定义的磁感应强度 $\vec{B}$ 矢量，其大小 $B = F_m/(qv\sin\alpha)$，α 是电荷 q 的速度 $\vec{v}$ 和磁场 $\vec{B}$ 之间的夹角，方向是由 $\vec{F}_m = q\vec{v} \times \vec{B}$ 所决定的，$\vec{F}_m$、$\vec{B}$ 和 $\vec{v}$ 三者构成右手螺旋关系。也就是说，$\vec{B}$ 的方向是由右手螺旋

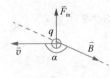

图 7-3

定则按 $\vec{F}_{max} \times \vec{v}$ 所决定的。显然磁感应强度 $\vec{B}$ 是磁场某点位置的函数，因此，磁感应强度 $\vec{B}$ 是描述磁场某点特性的基本物理量。

在国际单位制中，磁感应强度的单位为特斯拉（Tesla），$1T = 1N \cdot s/(C \cdot m) = 1N/(A \cdot m)$，符号为 T。磁感应强度的非国际单位制目前仍常见的为高斯（Gauss），符号为 Gs。换算关系为 $1T = 10^4 Gs$。人体表面，如头部可激发的磁场约为 $3 \times 10^{-10}T$；地球磁场大约为 $5 \times 10^{-5}T$；大型电磁铁能激发大于 2T 的磁场；超导磁体能激发 25T 的磁场。

7.1.3 磁感应线　磁通量　磁场的高斯定理

产生磁场的运动电荷或电流称为磁场源。在有若干磁场源的情况下，它们产生的磁场服从矢量叠加原理。

类比电场中引入电场线的方法，为了形象地描述磁场中磁感应强度的分布，同样引入磁场线，也叫磁感应线、磁力线或 $\vec{B}$ 线，如图 7-4 所示。磁感应线的画法规定与电场线的画法规定相同。规定磁感应线为一些有向曲线，某点的磁感应强度 $\vec{B}$ 的方向与曲线上该点的切线方向相同。某点的磁感应强度 $\vec{B}$ 的大小等于在磁场中垂直于该处磁场 $\vec{B}$ 方向上单位面积 $dS_\perp$ 所穿过的磁感应线的条数 $d\Phi_m$，即 $B = d\Phi_m/dS_\perp$。

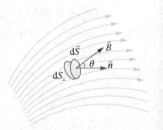

图 7-4

按照此规定画出的磁感应线较密处磁场较强，反之磁感应线较稀疏处磁场较弱。这样，磁感应线的分布就能反映磁感应强度的大小和方向。如图 7-5 所示，给出几种不同形状的电流所激发的磁场的磁感应线图。显然，磁感应线具有以下性质：磁感应线是闭合线；任意两条磁感应线互不相交；磁感应线与其源电流相互套连，构成右手螺旋关系。

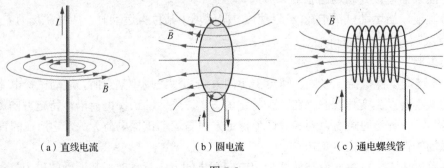

(a) 直线电流　　　　(b) 圆电流　　　　(c) 通电螺线管

图 7-5

类比电通量，同样也引入磁通量的概念。在磁场中，通过一个给定曲面的总磁感应线的条数称为通过该曲面的磁通量 Φ_m。磁通量是代数量，其正负的规定与电通量相同。

如图 7-6 所示，若在曲面上取面积元 $d\vec{S}$，可以求出在磁场中穿过任意面积元 $d\vec{S}$ 的磁通量为

$$d\Phi_m = \vec{B} \cdot d\vec{S} = B\cos\theta dS = B_n dS = B dS_\perp \quad (7-4)$$

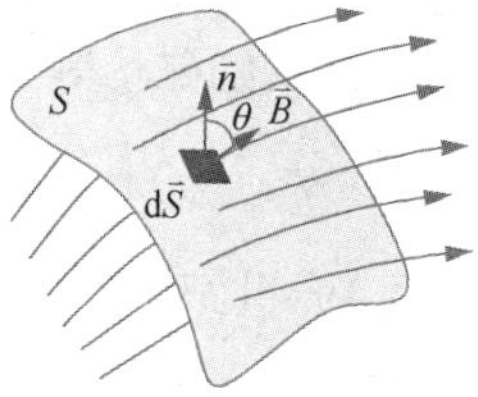

式中，θ 是面积元 $d\vec{S}$ 的法线 $\vec{n}$ 和磁感应强度 $\vec{B}$ 之间的夹角；B_n 是 $\vec{B}$ 在该面积元处法线方向的分量；$dS_\perp$ 是面积元 $d\vec{S}$ 在垂直于 $\vec{B}$ 方向上的投影。所以通过整个有限曲面 S 的磁通量 Φ_m 为

$$\Phi_m = \iint_S \vec{B} \cdot d\vec{S}$$

图 7-6

法线正向有两个方向。对于平面，该法线正向可以任意选取。对于曲面，通常取垂直于曲面指向外侧的方向为正法线的方向。对于闭合曲面，一般规定由内向外的方向为各面积元的法线 $\vec{n}$ 的正方向。因此，当磁感应线由闭合曲面内部穿出时，$d\Phi_m$ 为正。反之，当磁感应线由闭合曲面内部穿入时，$d\Phi_m$ 为负。与静电场的电通量类似，也有"穿出为正，穿入为负"。

在国际单位制中，磁通量的单位是韦伯，符号 Wb（Weber），$1\text{Wb}=1\text{T}\cdot\text{m}^2$。因此磁感应强度的单位 T 也可用 Wb/m^2 来表示。

由式（7-4）可知，$B = d\Phi_m/dS_\perp$，即磁场中某面积元处的磁感应强度 $\vec{B}$ 的大小是该处的磁通量密度，所以磁感应强度也叫磁通量密度。

由于磁感应线是闭合曲线，因此，对于一个闭合曲面 S，穿入的磁感应线的总数必然等于穿出的磁感应线的总数，如图 7-7 所示，即通过任一闭合曲面的磁通量总是零，即

$$\oiint_S \vec{B} \cdot d\vec{S} = 0 \quad (7-5)$$

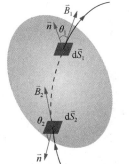

图 7-7

式（7-5）称为稳恒磁场的高斯定理，它是电磁场理论的基本方程之一。讨论静电场时已经知道矢量场的性质包括"通量"和"环流"。式（7-5）所描述的就是磁场"通量"的性质。

静电场的高斯定理为

$$\oiint_S \vec{E} \cdot d\vec{S} = \frac{1}{\varepsilon_0} \sum q_i，即 \oiint_S \vec{E} \cdot d\vec{S} \neq 0$$

比较磁场的高斯定理式（7-5）可以看出，它们之间有明显的不同。这表明磁场和静电场是两类不同性质的场。这是由于激发静电场的场源与激发磁场的场源性质不同。自然界存在正负电荷，但不存在分立的单个磁极（即磁单极子）。因此，静电场的电场线总是源于正电荷，终于负电荷，静电场是有源场；而磁场的磁感应线是环绕电流的、无头无尾的闭合曲线，磁场是无源场。

7.2 毕奥-萨伐尔定律

7.2.1 毕奥-萨伐尔定律介绍

为了准确计算真空中电流与它在空间任一点所激发的磁场之间的关系，引入电流元 $Id\vec{l}$

的概念。如图 7-8 所示的载流导体，I 为恒定电流，$d\vec{l}$ 为沿着电流方向所取的矢量元，其大小为 dl，方向规定为该处电流沿线元的流向方向。可以将整个电流看作无穷多个、无限小的电流元 $Id\vec{l}$ 的集合。实验表明，磁场和电场一样遵从场叠加原理。因此长度为 L 的整个线电流所激发的磁场等于各电流元所激发磁场的矢量和，即

$$\vec{B} = \int_L d\vec{B}$$

19 世纪上半叶，物理学家毕奥-萨伐尔（Biot-Savart）等对载流导体产生的磁场做了实验研究，总结出电流元 $Id\vec{l}$ 在空间任一点 P 处所激发的磁感应强度 $d\vec{B}$ 的表达式。研究表明：

（1）$d\vec{B}$ 的大小由下式决定：

$$dB = \frac{\mu_0}{4\pi}\frac{Idl\sin\alpha}{r^2}$$

式中，$\mu_0 = 4\pi \times 10^{-7}(\mathrm{T\cdot m\cdot A^{-1}})$ 为真空中的磁导率；r 为电流元 $Id\vec{l}$ 所在点到 P 点的位矢 $\vec{r}$ 的大小；α 为位矢 $\vec{r}$ 和电流元 $Id\vec{l}$ 之间的夹角。

（2）$d\vec{B}$ 的方向是由 $Id\vec{l}\times\vec{r}$ 所决定的，即垂直于电流元和矢径构成的平面，与 $Id\vec{l}$ 和 $\vec{r}$ 遵从右手螺旋定则（图 7-8）。

综合以上两点有

$$d\vec{B} = \frac{\mu_0}{4\pi}\frac{Id\vec{l}}{r^2}\times\vec{r}^0 \tag{7-6}$$

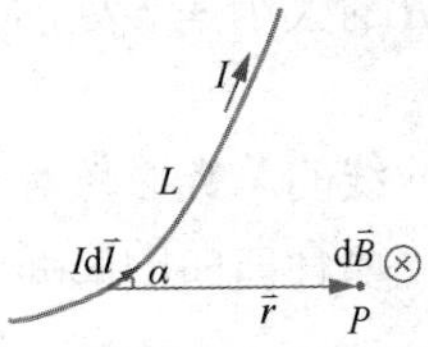

图 7-8

式（7-6）称为毕奥-萨伐尔定律，由此可以求得任意一段线电流 L 所激发的总磁感应强度为

$$\vec{B} = \int_L d\vec{B} = \int_L \frac{\mu_0}{4\pi}\frac{Id\vec{l}}{r^2}\times\vec{r}^0 \tag{7-7}$$

毕奥-萨伐尔定律是计算电流磁场的基本公式。对式（7-7）讨论如下：

（1）$d\vec{B}$ 的大小 dB 与 Idl 成正比，与位矢大小 r 的平方成反比。

（2）$d\vec{B}$ 的大小 dB 与 $\vec{r}$ 和 $Id\vec{l}$ 的夹角 α 有关。在与电流元 $Id\vec{l}$ 垂直的方向上，磁场最强；在与电流元重合的方向上，磁场为零。

（3）$d\vec{B}$ 的方向垂直于电流元和矢径构成的平面。

由于电流是带电粒子的定向运动形成的，且运动速度远小于光速，因此可以从毕奥-萨伐尔定律推导出低速运动电荷在其周围空间激发的磁场公式。

对如图 7-9 所示的电流元 $Id\vec{l}$ 来说，设其导体截面积为 S，单位体积内有 n 个正电荷，每个正电荷的带电量为 q，且每个电荷都以相同的速度 $\vec{v}$ 运动，则电流 $I = nqsv$，电流元中正电荷的个数 $dN = nSdl$，正电荷运动速度 $\vec{v}$ 的方向与电流元 $Id\vec{l}$ 相同，即 $vd\vec{l}/dl = \vec{v}$，因此整个电流元在 P 点产生的磁场可以认为是这些以同样速度 $\vec{v}$ 运动的正电荷在 P 点所激发磁场的同向叠加，所以单个正电荷在 P 点所激发的磁感应强度为

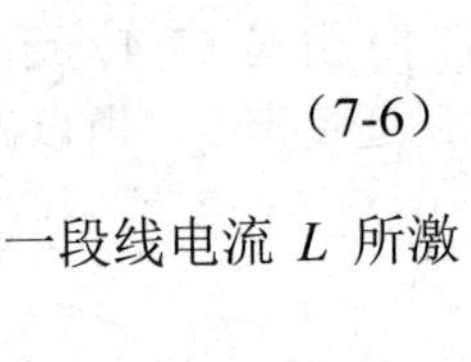

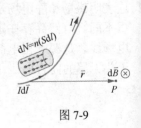

图 7-9

$$\vec{B} = \frac{d\vec{B}}{dN} = \frac{\mu_0}{4\pi}\frac{(nqSv)d\vec{l}\times\vec{r}^0}{r^2}\bigg/nSdl$$

$$= \frac{\mu_0}{4\pi}\frac{q\vec{v}\times\vec{r}^0}{r^2}$$

上述方法是利用运动电荷的等效电流求空间某处的磁感应强度。

7.2.2 毕奥-萨伐尔定律的应用

应用毕奥-萨伐尔定律，原则上可以计算各种电流分布产生的磁场的磁感强度。计算的基本步骤如下：

（1）任取电流元 $Id\vec{l}$，求出其所在 P 点处产生的磁场 $d\vec{B}$ 的大小与方向。

（2）分析 $d\vec{B}$ 方向是否变化。分两种情况：若 $d\vec{B}$ 方向不变，直接积分；若 $d\vec{B}$ 方向变化，需要在直角坐标系中对 $d\vec{B}$ 进行适当的分解，即

$$d\vec{B} = dB_x\vec{i} + dB_y\vec{j} + dB_z\vec{k}$$

然后对各分量分别进行积分，即

$$B_x = \int dB_x, \quad B_y = \int dB_y, \quad B_z = \int dB_z$$

最后，求出总磁感应强度为

$$\vec{B} = B_x\vec{i} + B_y\vec{j} + B_z\vec{k}$$

下面用实例说明应用毕奥-萨伐尔定律计算几种电流产生磁场的磁感应强度。

【例题 7-1】 求长度为 L、通有电流 I 的直导线在距离导线为 d 处一点 P 的磁感应强度，如图 7-10（a）所示，已知 α_1、α_2、I。

解：建立如图 7-10（b）所示的坐标系。任取电流元 $Id\vec{l}$，由毕奥-萨伐尔定律决定该电流元在 P 点激发磁场 $d\vec{B}$，$d\vec{B}$ 大小为

$$dB = \frac{\mu_0}{4\pi}\frac{Idl\sin\alpha}{r^2}$$

$d\vec{B}$ 方向是由 $Id\vec{l} \times \vec{r}$ 所决定的，即垂直于纸面向里 $\otimes$。由于各电流元的 $d\vec{B}$ 方向都相同，直接积分有

$$B = \int dB = \int \frac{\mu_0}{4\pi}\frac{Idl\sin\alpha}{r^2}$$

考虑几何关系，有

$$l = d\cot(\pi - \alpha) = -d\cot\alpha$$

即 $dl = (-d)(-\csc^2\alpha)d\alpha = \dfrac{d}{\sin^2\alpha}d\alpha$，$r = d/\sin\alpha$ 可统一积分变量，得

$$B = \int\frac{\mu_0}{4\pi}\frac{1}{r^2}I\sin\alpha dl = \int\frac{\mu_0}{4\pi}\frac{\sin^2\alpha}{d^2}I\sin\alpha\frac{d}{\sin^2\alpha}d\alpha = \int_{\alpha_1}^{\alpha_2}\frac{\mu_0}{4\pi d}I\sin\alpha d\alpha = \frac{\mu_0 I}{4\pi d}(\cos\alpha_1 - \cos\alpha_2)$$

方向：垂直于纸面向里 $\otimes$。

结果讨论：

（1）无限长载流直导线。因为 $\alpha_1 = 0$，$\alpha_2 = \pi$，所以 $B = \dfrac{\mu_0 I}{2\pi d}$。电流方向与磁感应强度方向满足右手螺旋关系，如图 7-10（c）所示。

（2）半无限长载流直导线。因为 $\alpha_1 = \pi/2$，$\alpha_2 = \pi$，所以 $B = \dfrac{\mu_0 I}{4\pi d}$。

（3）直导线延长线上。由 $\alpha = 0$，得 $dB = 0$，所以 $B = 0$。

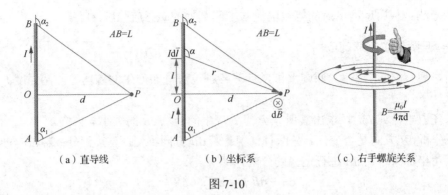

(a) 直导线　　　　(b) 坐标系　　　　(c) 右手螺旋关系

图 7-10

【例题 7-2】 如图 7-11（a）所示，已知载流圆线圈（圆电流）的电流 I 和半径 R，计算载流圆线圈在轴线一点 P 的磁感应强度。

解：建立如图 7-11（b）所示的坐标系。任取电流元 $Id\vec{l}$，根据毕奥-萨伐尔定律，载流圆线圈上任一电流元 $Id\vec{l}$ 在 P 点产生磁感应强度大小为

$$dB = \frac{\mu_0}{4\pi}\frac{Idl}{r^2}\sin\frac{\pi}{2} = \frac{\mu_0}{4\pi}\frac{Idl}{r^2}$$

方向为垂直于 $Id\vec{l}$ 和 $\vec{r}$ 构成的平面，如图 7-11（b）所示，即

$$d\vec{B} = d\vec{B}_{//} + d\vec{B}_{\perp}$$

P 点的磁感应强度为

$$\vec{B} = \int d\vec{B} = \int d\vec{B}_{//} + \int d\vec{B}_{\perp}$$

由电流分布的对称性可知，环形电流在垂直于轴线方向的磁场为零，即 $\int d\vec{B}_{\perp} = 0$，所以 P 点磁感应强度 $B = \int d\vec{B}_{//}$，方向沿 X 轴的正方向，即

$$dB_{//} = \frac{\mu_0}{4\pi}\frac{Idl}{r^2}\sin\theta$$

由几何关系得

$$r^2 = x^2 + R^2, \quad \sin\theta = \frac{R}{\sqrt{x^2 + R^2}}$$

可知载流圆线圈在 P 点产生的磁感应强度为

$$B = \int_0^{2\pi R}\frac{\mu_0}{4\pi}\frac{Idl}{r^2}\sin\theta = \int_0^{2\pi R}\frac{\mu_0}{4\pi}\frac{RIdl}{(x^2+R^2)^{3/2}} = \frac{\mu_0}{2}\frac{IR^2}{(x^2+R^2)^{3/2}}$$

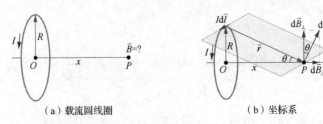

(a) 载流圆线圈　　　　(b) 坐标系

图 7-11

对于 1 匝载流线圈引入磁矩 $\vec{m}$ 的定义式 $\vec{m} = IS\vec{n}$，其中 $\vec{n}$ 为线圈的正法线方向的单位矢量。显然 $\vec{m}$ 的大小为 $m = IS$，方向沿线圈正法线的方向。如果线圈有 N 匝，则总的线圈磁

矩 $\vec{m} = NIS\vec{n}$，大小为 1 匝线圈的 N 倍。

对上述结果讨论如下：

（1）载流圆线圈圆心处的磁感应强度。因为 $x = 0$，所以有

$$B = \frac{\mu_0 I}{2R}$$

（2）远离载流圆线圈处，$x \gg R$，$r \approx x$，所以有

$$B = \frac{\mu_0}{2} \frac{IR^2}{(x^2 + R^2)^{3/2}} = \frac{\mu_0}{2} \frac{IR^2}{x^3} = \frac{\mu_0}{2\pi} \frac{IS}{x^3} \Rightarrow \vec{B} = \frac{\mu_0}{2\pi} \frac{\vec{m}}{x^3}$$

即线圈轴线上磁感应强度方向与线圈磁矩的方向一致。

（3）一段圆心角为 θ 的载流圆弧在圆心处的磁感应强度大小为

$$B = \frac{\theta}{2\pi} \frac{\mu_0 I}{2R}$$

【**例题 7-3**】如图 7-12（a）所示，长度为 b 的细杆均匀带电 q，绕距离一端为 a 的 O 点以角速度 ω 在竖直面内转动，计算带电细杆在 O 点产生的磁感应强度。

解：利用运动电荷的等效电流求解，并利用例题 7-2 载流圆线圈的计算结果。建立如图 7-12（b）所示坐标系。任取距离圆心 O 点 x 处的电荷元为

$$dq = \lambda dx$$

其绕 O 点转过一周形成的圆电流为

$$dI = \frac{dq}{T}$$

因为带电细棒转动的周期 $T = \frac{2\pi}{\omega}$，所以有

$$dI = \frac{\omega \lambda}{2\pi} dx$$

该圆电流在 O 点产生的磁感应强度大小为

$$dB = \frac{\mu_0 dI}{2x} = \frac{\mu_0}{4\pi x} \omega \lambda dx$$

方向为垂直于纸面向外。各线电流元 $d\vec{B}$ 的方向都相同，直接积分后得细杆在 O 点产生的磁感应强度大小为

$$B = \int_a^{a+b} \frac{\mu_0}{4\pi} \frac{\lambda \omega}{x} dx = \frac{\mu_0}{4\pi} \lambda \omega \ln \frac{a+b}{a}$$

方向为垂直于纸面向外。

（a）带电细杆　　　　　（b）坐标系

图 7-12

【**例题 7-4**】无限长直导线折成 V 形，顶角为 θ，置于 x-y 平面内且一个角边与 x 轴重合。当导线中有电流 I 时计算 y 轴上 P 点的磁感应强度，如图 7-13 所示。

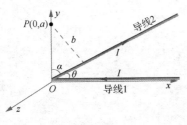

图 7-13

解：导线 1 在 P 点产生的磁感应强度大小为

$$B_1 = \frac{\mu_0 I}{4\pi a}(\cos\theta_1 - \cos\theta_2)$$

其中，$\theta_1 = 0$，$\theta_2 = \frac{\pi}{2}$，$B_1 = \frac{\mu_0 I}{4\pi a}$，方向为沿着 Z 轴负方向。

导线 2 在 P 点产生的磁感应强度大小为

$$B_2 = \frac{\mu_0 I}{4\pi b}(\cos\theta_1 - \cos\theta_2)$$

其中，$\cos\theta_1 = \sin\theta$，$\theta_2 = \pi$，$b = a\cos\theta$，$B_2 = \frac{\mu_0 I}{4\pi a\cos\theta}(\sin\theta + 1)$，方向为沿 Z 轴正方向。

总磁感应强度大小为

$$B = B_2 - B_1 = \frac{\mu_0 I(1 + \sin\theta - \cos\theta)}{4\pi a\cos\theta}$$

方向为沿 Z 轴正方向。

7.3 安培环路定理

在静电场中，$\vec{E}$ 的环流恒等于零，即电场强度 $\vec{E}$ 沿任一闭合路径 L 的线积分恒等于零，这反映了静电场是保守力场这一重要性质。与此相对，$\vec{B}$ 矢量沿一闭合路径 L 的线积分也称为 $\vec{B}$ 的环流。它的数值等于什么，又反映出磁场的什么性质，是本节讨论的内容。

7.3.1 安培环路定理介绍

以无限长载流直导线激发的磁场为例，分以下 4 种情况进行讨论：
（1）圆形环路包围电流；
（2）任意环路包围电流；
（3）电流在环路之外；
（4）环路包围多根载流长直导线。

整个推导从易到难，从特殊情况到一般情况，最终可以获得稳恒磁场中安培环路定理的一般表达式。接着，讨论环路的绕行方向和电流的正负之间的关系。

1）垂直于无限长载流直导线平面内同心圆形积分回路上 $\vec{B}$ 的环流

考虑载有恒定电流 I 的无限长直导线的磁场，$\vec{B}$ 线为在垂直于导线的平面内围绕该导线的同心圆，其绕行方向与电流方向服从右手螺旋定则。如图 7-14（a）所示，取在该平面内包围导线的、以 O 点为圆心、r 为半径的圆为闭合路径 L，绕行方向与电流方向服从右手螺旋定则。即此回路与载流长直导线产生的一条磁感应线重合，且闭合回路上 $\vec{B}$ 与 $d\vec{l}$ 方向相同。沿路经 L 计算 $\vec{B}$ 的环路线积分的值。

由例 7-1 可知，该路径上任一点处的磁感应强度 $\vec{B}$ 的大小 $B = \mu_0 I/2\pi r$，方向沿同心圆的切线方向，所以有

$$\oint_L \vec{B} \cdot d\vec{l} = \oint_L \frac{\mu_0 I}{2\pi r} dl = \frac{\mu_0 I}{2\pi r} \oint_L dl = \frac{\mu_0 I}{2\pi r} 2\pi r = \mu_0 I$$

此式表明，$\vec{B}$ 的环流等于闭合回路 L 所包围电流 I 的 μ_0 倍，与回路的半径无关。

2）闭合路径形状对 $\vec{B}$ 的环流的影响

讨论 1）中闭合路径 L 在垂直于无限长载流直导线的平面上，但形状任意时的情形，如图 7-14（b）所示。由前所述，在位矢为 $\vec{r}$ 的任一点 P 处的磁感应强度 $\vec{B}$ 的大小 $B = \mu_0 I / 2\pi r$，方向与位矢 $\vec{r}$ 垂直，指向由右手螺旋定则决定。$\mathrm{d}\vec{l}$ 与 $\vec{B}$ 之间的夹角为 θ，且有 $\cos\theta \mathrm{d}l = r\mathrm{d}\alpha$，$\mathrm{d}\alpha$ 是 $\mathrm{d}l$ 对圆心 O 点所张的角。所以有

$$\oint_L \vec{B} \cdot \mathrm{d}\vec{l} = \oint_L B\cos\theta \mathrm{d}l = \oint_L \frac{\mu_0 I}{2\pi r}\cos\theta \mathrm{d}l = \oint_L \frac{\mu_0 I}{2\pi r} r\mathrm{d}\alpha = \frac{\mu_0 I}{2\pi} 2\pi = \mu_0 I$$

即

$$\oint_L \vec{B} \cdot \mathrm{d}\vec{l} = \mu_0 I \tag{7-8}$$

该结果与 1）的相同。

若闭合路径 L 不在垂直于无限长载流直导线的平面上，可以将 $\mathrm{d}\vec{l}$ 分解为平行于直导线分量 $\mathrm{d}\vec{l}_{//}$ 和垂直于直导线分量 $\mathrm{d}\vec{l}_{\perp}$，$\mathrm{d}\vec{l} = \mathrm{d}\vec{l}_{//} + \mathrm{d}\vec{l}_{\perp}$。显然，由于 $\mathrm{d}\vec{l}_{//}$ 与 $\vec{B}$ 之间的夹角 θ 为 $\pi/2$，所以有

$$\oint_L \vec{B} \cdot \mathrm{d}\vec{l}_{//} = \oint_L B\cos\theta \mathrm{d}l_{//} = 0$$

即平行于直导线的分量对整个闭合路径 L 上 $\vec{B}$ 的环流没有贡献。对于任何路径 L，都可将 L 上每一段线元分解为平行于直导线和垂直于直导线的分量，所以有

$$\oint_L \vec{B} \cdot \mathrm{d}\vec{l} = \oint_L \vec{B} \cdot (\mathrm{d}\vec{l}_{//} + \mathrm{d}\vec{l}_{\perp}) = 0 + \oint_L \vec{B} \cdot \mathrm{d}\vec{l}_{\perp} = \mu_0 I$$

也就是说仍然有式（7-8）成立，即 $\vec{B}$ 的环流的数值与闭合路径的形状和大小无关。

3）电流的方向对 $\vec{B}$ 的环流的影响

如果闭合路径绕行方向不变，但电流方向改变，即此时绕行方向与电流方向之间不再满足右手螺旋定则，则应将图 7-14（b）中 $\mathrm{d}\vec{l}$ 与 $\vec{B}$ 之间的夹角改为 $\pi - \theta$，如图 7-14（c）所示，$\cos(\pi - \theta)\mathrm{d}l = -r\mathrm{d}\alpha$，所以有

$$\oint_L \vec{B} \cdot \mathrm{d}\vec{l} = -\mu_0 I = \mu_0 (-I)$$

即电流的方向与闭合路径绕行方向满足右手螺旋定则时，式（7-8）中电流 I 取正值，反之取负值。

4）电流在一闭合路径以外

如图 7-14（d）所示，从 O 点做闭合曲线的两条切线 OA 和 OC，切点 A 和 C 将闭合曲线分割为 L_1 和 L_2 两部分。L_1 与电流方向成右手螺旋关系，而 L_2 与电流成右手螺旋绕行的反方向。参照 2）中的推导分析可以得出

$$\oint_L \vec{B} \cdot \mathrm{d}\vec{l} = \int_{L_1} \vec{B} \cdot \mathrm{d}\vec{l} + \int_{L_2} \vec{B} \cdot \mathrm{d}\vec{l} = \frac{\mu_0 I}{2\pi}\left(\int_{L_1} \mathrm{d}\alpha - \int_{L_2} \mathrm{d}\alpha\right)$$

它们对无限长载流直导线所成的圆心角大小相等，符号相反。所以有

$$\oint_L \vec{B} \cdot \mathrm{d}\vec{l} = 0$$

此式说明不穿过闭合路径的无限长载流直导线对 $\vec{B}$ 的环流大小没有贡献。

可以证明以上结果式（7-8）虽然是从无限长载流直导线的磁场的特例推导出来的，但该结论对任意几何形状的通电导线的磁场，或闭合路径中包围有多根载流导线时也同样适

用。这就是电流和它所激发磁场之间的普遍规律,称为磁场的安培环路定理,其叙述如下。

在恒定电流的稳恒磁场中,磁感应强度 $\vec{B}$ 沿任何闭合路径 L 的线积分等于路径 L 所包围的电流强度的代数和的 μ_0 倍。其数学表达式为

$$\oint_L \vec{B} \cdot d\vec{l} = \mu_0 \sum I_i \tag{7-9}$$

式中,$\sum I_i$ 是闭合环路所包围电流的代数和,电流与积分路径方向成右手螺旋关系时取正值,反之取负值。

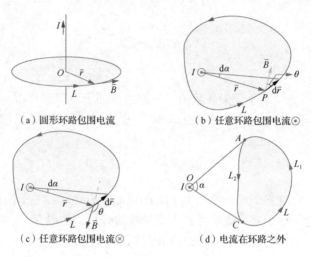

(a) 圆形环路包围电流　　(b) 任意环路包围电流⊙

(c) 任意环路包围电流⊗　　(d) 电流在环路之外

图 7-14

对于磁场的安培环路定理的说明如下:

(1) $\vec{B}$ 的环流不为零,而静电场 $\vec{E}$ 的环流为零,这反映出磁场是与静电场完全不同的场,是非保守力场,磁场没有类比于电场中势能的概念。

(2) 式(7-9)等号右边的电流 I 仅由闭合路径内的电流决定,即 $\vec{B}$ 的环流由环路内电流决定,而等号左边的 $\vec{B}$ 是闭合路径环内外所有电流所产生的磁感应强度的叠加。

(3) 式(7-9)仅适用于闭合回路的电流,不适用于非闭合的一段载流导体。

综上所述,矢量场的基本性质包括"通量"和"环流"。这里式(7-9)描述了稳恒磁场"环流"的性质——非保守性。在矢量场的讨论中通常将矢量环流等于零的场称为无旋场,将矢量环流不为零的场称为涡旋场或有旋场。因此静电场是无旋场,而稳恒磁场是涡旋场。

描述稳恒磁场的两个基本方程——高斯定理和安培环路定理是稳恒磁场的高斯定理式(7-5)和安培环路定理式(7-9)。可以看出静电场和磁场的性质有明显的区别。它们的性质比较如表 7-1 所示。

表 7-1　磁场和静电场的性质

静电场	磁场
$\oiint_S \vec{E} \cdot d\vec{S} = \dfrac{1}{\varepsilon_0} \sum q_i$	$\oiint_S \vec{B} \cdot d\vec{S} = 0$
静电场电场线总是源于正电荷,终于负电荷,因此静电场是有源场	磁场的磁感应线是环绕电流的、无头无尾的闭合曲线,因此磁场是无源场
$\oint_L \vec{E} \cdot d\vec{l} = 0$	$\oint_L \vec{B} \cdot d\vec{l} = \mu_0 \sum I_i$
静电场是保守力场或有势场	磁场不具有保守性,它是非保守力场或无势场

7.3.2 安培环路定理的应用

可以应用安培环路定理计算某些对称分布电流所产生的磁场的分布。计算步骤简述如下。

（1）分析磁场的分布特点，选取合适的闭合积分路径 L。安培环路定理常常用于磁场具有某种对称性的情形。根据磁场的对称性选取具有对称性的积分路径，如选取路径上 $\vec{B}$ 的大小处处相等，或者可以根据对称性将某些项相互抵消等。

（2）计算 $\vec{B}$ 的环流，由于选取了磁场中具有对称性的路径，线积分 $\oint_L \vec{B} \cdot d\vec{l} = \oint_L B\cos\theta dl$ 中的 B 往往可以从积分符号中提出，如选取路径上 $\vec{B}$ 的大小处处相等以方便求解。

（3）求出闭合路径 L 所包围的电流的代数和。

（4）由安培环路定理列等式求 $\vec{B}$ 的大小。

【例题 7-5】 计算无限长直均匀载流圆柱面在空间产生的磁场。设电流为 I，圆柱面半径为 R，如图 7-15（a）所示。

解： 由电流具有轴对称分布可知磁场具有轴对称性，即到轴线距离相同的点，磁感应强度大小相等；到轴线距离不同的点，磁感应强度不同。因此，通电圆柱面在空间激发的磁场，其磁感应线为许多簇同心圆，同一个圆上各点的磁感应强度大小相等，方向沿各点的切线方向。

（1）圆柱面外磁场的计算。选取半径 $r(r > R)$ 的圆为闭合回路，如图 7-15（b）所示，应用安培环路定理得

$$\oint_L \vec{B} \cdot d\vec{l} = B \cdot 2\pi r = \mu_0 I \Rightarrow B = \frac{\mu_0 I}{2\pi r}$$

与无限长载流直导线产生磁场一致

（2）圆柱面内磁场的计算。选取半径 $r(r < R)$ 的圆为闭合回路，如图 7-15（c）所示，应用安培环路定理，有

$$\oint_L \vec{B} \cdot d\vec{l} = B \cdot 2\pi r = 0 \Rightarrow B = 0$$

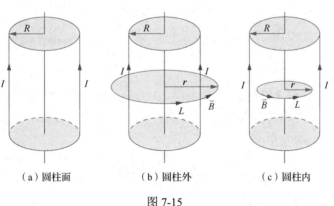

(a) 圆柱面　　(b) 圆柱外　　(c) 圆柱内

图 7-15

所以无限长直均匀载流圆柱面在空间产生磁场的磁场分布如图 7-16（a）所示，磁感应强度与距离轴线 r 的关系曲线如图 7-16（b）所示。

用相似的方法可以求得无限长直均匀载流圆柱导体产生的磁场的磁感应强度与距离轴线 r 的关系曲线，如图 7-17 所示。注意此种情形由于电流均匀分布在圆柱体的截面内，当选取半径 $r(r < R)$ 的圆为闭合路径时，其包围的电流 $I' = \left(\dfrac{I}{\pi R^2}\right)\pi r^2$。

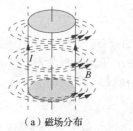
（a）磁场分布 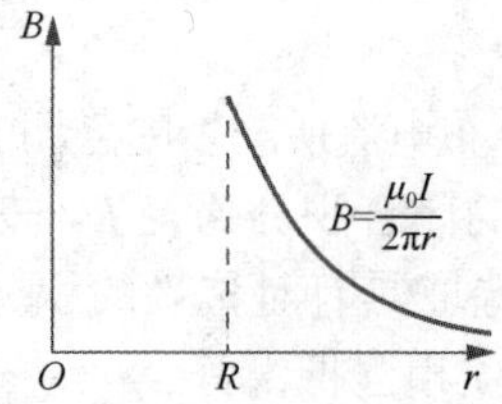　　　　　（b）圆柱面内

图 7-16

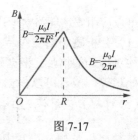

图 7-17

【例题 7-6】 计算均匀紧密绕制、长直载流螺线管内部的磁场。已知长直螺线管单位长度的匝数为 n，导线内通有电流 I，如图 7-18（a）所示。

解：根据电流分布的对称性可知管内中间部分的磁场的磁感应线是一系列与轴线平行的直线，可以近似认为是均匀磁场，而管外磁场近似为 0。

为了求任意一点 P 的磁感应强度，过 P 点作一矩形的闭合路径 L，如图 7-18（b）所示。$\vec{B}$ 沿闭合路径 L 的线积分为

$$\oint_L \vec{B} \cdot \mathrm{d}\vec{l} = \int_{ab} \vec{B} \cdot \mathrm{d}\vec{l} + \int_{bc} \vec{B} \cdot \mathrm{d}\vec{l} + \int_{cd} \vec{B} \cdot \mathrm{d}\vec{l} + \int_{da} \vec{B} \cdot \mathrm{d}\vec{l} = \int_{ab} \vec{B} \cdot \mathrm{d}\vec{l} = B \cdot ab$$

由安培环路定理得

$$\oint_L \vec{B} \cdot \mathrm{d}\vec{l} = \mu_0 nI \cdot ab \Rightarrow B \cdot ab = \mu_0 nI \cdot ab \Rightarrow B = \mu_0 nI$$

由于 P 点是任取的，因此长直螺线管内任一点的 B 的大小均相同，方向平行于轴线，由右手螺旋定则决定。

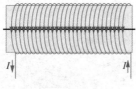
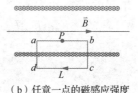

（a）螺线管　　　　　　（b）任意一点的磁感应强度

图 7-18

【例题 7-7】 如图 7-19 所示，已知通电螺绕环，总匝数为 N，导线内通有电流 I，假设螺绕环的半径比环管的截面半径大许多，求空间磁场分布。

解：根据电流分布的对称性可知环内的磁感应线为同心圆，同一条磁感应线上各点的磁感应强度大小相等。取 O 点为圆心，r 为半径的圆为闭合路径 L。

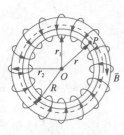

图 7-19

（1）对区域 $r_1 < r < r_2$ 应用安培环路定理，有

$$\oint_L \vec{B} \cdot \mathrm{d}\vec{l} = B \cdot 2\pi r = \mu_0 NI \Rightarrow B = \frac{\mu_0 NI}{2\pi r}$$

考虑螺绕环的半径比环管的截面半径大许多，有 $r \approx R = (r_1 + r_2)/2$，所以有

$$B = \frac{\mu_0 NI}{2\pi R}$$

若仍定义螺绕环单位长度上的匝数 $n = N/(2\pi R)$，则有 $B = \mu_0 n I$。该式与无限长直螺线管中间内部的磁感应强度的公式一致。

（2）对 $r < r_1$ 的空间应用安培环路定理，有

$$\oint_L \vec{B} \cdot d\vec{l} = \mu_0 \sum I_i = 0$$

由于没有电流穿过闭合回路 L，因此 $B = 0$

（3）对 $r > r_2$ 的空间应用安培环路定理，有

$$\oint_L \vec{B} \cdot d\vec{l} = \mu_0 \sum I_i = 0$$

虽然有电流穿过闭合回路 L，但是由于其净电流为零，仍有 $B = 0$。

综上所述，通电螺绕环空间磁场分布如下：

螺绕环内磁场为

$$B = \frac{\mu_0 N I}{2\pi R} = \mu_0 n I$$

螺绕环外磁场为

$$B = 0$$

式中，$n = N/(2\pi R)$，为螺绕环单位长度的匝数。

【例题 7-8】 如图 7-20（a）所示，空气中有一半径为 r 的无限长直圆柱金属导体。在圆柱体内挖一个直径为 $r/2$ 的圆柱空洞，空洞侧面与轴线 OO' 相切，在未挖洞部分通以均匀分布的电流 I，方向沿 OO' 向下。在距离轴线 $3r$ 处一电子沿平行于 OO' 轴方向在 OO' 和空洞轴线所决定的平面内向下以速度 $\vec{v}$ 飞出。求电子经 P 点时所受的力。

解： 利用补偿法计算 P 点磁感应强度，如图 7-20（b）所示。P 点磁场为半径为 r、电流向下的无限长圆柱导体和半径为 $r/4$、电流向上无限长直圆柱导体共同产生。

通过单位面积的电流为

$$j = \frac{I}{\pi(r^2 - r^2/16)}$$

半径为 r、电流 I_1 向下的无限长直圆柱金属导体在 P 点产生的磁感应强度为

$$B_1 = \frac{\mu_0 I_1}{2\pi d_1}$$

式中，$I_1 = \frac{I}{\pi(r^2 - r^2/16)} \pi r^2$；$d_1 = 3r$；$B_1 = \frac{\mu_0 I}{6\pi r} \frac{16}{15}$，方向垂直纸面向里。

半径为 $r/4$、电流 I_2 向上无限长直圆柱金属导体在 P 点产生的磁感应强度为

$$B_2 = \frac{\mu_0 I_2}{2\pi d_2}$$

式中，$I_2 = \frac{I}{\pi(r^2 - r^2/16)} \frac{\pi r^2}{16}$；$d_2 = 3r - \frac{r}{4}$；$B_2 = \frac{\mu_0 I}{11\pi r} \frac{2}{15}$，方向垂直纸面向外。

P 点合磁感应强度为

$$B = B_1 - B_2 = \frac{82}{495} \frac{\mu_0 I}{\pi r}$$

方向垂直纸面向里。

电子受到的洛伦兹力为

$$|\vec{F}| = |-e\vec{v} \times \vec{B}| = \frac{82}{495} \frac{\mu_0 Iev}{\pi r}$$

方向向左。

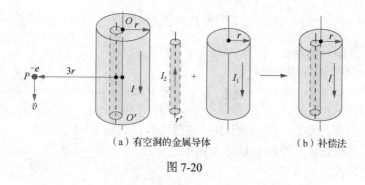

（a）有空洞的金属导体　　　　　（b）补偿法

图 7-20

7.4　磁场对运动电荷的作用

前文介绍了运动电荷产生稳恒磁场的性质。本节介绍稳恒磁场对运动电荷、电流和载流线圈的作用，内容包括稳恒磁场中运动电荷受到的洛伦兹力、电流受到的安培力及载流线圈受到力矩作用的规律。

7.4.1　洛伦兹力　带电粒子在均匀磁场中的运动

运动电荷 q 在磁场 $\vec{B}$ 中所受的磁场力 $\vec{F}_\mathrm{m}$ 叫作洛伦兹力，它们之间的关系可用式（7-3）描述。正的运动电荷所受洛伦兹力的方向由 $\vec{v} \times \vec{B}$ 决定，负的运动电荷所受洛伦兹力的方向为由 $\vec{v} \times \vec{B}$ 决定方向的反向。由于洛伦兹力的方向总是垂直于带电粒子的运动方向，因此洛伦兹力不改变带电粒子的速度大小，仅改变速度的方向。这是洛伦兹力的一个重要性质。

由式（7-3）可知一个带电粒子以速度 $\vec{v}$ 进入磁场后，受到的洛伦兹力的大小为 $F_\mathrm{m} = qvB\sin\theta$，$\theta$ 为 $\vec{v}$ 与 $\vec{B}$ 之间的夹角。

带电粒子受洛伦兹力的作用后会改变其运动状态。下面讨论带电粒子在均匀磁场中运动的情形。

1）$\vec{v} // \vec{B}$ 的情形

此时，$\vec{v}$ 与 $\vec{B}$ 之间的夹角 $\theta = 0$，所以 $F_\mathrm{m} = 0$，粒子做匀速直线运动，如图 7-21 所示。

2）$\vec{v} \perp \vec{B}$ 的情形

此时，$\vec{v}$ 与 $\vec{B}$ 之间的夹角 $\theta = \pi/2$，$F_\mathrm{m} = qvB$ 为最大值。洛伦兹力提供粒子做匀速圆周运动的向心力，如图 7-22 所示。因此 $qvB = mv^2/R$，其中 m 为粒子的质量，R 为粒子做匀速圆周运动的半径。所以有

$$R = \frac{mv}{qB} \tag{7-10}$$

带电粒子做圆周运动的周期为

$$T = \frac{2\pi R}{v} = \frac{2\pi m}{qB} \tag{7-11}$$

注意该周期与粒子的速度无关,这是磁聚焦和回旋加速器的理论基础。

图 7-21　　　　　　　　　　图 7-22

3）$\vec{v}$ 与 $\vec{B}$ 之间的夹角为某一角度 θ 的情形

这种情形,可将带电粒子进入磁场时的速度沿着平行于磁场和垂直于磁场的两个方向进行分解,得到平行于 $\vec{B}$ 的分量 $v_{//} = v\cos\theta$ 和垂直于磁场的分量 $v_\perp = v\sin\theta$,如图 7-23（a）所示。由上述两种情形的分析可知,沿平行于 $\vec{B}$ 的方向上,粒子以速率 $v_{//}$ 做匀速直线运动;在垂直于 $\vec{B}$ 的方向上,粒子以速率 $v_\perp$ 做匀速圆周运动。这两种运动叠加,最终粒子的轨迹为螺旋线,如图 7-23（b）所示。

螺旋线的半径为

$$R = \frac{mv_\perp}{qB} = \frac{mv\sin\theta}{qB}$$

螺旋线的螺距为

$$h = v_{//}T = v\cos\theta \cdot T = \frac{2\pi mv\cos\theta}{qB} \tag{7-12}$$

可以看出,螺距和平行于磁场的速度的分量 $v_{//}$ 有关,而与垂直分量 $v_\perp$ 无关。这正是磁聚焦应用的基础。

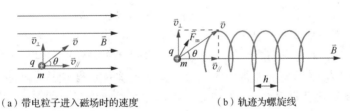

（a）带电粒子进入磁场时的速度　　　（b）轨迹为螺旋线

图 7-23

7.4.2　洛伦兹力的应用

1. 磁聚焦

若从某点射出一束速度方向大致平行的带电粒子流,可以利用磁聚焦将该粒子流在某处将其聚焦,类似于光束经光学透镜聚焦。设在匀强磁场中某点 A 发射一束带电粒子流,$\vec{v}$ 与 $\vec{B}$ 之间有一定的夹角,粒子在磁场中做螺旋线运动。若速度 $\vec{v}$ 与 $\vec{B}$ 之间的夹角很小,且粒子流的速度大致接近时,尽管 $v_\perp = v\sin\theta \approx v\theta$ 不同,会使各个粒子沿不同半径做螺旋线运动（粒子发散）,但是由于

$$h = v_{//}T = v\cos\theta \cdot T \approx vT$$

这些粒子做螺旋线运动具有相同的螺距,如图 7-24 所示。经一个回转周期的整数倍的位置,它们各自经过不同的螺距轨道重新会聚到一点。发散粒子依靠磁场作用会聚于某螺旋线运动

一点的现象称为磁聚焦。磁聚焦可以应用于带电粒子的聚焦。

讨论：非匀强磁场为何能实现将带电粒子限制在一个区域内？

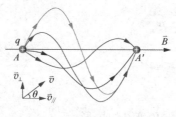

图 7-24

中国科学院合肥物质科学研究院全超导托卡马克核聚变实验装置（EAST）

聚变能是人类最理想的清洁能源之一，对我国的可持续发展有着重要的战略和经济意义。中国科学院合肥物质科学研究院超导托卡马克创新团队长期从事磁约束核聚变研究，针对未来建立商业聚变堆所涉及的先进稳态等离子体科技前沿开展攻关，自主设计建造了全超导托卡马克装置和多个大规模实验系统，实现了长脉冲高温等离子体运行，取得了一系列具有国际领先水平的科研成果，为世界聚变科技发展做出了重大创新贡献。我国已成为世界上第四个掌握超导托卡马克装置技术的国家，2016 年 2 月实现电子温度达到 5000 万℃的等离子体放电，创造了世界上最长的限制器位型的长脉冲高温等离子体放电纪录。团队通过自主设计、建设、成功运行了世界上首台全超导非圆截面托卡马克核聚变实验装置 EAST，为我国乃至世界搭建了一个全新的核聚变研究实验平台。2018 年 11 月 12 日，EAST 实现了电子温度达到 1 亿℃的高温等离子体，使我国超导托卡马克研究走在世界的前沿，成为世界稳态等离子体聚变研究最重要的基地。

万元熙带领科研团队发扬"没有条件创造条件也要上"的精神，在相对简陋的实验室内成功制造出关键部件和设备，整个项目自研率达 90%以上，为国际核聚变研究的发展探索出了宝贵的经验。EAST 的成功在中国参与最大的国际合作项目——国际热核聚变实验堆中发挥了重要作用。EAST 的成功使得中国成为核聚变关键技术出口国。

在李建刚及科研团队的努力下，2021 年 EAST 成功实现可重复的 1.2 亿℃101 秒，和 1.6 亿℃20 秒等离子体运行，打破了世界纪录，该设备的核心技术完全国产。现如今中国已成为全球范围内最大的超导材料出口国，成为海外的主供应商。

2. 霍尔效应

当一块通有电流的金属或半导体薄片垂直地放在磁场中时，薄片的两端就会产生电势差，这种现象称为霍尔效应，此电势差称为霍尔电压 U_H。这个现象是霍尔（A. H. Hall）于 1879 年首先发现的。

实验表明，霍尔电压的大小与电流 I、磁感应强度 $\vec{B}$ 和薄片沿 $\vec{B}$ 方向的厚度 d 的关系满足

$$U_H = R_H \frac{IB}{d} \tag{7-13}$$

式中，比例系数 R_H 为一常量，称为霍尔系数，它仅与薄片的材料有关。

霍尔效应可以用洛伦兹力对运动电荷的作用来解释。为讨论问题的方便，以正电荷为例，如图 7-25 所示。薄片内载流子（形成电流的定向运动的电荷）的电荷量为 q，其运动方向与电流方向相同，在均匀磁场 $\vec{B}$ 中受到沿 z 轴正向的洛伦兹力 $\vec{F}_\mathrm{m}$ 的作用，$\vec{F}_\mathrm{m} = q\vec{v} \times \vec{B}$，其大小 $F_\mathrm{m} = qvB$，其中 $\vec{v}$ 是载流子定向运动的平均速度。该洛伦兹力 $\vec{F}_\mathrm{m}$ 使薄片内载流子发生横向漂移，从而在薄片的上侧堆积正电荷、在下侧堆积多余的负电荷，结

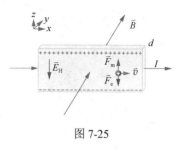

图 7-25

果在薄片内部形成沿 z 轴负向的附加电场 $\vec{E}_\mathrm{H}$，称为霍尔电场。此电场对载流子的作用力 $\vec{F}_\mathrm{e} = q\vec{E}_\mathrm{H}$，方向沿 z 轴负向。

当 $\vec{F}_\mathrm{m}$ 与 $\vec{F}_\mathrm{e}$ 达到平衡时，即 $F_\mathrm{m} = F_\mathrm{e}$ 时，可导出导体内霍尔电场 $E_\mathrm{H} = vB$。载流子不再有横向的漂移运动，结果在薄片上下两侧形成一恒定的电势差，称为霍尔电压 U_H，表示如下：
$$U_\mathrm{H} = E_\mathrm{H} b = vBb$$
式中，b 为薄片沿 z 方向的宽度。

设薄片内载流子浓度为 n，则通过薄片的电流 $I = nqvbd$，即 $v = I/(nqbd)$，将此式代入上式得霍尔电压为
$$U_\mathrm{H} = vBb = \frac{IB}{nqd} \tag{7-14}$$

比较式（7-13）和式（7-14），可以得到
$$R_\mathrm{H} = \frac{1}{nq}$$

同理，当载流子为负电荷时，有
$$R_\mathrm{H} = -\frac{1}{ne}$$

一般而言，金属和电介质的霍尔系数很小，霍尔效应不显著；半导体材料的霍尔系数则大得多，霍尔效应显著。霍尔效应对于诸多半导体材料和高温超导体的性质测量来说意义重大。通过测量霍尔系数可以确定半导体载流子的符号，从而测定半导体是 P 型（载流子为空穴，正电荷）还是 N 型（载流子为电子，负电荷）。如果载流子已知，则通过测定霍尔系数 R_H，还可计算出导体中载流子的浓度 n。

近十年来，我国在量子科学和技术上取得了多项重大的科技成就，为了表彰在我国科技事业发展和现代化建设作出突出贡献的科技工作者，国家设立了国家自然科学奖，量子反常霍尔效应的实验发现获 2018 年国家自然科学奖一等奖。2022 年诺贝尔物理学奖的介绍中大量引用了中国科研团队的成果和贡献。量子信息是中国极具代表性的科技领域。经过我国科研人员和工程技术人员的共同努力，已经实现了部分领跑的历史性飞跃，相关产业也实现了"从 0 到 1"的跨越。这表明我国已经进入创新型国家行列。

> **科学家小故事**
>
> **薛其坤**
>
> 薛其坤，材料物理学家，理学博士，教授，中国科学院院士，中国科学院物理研究所研究员。薛其坤长期从事超薄膜材料的制备、表征及其物理性能研究。2013 年，薛其坤带领其研究团队，在量子反常霍尔效应研究中取得重大突破，从实验上首次观测到量子反常霍尔效应。该成果在美国《科学》杂志发表后，引起国际学术界的震动，著名物理学家杨振宁称其为"诺贝尔奖级的物理学论文"。其成果将推动新一代低能耗晶体管和电子学器件的发展，可能加速推进信息技术革命进程。

3. 量子霍尔效应

霍尔效应要实现量子化有着极其苛刻的前提条件：①需要十几万高斯的强磁场，而地球的磁场强度才不过 0.5Gs；②需要接近于绝对零度的温度。量子霍尔效应家族，包含量子霍尔效应、量子反常霍尔效应和量子自旋霍尔效应。这些效应存在于二维电子系统中，材料的中心绝缘但边缘导电，有可能应用到未来的新型电子器件中。

4. 反常霍尔效应

在有磁性的导体上，即使没有外加磁场，也可以观测到霍尔效应。

5. 量子反常霍尔效应

目前只能在极低的温度下实现量子反常霍尔效应，它对材料有特殊的要求：①能带结构必须具有拓扑特性；②必须具有长程铁磁序；③材料体内必须为绝缘态。这三个条件常常是相互矛盾的，实现起来非常困难。

7.5 磁场对电流的作用

7.5.1 安培定律

1820 年，安培研究了磁场对电流作用的定量规律，概括出了安培定律。载流导线受到磁场的作用力通常称为安培力。在磁场中电流元 $Id\vec{l}$ 所受到的磁场的作用力 $d\vec{F}$ 为

$$d\vec{F} = Id\vec{l} \times \vec{B} \tag{7-15}$$

式中，$\vec{B}$ 为 $Id\vec{l}$ 所在处的磁感应强度。

式（7-15）称为安培定律，即在磁场中电流元 $Id\vec{l}$ 所受到的磁场的作用力 $d\vec{F}$ 的大小为 $dF = IB\sin\theta dl$，其中 θ 为电流元 $Id\vec{l}$ 与磁场之间的夹角，$d\vec{F}$ 的方向垂直于电流元和磁场所决定的平面，且该点电流元 $Id\vec{l}$、磁感应强度 $\vec{B}$ 和安培力 $d\vec{F}$ 之间满足右手螺旋定则，如图 7-26（a）所示。

安培本人受到经典物理的制约，最初是把磁力看成是超距的，直接并入牛顿力学体系。同时假定电流元作用力的方向满足牛顿第三定律，这就导致他最初发表的电流元相互作用公式是不正确的。安培一直用发展的眼光来看待物理问题，他在电流磁效应的启发下，通过不断地实验探究，并大胆提出"分子电流"假说和"右手定则"，最终得到了正确的电流元相

互作用公式。"分子电流"假说虽然只是量子力学的一个粗略近似，但是因为这个假说的提出，才激发了其他的科学家从微观层面去进一步思考电与磁的关系，进而使电磁学理论向前迈进了一大步。

磁场作用于载流导线的安培力与磁场作用与运动电荷的洛伦兹力在形式上很相似，导体中电荷的定向移动形成了电流，磁场对载流导体的作用可以看作运动的电荷受到洛伦兹力作用的宏观结果。载流导体置于磁场中，在导线上选取电流元 $Id\vec{l}$，如图 7-26（b）所示。电流元中的载流子（运动电荷）以相同的平均速度 $\bar{v}$ 运动。一个电量为 q 的运动电荷受到的洛伦兹力 $d\vec{F}_q = q\bar{v} \times \vec{B}$。

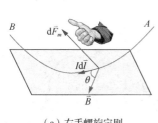
（a）右手螺旋定则

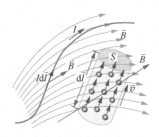
（b）电流元中的载流子

图 7-26

对于图 7-26（b）所示的电流元 $Id\vec{l}$ 来说，设其导体截面积为 S，单位体积内有 n 个正电荷，每个正电荷的带电量为 q，并且电荷都以相同的速度 $\bar{v}$ 运动，则电流 $I = nqSv$，电流元中正电荷的个数 $dN = nSdl$，考虑正电荷运动速度 $\bar{v}$ 的方向与电流元 $Id\vec{l}$ 相同，即 $vd\vec{l}/dl = \bar{v}$，所以该电流元 $Id\vec{l}$ 中所有载流子受到的洛伦兹力之和为

$$d\vec{F} = (dN)d\vec{F}_q = nSdl(q\bar{v} \times \vec{B}) = nqSvd\vec{l} \times \vec{B} = Id\vec{l} \times \vec{B}$$

该式反映了该电流元 $Id\vec{l}$ 受到的磁力。

原则上可以用积分的方法求出任意一段有限长通电导线 L 受到的安培力为

$$\vec{F} = \int_L Id\vec{l} \times \vec{B} \qquad (7\text{-}16)$$

式中，$\vec{B}$ 为各电流元 $Id\vec{l}$ 所在处的磁感应强度。

可以证明，图 7-27 所示的在均匀磁场 $\vec{B}$ 中长度为 L、载有电流为 I 的直导线所受的安培力 $F = BIL\sin\theta$，其中 θ 为载流导体与磁场之间的夹角。当 $\theta = 0$ 或 $\theta = \pi$ 时，$F = 0$；当 $\theta = \pi/2$ 或 $\theta = 3\pi/2$ 时，F 有最大值 $F = BIL$。

显然，式（7-16）是矢量式。一般运用时，首先要将 $d\vec{F}$ 在选定坐标系中进行分解，分别计算在各坐标轴方向上的 $d\vec{F}$ 分量后，然后再将各分量叠加得到合力 $\vec{F}$。以下用几个例子说明安培定理的应用。

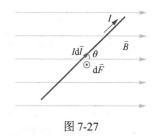

图 7-27

【例题 7-9】如图 7-28（a）所示，Oxy 平面内任意形状的一段导线处于均匀磁场 $\vec{B}$ 中，通有电流 I，a、b 之间的距离为 L，计算电流 I 所受的安培力。

解：建立如图 7-28 所示的直角坐标系，任意形状导线上电流元表示为

$$Id\vec{l} = Idx\vec{i} + Idy\vec{j}$$

磁感应强度 $\vec{B} = -B\vec{k}$。电流元所受到的安培力为

$$d\vec{F} = Id\vec{l} \times \vec{B} = I(dx\vec{i} + dy\vec{j}) \times (-B\vec{k}) = IBdx\vec{j} - IBdy\vec{i}$$

图中载流导线受到的安培力为

$$\vec{F} = \int_L d\vec{F} = \int_0^{b_x} IBdx\vec{j} - \int_0^{b_y} IBdy\vec{i}$$

所以有

$$\vec{F} = IBL\vec{j}$$

以上结果表明，整个曲线所受的力的总和等于从起点到终点连线的直导线通过相同的电流时所受的安培力，如图7-28（b）所示。若 a、b 两点重合，容易得出推论：一个在均匀磁场中任意形状的闭合载流回路受到的安培力为零。

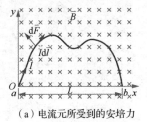　　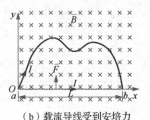

（a）电流元所受到的安培力　　　　（b）载流导线受到安培力

图 7-28

【例题 7-10】如图 7-29 所示，间距为 a 的两导线，分别载有同向电流 I_1 和 I_2，求两平行的载流长直导线的相互作用力。

解：电流 I_1 在导线 I_2 处的磁感应强度的大小为

$$B_1 = \frac{\mu_0 I_1}{2\pi a}$$

方向向外。

电流 I_2 上的电流元 $I_2 dl$ 受力为

$$d\vec{F}_2 = I_2 d\vec{l} \times \vec{B}_1$$

其大小 $dF_2 = B_1 I_2 dl_2$，方向向左，指向电流 I_1。所以电流 I_2 单位长度受到电流 I_1 的吸引力为

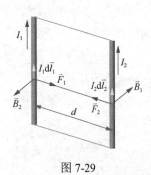

图 7-29

$$f_{21} = \frac{dF_2}{dl_2} = \frac{\mu_0 I_1 I_2}{2\pi a}$$

同理可知电流 I_1 单位长度受到电流 I_2 的吸引力为

$$f_{12} = \frac{dF_1}{dl_1} = \frac{\mu_0 I_1 I_2}{2\pi a}$$

由以上讨论可知，当两平行的载流导线的电流方向相同时，它们相互吸引。可以证明，当它们的电流方向相反时，两载流导线相互排斥。

在国际单位制（SI）中，电流强度单位是根据真空中一对相互平行的无限长载流直导线之间的作用力来定义的。真空中载有等量电流 I、相距 $d = 1\text{m}$ 的一对相互平行的无限长直导线，单位长度上的作用力 $F = 2 \times 10^{-7}\text{N}$ 时，定义每根导线中的电流强度为"1A"。

7.5.2　磁场对载流线圈的作用

在均匀磁场 $\vec{B}$ 中有一刚性载流线圈 $abcd$。在磁场力的作用下载流线圈会受到力矩的作

用而发生转动。下面讨论载流线圈在磁场中所受的力矩。

若载流平面线圈 $ab=l_2$，$da=l_1$，可以绕 OO' 轴转动，均匀磁场 $\vec{B}$ 方向向右，如图7-30（a）所示。

设某一时刻载流线圈 $abcd$ 的正法线 $\vec{n}$ 与 $\vec{B}$ 的夹角为 θ，如图 7-30（b）所示，则 ad 和 bc 边受到的磁力大小相等，方向相反，且在一条直线上，对 OO' 轴力矩为零。

ab 和 cd 边受到的力 $F_2=BIl_2$ 和 $F_4=BIl_2$ 大小相等，两个力始终垂直于磁感应强度方向，方向相反，但不在一条直线上，形成力偶矩，对线圈产生一个力矩 $\vec{M}$，其大小为

$$M = F_2 \cdot \frac{l_1}{2} \cdot \sin\theta + F_4 \cdot \frac{l_1}{2} \cdot \sin\theta = BIl_1l_2\sin\theta = BIS\sin\theta$$

式中，$S=l_1l_2$ 为线圈面积。若载流线圈的匝数为 N 匝，可以类比推出该载流线圈在均匀磁场 $\vec{B}$ 中受到的磁力矩的大小为

$$M = NBIS\sin\theta$$

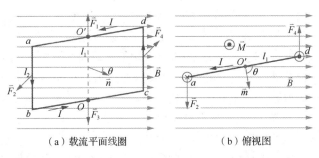

（a）载流平面线圈 　　（b）俯视图

图 7-30

若考虑载流线圈磁矩 $\vec{m}$ 的定义式 $\vec{m}=NIS\vec{n}$（图7-31），并考虑与 $\vec{n}$、$\vec{B}$ 和 $\vec{M}$ 的方向关系，载流线圈受到的磁力矩可用矢积表示为

$$\vec{M} = \vec{m} \times \vec{B} \qquad (7-17)$$

对上述内容讨论如下：

（1）当 $\theta=\pi/2$ 或 $\theta=3\pi/2$ 时，通过线圈的磁通量为零，$M_{\max}=NBIS$，线圈在力矩的作用下转动。

（2）当 $\theta=0$ 时，通过线圈的磁通量为最大值，但 $M=0$ 线圈处于稳定平衡状态，如图7-32（a）所示。

图 7-31

（3）当 $\theta=\pi$ 时，通过线圈的磁通量为负的最大值，虽然 $M=0$，但线圈一旦扰动，它会在磁力矩的作用下转回到 $\theta=0$ 的状态，所以该状态是非稳定平衡状态，如图 7-32（b）所示。

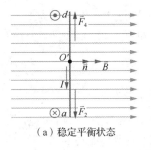 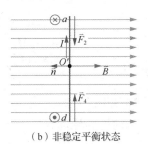

（a）稳定平衡状态 　　（b）非稳定平衡状态

图 7-32

以上讨论说明磁场中的载流线圈运动使磁矩的方向，即线圈的正法线 $\vec{n}$ 的方向趋向于沿着磁场的方向排列。也就是说，磁场中的线圈运动总是趋于转向使磁矩指向磁场的方向。从磁通量的角度来看，载流线圈在磁场中转动的趋势总是要使通过线圈面积的磁通量增加。通过线圈的磁通量最大值的位置就是线圈的稳定平衡位置。

需要说明的是，虽然式（7-17）是从载流平面矩形线圈推导出来的，但是可以证明其对处于均匀磁场的任意形状载流平面线圈也是适用的。

另外，不仅是载流线圈有磁矩，任何带电粒子，只要绕某个点或者轴的运动都会形成一个电流环而具有磁矩。磁矩是粒子本身的特征之一。任何拥有磁矩的物体在磁场中都会受到磁力矩的作用而发生转动。由式 $\vec{m}=NIS\vec{n}$ 和式 $\vec{M}=\vec{m}\times\vec{B}$ 可知磁矩的单位是 $A\cdot m^2$ 或 $N\cdot m/T=J/T$。

在非均匀磁场中，载流线圈不仅受到磁力矩的作用发生转动，还会受到磁力的作用发生平动。这部分内容可以参考有关资料。

线圈在磁场中受力的一个典型应用就是直流电动机。通过改变电源电压可以很方便实现对转速的调节。一般的调速设备无一例外都会用到直流电动机。例如，长沙磁浮快线列车的驱动装置就用到了直流电动机。我国从 20 世纪 80 年代对磁悬浮技术展开研究，现阶段一般速度可达 620km/h，最高速度可达 800km/h。我国首艘国产山东号航空母舰上的电磁炮中也用到了直流电机。电磁炮是利用电磁力代替火药爆炸力来加速弹丸的电磁发射系统，主要由电源、高速开关、加速装置和炮弹四个部分构成。

【例题 7-11】一半圆形线圈半径为 R，共有 N 匝，所载电流为 I，线圈放在磁感应强度为 $\vec{B}$ 的均匀磁场中，$\vec{B}$ 的方向始终与线圈的直边垂直。(1) 求线圈所受的最大磁力矩；(2) 如果磁力矩等于最大磁力矩的一半，线圈处于什么位置？(3) 线圈所受的磁力矩与转动轴位置是否有关？

解：（1）线圈磁矩方向为线圈法线方向，大小为

$$m = NIS = NI\frac{\pi R^2}{2}$$

线圈所受到的磁力矩为

$$\vec{M} = \vec{m}\times\vec{B}$$

所以当线圈法线方向与磁感强度方向垂直时，有最大磁力矩，如图 7-33 所示。其方向为竖直向下，大小为

$$M_{max} = mB\sin 90° = \frac{NIB\pi R^2}{2}$$

（2）由 $M = M_{max}/2 \Rightarrow mB\sin\theta = mB/2 \Rightarrow \theta = 30°$，即线圈法线方向与磁感强度 $\vec{B}$ 方向成 30°角时磁力矩为最大磁力矩的一半。

（3）由 $\vec{M}=\vec{m}\times\vec{B}$ 可知，线圈所受磁力矩与转轴位置无关。

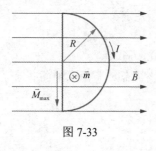

图 7-33

7.5.3 磁场力的功

1）载流导体在磁场中平动时磁场力所做的功

在如图 7-34 所示的均匀磁场 $\vec{B}$ 中有一载流回路 $abcd$，回路中电流 I 保持不变。回路中有一长度为 L 的导线 ab 在磁场力 $\vec{F}$ 的作用下移动，由初始位置 ab 移到 $a'b'$ 位置时，磁场力 $\vec{F}$ 所做的功为

$$A = Faa' = BILaa' = BI\Delta S = I\Delta\Phi_m \qquad (7-18)$$

式中，S、Φ_m 分别是回路的面积和磁通量。式（7-18）表明，当载流导体在磁场中运动时，磁场力所做的功等于电流乘以回路磁通量的增量，或者说磁场力所做的功等于电流乘以载流导线运动过程中切割磁场线的条数。式（7-18）描述的磁场力 $\vec{F}$ 所做的功为载流导体在磁场中平动时磁场力所做的功。

2）磁力矩的功

因为载流线圈具有磁矩，在磁场中会受到力矩作用而发生转动。设一载流线圈在均匀磁场中做顺时针转动，如图 7-35 所示。

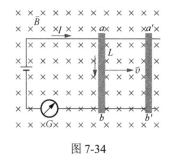

图 7-34

由式（7-17）可知，线圈受到的磁力矩的大小 $M = mB\sin\theta$，其中 θ 为 $\vec{m}$ 与 $\vec{B}$ 的夹角。当线圈转过角度 $d\theta$ 时，磁力矩所做的元功为

$$A = -Md\theta = -BIS\sin\theta d\theta = BISd(\cos\theta) = Id(BS\cos\theta) = Id\Phi_m$$

式中的负号表示磁力矩做正功时使 θ 减小，对应 $d\theta$ 为负值。当线圈从 θ_1 转到 θ_2 状态时，若电流保持不变，将上式积分可得磁力矩所做的功为

$$A = \int_{\Phi_{m1}}^{\Phi_{m2}} Id\Phi_m = I(\Phi_{m2} - \Phi_{m1}) = I\Delta\Phi_m \qquad (7-19)$$

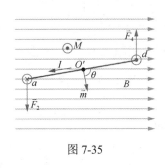

图 7-35

可以看出，式（7-19）描述的磁力矩的功与式（7-18）相同。该结果说明磁场力或磁力矩所做的功都等于电流乘以磁通量的增量。

7.6 重难点分析与解题指导

重难点分析

本章的难点：磁感应强度 $\vec{B}$ 的计算，由毕奥-萨伐尔定律和场叠加原理，原则上可以计算出任意形状的载流导体在其周围空间产生的磁感应强度。用安培环路定理也可以简便地求出具有一定对称性的电流的磁场分布。

解题指导

1. 磁场 $\vec{B}$ 的计算方法

（1）应用毕奥-萨伐尔定律。注意这是对电流元的计算结果，原则上可以用于任何载流模型的计算，但是由于包含矢量积分的问题，有时数学计算比较麻烦。

（2）应用安培环路定理。适用于某些有对称性磁场的计算。

（3）应用典型的磁场公式。有些典型磁场的计算结果可以用来进一步求解载流导体的磁场计算，如载流长直导线、圆电流等。

（4）应用运动电荷产生的磁场。往往需要求出运动电荷产生的等效电流，从中确定电流元或转化为典型磁场的问题，再按上述方法进行计算。

（5）应用叠加法计算载流导体的组合。往往综合运用上述方法，如某些电流分布可以分解为一些典型的电流分布。

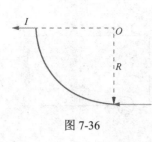

图 7-36

【例题 7-12】 长直导线通有电流 I，将其弯成如图 7-36 所示形状，求图中 O 点处的磁感应强度。

解：分成 3 段载流导体，应用典型磁场公式（载流长直导线和载流圆线圈模型），再应用叠加法。

O 点处的磁感应强度由图中 3 段电流激发磁场的叠加而成，即

$$\vec{B} = \vec{B}_1 + \vec{B}_2 + \vec{B}_3$$

且它们的方向相同，均垂直于纸面向里。所以有

$$B = \frac{\mu_0 I}{4\pi R}\left(\cos 0 - \cos\frac{\pi}{2}\right) + \frac{1}{4}\frac{\mu_0 I}{2R} + 0 = \frac{\mu_0 I}{4\pi R} + \frac{\mu_0 I}{8R}$$

方向垂直于纸面向里。

【例题 7-13】 如图 7-37（a）所示，AA' 和 CC' 为两个正交放置的圆形线圈，其圆心重合。AA' 线圈的半径 $r_1 = 20.0\text{cm}$，匝数 $n_1 = 10$，通有电流 $I_1 = 10.0\text{A}$；CC' 线圈的半径 $r_2 = 10.0\text{cm}$，匝数 $n_2 = 20$，通有电流 $I_2 = 5.0\text{A}$。计算两个线圈公共中心 O 点的磁感应强度的大小和方向。

解：应用载流圆线圈圆心处的磁感应强度公式 $B = \dfrac{\mu_0 I}{2R}$，求出每个线圈在 O 点的磁感应强度的大小和方向，再利用叠加法求解。注意对于 n 匝载流圆线圈，公式中的电流应是 1 匝电流的 n 倍。

如图 7-37（b）所示，两个线圈在 O 点产生的磁场方向相互垂直。线圈 AA' 在 O 点产生磁感应强度大小为

$$B_1 = \frac{\mu_0 n_1 I_1}{2r_1}$$

方向垂直于 AA' 平面。

线圈 CC' 在 O 点产生磁感应强度大小为

$$B_2 = \frac{\mu_0 n_2 I_2}{2r_2}$$

方向垂直于 CC' 平面。

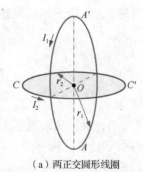
（a）两正交圆形线圈

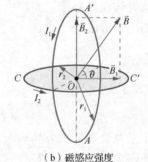
（b）磁感应强度

图 7-37

将给出的条件代入得

$$B_1 = 250\mu_0, \quad B_2 = 500\mu_0$$

所以圆心 O 点磁感应强度大小为

$$B = \sqrt{B_1^2 + B_2^2} = 7.02 \times 10^{-4}(\text{T})$$

磁感应强度的方向和 CC' 平面的夹角为

$$\theta = \tan^{-1}\frac{B_2}{B_1} = 63.4°$$

【例题 7-14】 如图 7-38 所示，一半径为 R 的均匀带电无限长直圆筒，面电荷密度为 σ，该筒以角速度 ω 绕其轴线匀速旋转。试求圆筒内部的磁感应强度。

解： 利用运动电荷产生等效电流，将问题转化为典型磁场的问题。首先求出等效电流，再应用载流螺线管内部磁感应强度公式 $B = \mu_0 nI$ 求解。也可以用安培环路定理求解。

圆筒旋转时相当于圆筒上具有同向的面电流，即相当于一个螺线管。取中部 L 长度，其对应的等效电流为

$$\sum I = \frac{2\pi RL\sigma}{2\pi/\omega} = R\omega\sigma L$$

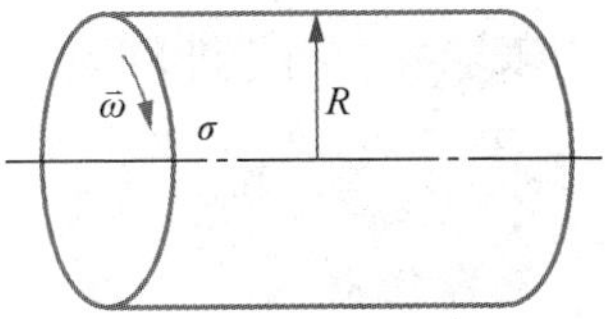

由螺线管的磁感应强度公式可得

$$B = \mu_0 \frac{N}{L}I = \mu_0 \frac{\sum I}{L}$$

将等效电流代入可得

$$B = \mu_0 \frac{\sum I}{L} = \frac{R\omega\sigma L}{L} = R\omega\sigma$$

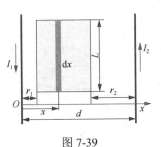

图 7-38

圆筒内部为均匀磁场，方向平行于轴线。

2. 磁通量的计算方法

（1）采用磁通量的定义式（7-4），也可以用稳恒磁场的高斯定理式（7-5）求解。

（2）采用公式 $\varPhi_m = \iint_S \vec{B} \cdot d\vec{S}$ 求解。这里 $\vec{B}$ 的计算是基础。注意这种是对面积元磁通量进行叠加求积分的计算方法，原则上可以用于任何载流模型的计算，但是有时数学计算比较麻烦。一般要求对于典型模型的磁通量求解。

（3）采用公式 $\oiint_S \vec{B} \cdot d\vec{S} = 0$ 求解。有时可以将问题转化为闭合曲面的问题。

（4）磁通量 $\varPhi_m$ 是标量，但有正负。面积元的正法线方向规定不同，其正负就不同。

【例题 7-15】 两平行直导线相距 d，导线分别载有电流 I_1、I_2，如图 7-39 所示，求通过图中斜线所示面积的磁通量。已知参数 r_1、r_2、L。

解： 非均匀磁场中求磁通量往往需要取面积元应用积分法计算。此题中计算两个载流长直导线间的磁感应强度可以用叠加法。

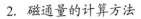

选取如图 7-39 所示的坐标系，取面积元 $dS = Ldx$、电流为 I 的长直导线在空间产生的磁感应强度大小为

$$B = \frac{\mu_0 I}{2\pi r}$$

图 7-39

面积元处的磁感应强度大小为

$$B = B_1 + B_2 = \frac{\mu_0 I_1}{2\pi x} + \frac{\mu_0 I_2}{2\pi(d-x)}$$

穿过长度为 L、宽度为 dx 面积元的磁通量为

$$d\Phi_m = \vec{B} \cdot d\vec{S} = \frac{\mu_0}{2\pi}\left(\frac{I_1}{x} + \frac{I_2}{d-x}\right)ldx$$

穿过斜线面积的磁通量为

$$\Phi_m = \iint_S \vec{B} \cdot d\vec{S} = \int_{r_1}^{d-r_2} \frac{\mu_0}{2\pi}\left(\frac{I_1}{x} + \frac{I_2}{d-x}\right)Ldx = \frac{\mu_0 I_1 L}{2\pi}\ln\frac{d-r_2}{r_1} - \frac{\mu_0 I_2 L}{2\pi}\ln\frac{r_2}{d-r_1}$$

3. 磁场对载流导体的力、力矩、磁场力做功的计算

（1）安培力的计算，用公式 $d\vec{F} = Id\vec{l} \times \vec{B}$ 计算；

（2）载流线圈磁力矩的计算，用公式 $\vec{M} = \vec{m} \times \vec{B}$ 计算；

（3）磁场力的功的计算，可以直接用功的定义式计算，还可以用穿过线圈的磁通量的变化来求解。对于非均匀磁场，磁通量计算通常需要用积分法。

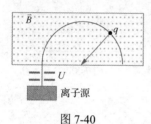

图 7-40

【例题 7-16】测定离子质量的质谱仪如图 7-40 所示，离子源产生质量为 m、电荷为 q 的离子，离子的初始速度很小，可看作静止的，经电势差为 U 的电场加速后离子进入磁感强度为 B 的均匀磁场，并沿一半圆形轨道到达离入口处距离为 x 的感光底片上。计算运动粒子的质量 m。

解：质谱仪工作原理是洛伦兹力公式的典型应用之一。离子源产生的离子通过电场加速进入磁场后，在洛伦兹力的作用下做圆周运动。洛伦兹力提供离子圆周运动的向心力。

由离子源产生的离子在电势差为 U 的电场中加速，根据动能定理，有

$$\frac{1}{2}mv^2 = qU$$

离子以速率 v 进入磁场后，在洛伦兹力的作用下做圆周运动，其动力学方程为

$$qvB = m\frac{v^2}{x/2}$$

由上述两式可得

$$m = \frac{B^2 q}{8U}x^2$$

【例题 7-17】如图 7-41 所示，在一个圆柱形磁铁 N 极的正上方水平放置一个通电流 I、半径为 R 的导线环。磁感应强度 $\vec{B}$ 在导线环各处的方向都与竖直方向成 α 角。计算导线环所受的磁力。

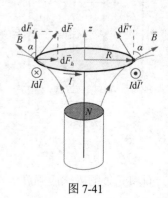

图 7-41

解：应用安培力公式 $\vec{F} = \int_L Id\vec{l} \times \vec{B}$，计算时要考虑矢量积分运算。

选取电流元 $Id\vec{l}$，该电流元受到的磁力由公式 $d\vec{F} = Id\vec{l} \times \vec{B}$ 得

$$dF = IdlB\sin\frac{\pi}{2} = IBdl$$

由 $d\vec{F} = d\vec{F}_z + d\vec{F}_h$ 得导线环受力为

$$\vec{F} = \oint_L d\vec{F}_z + \oint_L d\vec{F}_h$$

由圆柱形磁铁在导线环各点的磁场和导线环电流具有轴对称性可得

$$\oint_L d\vec{F}_h = 0$$

所以导线环受力为

$$\vec{F} = \oint_L d\vec{F}_z = \oint_L d\vec{F}\sin\alpha = \vec{k}\oint_L IB\sin\alpha dl = (2\pi R)IB\sin\alpha \vec{k}$$

【例题 7-18】 一平面线圈由半径为 0.2m 的 1/4 圆弧和相互垂直的两直线组成，通以电流 2A，把它放在磁感应强度为 0.5T 的均匀磁场中。求：(1) 线圈平面与磁场垂直，如图 7-42 所示时，圆弧 AC 段所受的磁力。(2) 线圈平面与磁场成 60°角时，线圈所受的磁力矩。

解： 安培力的计算问题所用的一个知识点是：均匀磁场中一段曲线所受的力的总和等于从起点到终点连线的直导线通过相同的电流时所受的安培力。磁力矩计算可用公式 $\vec{M} = \vec{m} \times \vec{B}$，另外注意对线圈所处位置角度的描述。

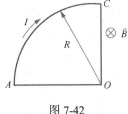

图 7-42

(1) 圆弧 AC 段所受的磁力与直线 AC 所受的磁力相等，所以圆弧 AC 段所受的磁力为

$$F = AC \cdot I \cdot B = \sqrt{2}RIB = 0.283(\text{N})$$

方向与直线 AC 垂直。

(2) 线圈所受的磁力矩为

$$M = mB\sin\alpha = I\frac{\pi R^2}{4}B\sin 30° = 1.57 \times 10^{-2}(\text{N}\cdot\text{m})$$

磁力矩 $\vec{M}$ 将驱使线圈法线转向与 $\vec{B}$ 平行的方向。

第 8 章 磁介质中的稳恒磁场

本章研究物质和磁场相互影响的物理规律。前面章节利用电偶极子模型研究电介质的微观机制，讨论电介质的极化。本章主要讨论两个问题：①外磁场对磁介质本身会造成什么影响？②磁介质反过来又是如何影响外磁场的？本章可以采用与第 7 章研究电介质相类似的方法学习。利用磁偶极子模型研究磁介质的微观机制。当电子围绕原子核旋转时会形成一个闭合的"环形电流"，相当于一个磁偶极子。由于热运动，这些磁偶极子的排列方向杂乱无章，对外不显磁性。在外加磁场的作用下，磁偶极子发生旋转，沿着场的方向排列起来，产生新的电流，这种现象称为磁化。

8.1 磁介质及其分类

处于磁场中的物质，在磁场作用下能被磁化并反过来影响磁场，该物质称为磁介质。实际上，任何物质都可以称作磁介质。

设真空中的磁场为 $\vec{B}_0$，也称外加磁场，引入磁介质后磁介质因磁化而产生的附加磁场为 $\vec{B}'$，则存在磁介质时的总磁场由 $\vec{B}_0$ 和 $\vec{B}'$ 共同决定，磁介质中总的磁感应强度为

$$\vec{B} = \vec{B}_0 + \vec{B}' \tag{8-1}$$

磁介质对磁场的影响可通过实验来研究。例如，以长直螺线管为例，比较管内真空和充满某种磁介质时管内磁感应强度的大小。实验表明引入磁介质后的磁感应强度 $\vec{B}$ 与真空中的磁感应强度 $\vec{B}_0$ 的关系为

$$B = \mu_r B_0 \tag{8-2}$$

式中，μ_r 称为磁介质的相对磁导率，它随磁介质的种类或状态的不同而不同。$\mu_r - 1 = X_m$ 为磁化率。

根据 μ_r 的不同，可将磁介质分为如下三类：

（1）顺磁质：$X_m > 0$，$\mu_r > 1$，$B > B_0$，顺磁质产生的附加磁场 $\vec{B}'$ 与原来的磁场同向。铝、锰、铬等物质都属于顺磁质。顺磁质磁化后磁场减弱。

（2）抗磁质：$X_m < 0$，$\mu_r < 1$，$B < B_0$，抗磁质产生的附加磁场 $\vec{B}'$ 与原来的磁场反向。氢、铜、铋等物质都属于抗磁质。抗磁质磁化后磁场增强。

（3）铁磁质：$\mu_r \gg 1$，$B \gg B_0$，铁磁质中产生的附加磁场 $\vec{B}'$ 远远大于原来的磁场，且与原来的磁场方向相同。铁、钴、镍及一些稀土元素都属于铁磁质。

无论是抗磁质还是顺磁质，磁化作用都很弱，因此，它们的相对磁导率 $\mu_r = 1$。铁磁质的磁化作用很强，故铁磁质的磁导率很高（表 8-1）。

表 8-1　三种不同磁性材料的相对磁导率

抗磁性		顺磁性		铁磁性	
介质	相对磁导率	介质	相对磁导率	介质	相对磁导率
金	0.9996	铝	1.000021	镍	250
银	0.9998	镁	1.000012	铁	4000
铜	0.9999	钛	1.000180	磁性合金	100000

8.2　抗磁质和顺磁质的微观解释

根据物质电结构理论，原子中的电子不停地绕原子核运动，电子还有自旋。如图 8-1 所示，简单地说，运动的电荷等效于一个电流分布，相当于圆电流。与电子轨道运动对应的圆电流所具有的磁矩称为电子轨道磁矩。与电子自旋运动相关的圆电流所具有的磁矩称为自旋磁矩。分子中所有原子的磁矩的矢量和构成分子磁矩，或分子固有磁矩，用 $\vec{m}$ 表示。每个分子磁矩可以看成是由一个等效圆电流 i_m 产生的，i_m 被称为分子电流。

研究表明，抗磁质在没有外加磁场存在时，其分子磁矩 $\vec{m}$ 为零。

顺磁质在没有磁场 $\vec{B}_0$ 作用时，虽然分子磁矩 $\vec{m}$ 不为零，但是由于分子热运动，各分子磁矩的取向无规则（图 8-2），磁介质中所有分子的磁矩的矢量和为零，因此无外加磁场时，顺磁质和抗磁质宏观上都不表现出磁性，属于弱磁质的磁介质。

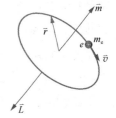

图 8-1

当顺磁质放在外磁场中，在外磁场 $\vec{B}_0$ 的作用下，分子磁矩可以克服热运动的影响，不同程度地趋向外场 $\vec{B}_0$ 方向，如图 8-3 所示，使分子磁矩的矢量和不为零，有一数值 $\sum \vec{m}$，产生与 $\vec{B}_0$ 方向相同的附加的磁场 $\vec{B}'_{转向}$，这是分子磁矩的转向效应。

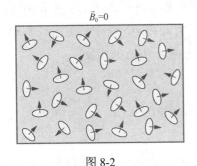

图 8-2

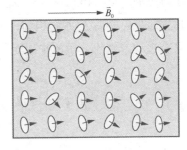

图 8-3

另外在外磁场的作用下，电子的磁矩会受到磁力矩的作用。由于电子以一定的角动量做高速转动，电子除了绕原子核的电子轨道运动和电子本身的自旋运动以外，还要以外磁场方向为轴线做转动，这种转动称为进动。由进动理论可以证明，在外磁场作用下电子轨道的进动，不论外磁场 $\vec{B}_0$ 的方向与分子磁矩 $\vec{m}$ 的夹角如何，加上外加磁场 $\vec{B}_0$ 后，电子角动量 $\vec{L}$ 进动的方向总是与外磁场 $\vec{B}_0$ 的方向构成右手螺旋关系，如图 8-4 所示。电子的进动等效于一个圆电流，其产生的附加磁矩 $\Delta \vec{m}'_{附加}$ 总是与外磁场 $\vec{B}_0$ 方向相反。也就是说，电子的进动总会产生一个与外磁场 $\vec{B}_0$ 方向相反的附加分子磁矩 $\Delta \vec{m}'_{附加}$，即产生一个与 $\vec{B}_0$ 方向相反的附加磁场 $\vec{B}'_{附加}$。

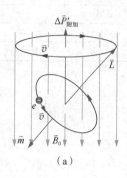 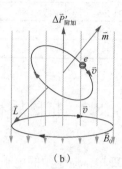

(a)　　　　　　　(b)

图 8-4

更进一步分析，顺磁质的分子磁矩 $\vec{m} \neq 0$ 且有一定的量值，加上外加磁场 $\vec{B}_0$ 后，分子磁矩的转向效应明显，虽然同时也产生一与外加磁场 $\vec{B}_0$ 方向相反的附加磁矩 $\Delta \vec{m}'_{附加}$，但是对于多数顺磁质来说分子磁矩 $\vec{m} \gg \Delta \vec{m}'_{附加}$，所以附加磁矩 $\Delta \vec{m}'_{附加}$ 的效应不显现。在宏观上呈现出一个与外磁场 $\vec{B}_0$ 同向的附加磁场 $\vec{B}'$，故顺磁质内的磁场 $B = B_0 + B'$。抗磁质的分子磁矩 $\vec{m} = 0$，与分子磁矩转向效应相应的 $\vec{B}'_{转向}$ 不存在，加上外磁场 $\vec{B}_0$ 后，在外磁场的作用下产生的附加磁矩 $\Delta \vec{m}'_{附加}$ 是唯一反应。其结果是在磁介质内激发一个与外磁场方向相反的附加磁场 $\vec{B}'_{附加}$，$B = B_0 - B' = B_0 - \vec{B}'_{附加}$，使得原来磁场减弱，这就是抗磁质的微观机理。

为了描述磁介质的磁化程度，可以引入一新物理量，磁化强度为 $\vec{M}$，其定义是引入磁介质后，单位体积内分子磁矩的矢量和，即

$$\vec{M} = \frac{\sum \vec{m} + \sum \Delta \vec{m}_{附加}}{\Delta V} \tag{8-3}$$

对于顺磁质，式（8-3）中 $\sum \Delta \vec{m}_{附加}$ 可以忽略，磁介质中分子磁矩的矢量和由转向效应主导，其方向与外磁场 $\vec{B}_0$ 方向相同，$\vec{M}$ 也与外磁场 $\vec{B}_0$ 方向相同。对于抗磁质，式（8-3）中分子项只有进动产生的分子附加磁矩 $\sum \Delta \vec{m}_{附加}$，其与外磁场 $\vec{B}_0$ 方向相反。

8.3　有磁介质时的安培环路定理

磁场起源于运动的电荷（电流）。本节研究如何定量描述磁介质内的所有"环形电流"所引起的总效应。以螺绕环为例，推导有磁介质时的安培环路定理。比较管内真空和充满某种磁介质时管内磁感应强度的大小，设外加磁场 $\vec{B}_0$ 对应的传导电流为 I_0，引入磁介质后的总的磁感应强度为 $\vec{B}$，则磁介质中总的磁感应强度 $\vec{B} = \vec{B}_0 + \vec{B}'$，$\vec{B}'$ 为因为磁介质磁化产生的附加磁场。式（8-1）表明在有磁介质存在时，磁场是由传导电流 I_0 和磁化电流 I_s 共同产生的。磁介质在外磁场中会受到磁化而激发附加磁场。用环形电流的模型描述介质的磁化过程，相当于认为该附加磁场起源于磁化了的磁介质内部受到外磁场的影响而产生了等效的"环形

电流"，这一等效电流称为磁化电流。因此，在有磁介质存在时，磁场是由传导电流 I_0 和磁化电流 I_s 共同产生的。磁化强度和磁化率这两个物理量实际测量很难操作，因此与在电介质中的情况相似，必须研究直接根据外磁场求解磁介质内部磁场的方法，求解磁场分布需要首先知道电流分布。

在图 8-5 所示的充满各向同性均匀磁介质（μ_r）的环形螺线管中，取半径为 r 的同心圆为积分路径 L，并应用安培环路定理做如下推导。

无介质时，有

$$\oint_L \vec{B}_0 \cdot d\vec{l} = \mu_0 N I_0$$

所以有

$$B_0 \cdot 2\pi r = \mu_0 N I_0$$

有介质时，有

$$\oint_L \vec{B} \cdot d\vec{l} = \mu_0 (N I_0 + I_s)$$

所以有

$$\vec{B} \cdot 2\pi r = \mu_0 (N I_0 + I_s)$$

比较上述两等式可得

$$\frac{B}{B_0} = \frac{\mu_0(NI_0 + I_s)}{\mu_0 NI_0}$$

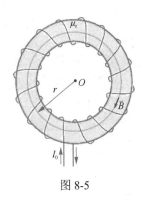

图 8-5

代入式（8-2）可得磁化电流 $I_s = (\mu_r - 1)NI_0$。将此式代入有介质时的安培环路定理可得

$$\oint_L \vec{B} \cdot d\vec{l} = \mu_0(NI_0 + I_s) = \mu_0 \mu_r NI_0$$

即

$$\oint_L \frac{1}{\mu_0 \mu_r} \vec{B} \cdot d\vec{l} = NI_0$$

令

$$\vec{H} = \frac{\vec{B}}{\mu_0 \mu_r} = \frac{\vec{B}_0 - \vec{B}'}{\mu_0 \mu_r}$$

于是可得

$$\oint_L \vec{H} \cdot d\vec{l} = \sum I_{0i} \tag{8-4}$$

式中，$\vec{H}$ 称为磁场强度，在国际单位制中 $\vec{H}$ 的单位是 A/m；$\sum I_{0i}$ 为路径 L 所包围的传导电流的代数和（即自由电流）。式（8-4）为磁介质中的环路定理：磁场强度沿任意闭合路径的线积分（也称 $\vec{H}$ 的环流）等于闭合路径所包围的传导电流的代数和（也称穿过此路径为边界的表面的自由电流）。在求解由电流 $\sum I_{0i}$ 产生的磁场强度 $\vec{H}$ 时，当在围绕电流的闭合路径 L 上 $\vec{H}$ 幅度是常数时，安培环路定理非常有用。

式（8-4）表明磁场强度 $\vec{H}$ 的环流仅与传导电流 I_0 有关，与磁化电流 I_s 无关。与电位移矢量 $\vec{D}$ 在解决电介质中电场问题的作用相似，引入磁场强度 $\vec{H}$ 可以在处理有磁介质的磁场问题时会比较方便。在各向同性的均匀介质中，磁感应强度与磁场强度有如下关系：

$$\vec{B} = \mu_0 \mu_r \vec{H} = \mu \vec{H} \tag{8-5}$$

式中，$\mu = \mu_0 \mu_r$，为磁介质的磁导率。

【例题 8-1】一根半径为 R 的金属导体单芯电缆，它与导体外壁之间充满相对磁导率为 μ_r 的均匀介质。现有电流 I 均匀地流过金属导体的横截面，并沿外壁流回。计算磁介质中的磁感应强度分布。

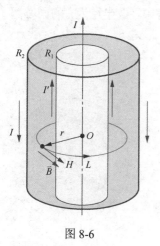

图 8-6

解：传导电流分布具有轴对称性，所以磁场强度和磁感应强度的分布具有轴对称性。以轴线上一点为圆心，r 为半径的圆上，各点磁场强度大小相等，方向沿切线方向。选取如图 8-6 所示的圆为闭合回路 L 计算 $\vec{H}$ 的环流为

$$\oint_L \vec{H} \cdot d\vec{l} = \oint_L H \cdot dl = H \cdot 2\pi r$$

应用磁介质中的安培环路定理得

$$H \cdot 2\pi r = I$$

磁场强度为

$$H = \frac{I}{2\pi r}$$

磁感应强度为

$$B = \mu_0 \mu_r H = \frac{\mu_0 \mu_r I}{2\pi r}$$

8.4 铁 磁 质

8.4.1 铁磁质的磁化规律

以螺绕环为例研究外加磁场 $\vec{H}$ 和铁磁质中磁感应强度 $\vec{B}$ 之间的关系。所用装置如图 8-7 所示。外加磁场由线圈中的励磁电流 I 决定。可以知道铁心中的磁场强度的大小 $H = nI$，其中 n 为单位长度上的匝数。实验中磁场强度的大小由线圈中的电流直接得到。铁心中的磁感应强度 $\vec{B}$ 的大小由磁通计测出。通过测量某励磁电流 I 下的磁场强度和磁感应强度，可得对应的一组 $\vec{B}$ 和 $\vec{H}$ 的值；通过改变励磁电流可得多组 $\vec{B}$ 和 $\vec{H}$ 的值，从而描绘出铁磁质铁心材料的 B 与 H 的变化关系曲线，即 B-H 曲线。

图 8-8 所示是典型的 B-H 曲线，可以看出：

（1）Oa 段，开始 B 的增加比较缓慢，后来增加较快，最后 H 增大到一定值后，B 不再随着 H 的增大而增大，达到一饱和值，记为 B_s。

（2）ab 段，当铁磁质达到饱和状态后，缓慢地减小 H，铁磁质中的 B 并不按原来的曲线减小，并且当外磁场 $H = 0$ 时，介质中的磁场并不为 0，而是有一定数值，称为剩磁，记为 B_r。

（3）bc 段，要完全消除剩磁 B_r，必须加反向磁场，只有当该反向磁场达到某一数值 H_c 时，才会有 $B = 0$。此时图中 c 点所表示的磁场的大小 H_c 称为铁磁质的矫顽力。

（4）cd 段，当反向磁场继续增加，铁磁质的磁化达到反向饱和状态。

（5）de 段，反向磁场减小到零，同样出现剩磁现象。

（6）efa 段，改变外磁场为正向磁场，不断增加外磁场，介质又达到正向磁饱和状态。

（7）不断地正向或反向缓慢改变磁场，磁化曲线构成一闭合曲线，如图中的 $abcdefa$ 所

示。该曲线说明 B 的变化总落后于 H 的变化，称为磁滞现象。上述 B-H 曲线称为磁滞回线。

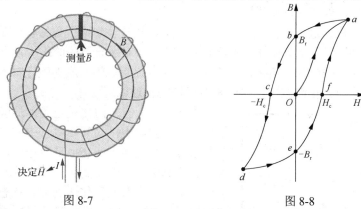

图 8-7　　　　　　　　　　　　图 8-8

通常可根据材料 B-H 磁滞回线的形状特点将其分为两大类：软磁材料和硬磁材料。其中软磁材料具有磁导率大、矫顽力小、磁滞回线窄的特点（图 8-9）；硬磁材料的剩磁大，矫顽力大，磁滞回线宽（图 8-10）。

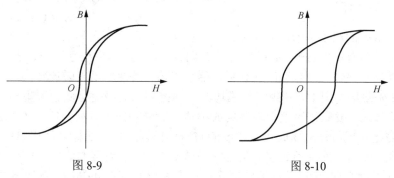

图 8-9　　　　　　　　　　　　图 8-10

8.4.2　铁磁质的特点

铁磁质的特点具体如下。

（1）高 μ_r 值，铁磁质在外磁场的作用下能产生很强的附加磁场，即 $\mu_r \gg 1$，$B \gg B_0$。

（2）非线性，B 和 H 之间不具有简单的线性关系，相对磁导率 μ_r 不是常数，而是随外磁场的变化而变化，有比较复杂的关系。

（3）有磁滞、剩磁、磁饱和现象。

另外，存在临界温度 T_c。在 T_c 以上，铁磁质的铁磁性完全消失而成为顺磁质。

讨论：

（1）请解释磁屏蔽壳的屏蔽原理。

（2）钢是一种铁磁质，在外场作用下，内部的磁畴定向排列，能被电磁铁吸引。被烧热后的钢锭是否也能被电磁铁吸引？

（3）如何快速判断两根铁棒中有一根是磁铁？

8.4.3　铁磁质的微观解释

铁磁质材料具有铁磁性是由材料的结构特征决定的。其原子具有未成对电子，即具有自旋磁矩贡献的净磁矩（本征磁矩），而且其原子在晶格中的排列方式决定其可以发生自发磁化。自发磁化是指在没有外磁场时，铁磁质内部很小的容积里存在着均匀的磁化，铁磁质内部原子磁矩趋于同向平行排列,这种自发的磁化至饱和的现象,称为自发磁化。认识自发磁化是为了理解铁磁质的"磁性本质"。

铁磁质原子的核外电子的自旋磁矩不能抵消,从而产生剩余的磁矩。但是,如果每个原子的磁矩混乱排列,那么整个物体仍不能具有磁性。只有所有原子的磁矩沿同一个方向整齐地排列,就像很多小磁铁首尾相接,才能使物体对外显示磁性,成为磁性材料。铁磁质材料因为发生自发磁化而具有铁磁性。这就是电磁铁的物理原理。

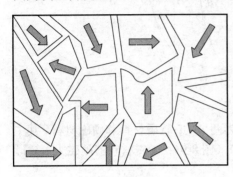

图 8-11

本质上说,自发磁化是电子间的静电相互作用的结果。在铁磁质中,相邻铁原子中的电子间由于存在着非常强的相互作用(交换耦合作用,详细解释可参考相关资料),促使相邻原子中电子的自旋磁矩平行排列,形成一个自发磁化达到饱和状态的微小区域,称为磁畴,如图 8-11 所示。磁性材料绝大多数具有磁畴结构。磁畴结构是指磁性材料内部存在一个个小区域,每个区域内部原子的磁矩都像一个个首尾相接的小磁铁整齐排列,相邻的不同区域的原子磁矩排列的方向却不同。虽然磁性材料内部存在自发磁化,但是材料中并不是所有的原子都沿同一个方向整齐排列。各个磁畴之间的交界面称为磁畴壁。宏观物体一般总是具有很多磁畴,磁畴的磁矩方向各不相同,结果相互抵消,磁矩矢量和为零,材料并不对外显示磁性。只有当磁性材料被磁化以后,各磁畴沿外磁场转向,它才能对外显示出磁性。在外磁场作用下,磁矩与外磁场同方向排列时的磁能将低于磁矩与外磁反向排列时的磁能,结果是自发磁化磁矩和外磁场成小角度的磁畴处于有利地位,这些磁畴体积逐渐扩大。自发磁化磁矩与外磁场成较大角度的磁畴体积逐渐缩小(称为位移磁化)。随着外磁场的不断增强,取向与外磁场成较大角度的磁畴全部消失,留存的磁畴将向外磁场的方向旋转(称为转动磁化)。以后再继续增加磁场,若所有磁畴都沿外磁场方向整齐排列,这时磁化达到饱和。图 8-12 所示为在外磁场的作用下,磁畴转向的情况。相似地,可以用磁畴在外磁场中沿外磁场转向的理论来解释剩磁和矫顽力。

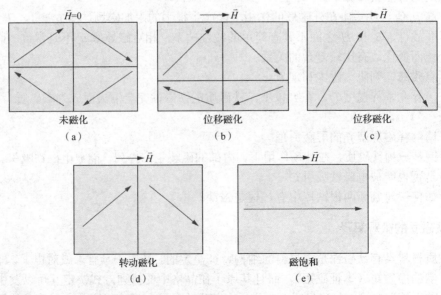

图 8-12

对于所有的磁性材料来说，并不是在任何温度下都具有磁性。温度对铁磁材料的磁性会产生影响，一般地，磁性材料都有一个临界温度T_c，也叫居里温度。在此温度以下，原子磁矩排列整齐，产生自发磁化，物体是铁磁质。在这个温度以上，由于高温下原子的剧烈热运动，铁磁质中原子的热运动破坏了上述原子的交换作用，磁畴全部被破坏，原子磁矩的排列混乱无序，平均磁矩变为零，磁性消失，铁磁质转变为顺磁质。这一过程是由量变到质变的过程。

如果考察铁磁材料在外加磁场作用下的机械响应，会发现在外加磁场方向，材料的长度会发生微小的改变，这种性质称为磁致伸缩。

讨论：通过网络查阅文献，了解太阳能电池、锂电池等实际磁存储材料的结构中磁畴的形成及静磁能对磁畴结构的影响。

> **科学家小故事**
>
> **都有为**
>
> 都有为，中国科学院院士，磁学与磁性材料学家。都有为在磁性、磁输运性质、磁材料组成及微结构关系、高温超导体中的磁有序等方面，做出了一系列具有开创意义的研究成果。他是我国最早从事纳米材料磁性研究的专家，是一位产学研结合的积极倡导者和创新实践者，早在80年代，他就开始帮助多家磁性材料生产企业解决技术难题、优化生产流程，用科学技术助推企业创新发展。进入21世纪后，都有为先后开展了C60、纳米螺旋碳管、纳米颗粒、纳米线、颗粒膜、纳米微晶等纳米材料磁性的研究，开展了类钙钛矿氧化物，纳米结构材料以及合金材料的巨磁电阻效应、磁热效应、磁弹效应、磁致伸缩效应、多铁性，热电效应等研究工作，在国内较早地开展颗粒膜的磁光效应与磁电阻效应、反常霍尔效应的研究，进而又进入自旋电子学的领域，开拓了半金属与稀磁半导体材料的研究，取得了一系列创新性成果。

8.5　磁学性能在数据存储技术中的应用

1898年，荷兰的瓦尔德马尔·波尔森（Valdemar Poulsen）发明了世界上第一个磁记录设备——磁线录音机，从此，开始了传统的磁记录应用实践。1956年IBM公司向全世界展示了第一台磁盘存储系统。如今磁记录与人们的生活已密不可分。

铁磁性物质内部存在磁畴，因而铁磁质中磁感应强度随外部磁场变化有磁滞效应，即在外部磁场消失后这些磁畴中原子的磁矩会继续保持为变化后的同一指向。正是这种磁化后的能够保持外磁场磁化方向的特性，使铁磁性物质被用来进行传统的磁存储。

如图8-13所示，一个由线圈缠绕的软磁性材料制作的读写头在磁介质上移动，当线圈的电信号到达后，通过磁头与磁介质之间的磁隙在磁记录介质的一个很小区域产生磁场，使磁介质磁化。

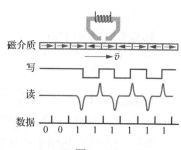

图8-13

8.6 重难点分析与解题指导

重难点分析

本章的重难点是直接根据外磁场求解磁介质的内部磁场，分析传导电流分布的对称性，如果其产生的磁场具有球、面、轴对称性，可应用安培环路定理求解磁场强度。

解题指导

1. 磁介质中磁感应强度的计算，可以用安培环路定理

对于给定电流分布通过安培环路定理计算磁感应强度，通常在磁感应强度分布容易求得时采用式（8-4）计算。

【例题 8-2】 一根半径为 R 的无限长直金属圆柱体，电流 I 沿轴向均匀分布在圆柱体内，周围是空气，金属的相对磁导率可取 $\mu_r = 1$，求圆柱体内外磁场强度和磁感应强度的分布。

解： 应用安培环路定理计算圆柱体内外的磁场强度和磁感应强度。在圆柱体内，选取环路为积分路径，根据介质中的安培环路定理，有

$$\oint_L \vec{H} \cdot d\vec{l} = \oint_L H \cdot dl = H \cdot 2\pi r$$

应用磁介质中的安培环路定理得

$$H \cdot 2\pi r = \frac{I}{\pi R^2} \cdot \pi r^2$$

磁场强度大小为

$$H = \frac{Ir}{2\pi R^2}, \quad r < R$$

磁感应强度大小为

$$B = \frac{\mu_0 Ir}{2\pi R^2}, \quad r < R$$

在圆柱体外，选取环形回路为积分路径，有

$$\oint_L \vec{H} \cdot d\vec{l} = \oint_L H \cdot dl = H \cdot 2\pi r = I$$

磁场强度大小为

$$H = \frac{I}{2\pi r}, \quad r > R$$

磁感应强度大小为

$$B = \frac{\mu_0 I}{2\pi r}, \quad r > R$$

【例题 8-3】 一根半径为 R 的无限长直金属圆柱体，电流 I 沿轴向均匀分布在圆柱体内，周围是空气，金属的相对磁导率可取 $\mu_r = 1$，求圆柱体内外磁场强度和磁感应强度的分布。

解： 应用安培环路定理计算圆柱体内外的磁场强度和磁感应强度。在圆柱体内，选取环路为积分路径，根据介质中的安培环路定理，有

$$\oint_L \vec{H} \cdot d\vec{l} = \oint_L H \cdot dl = H \cdot 2\pi r$$

应用磁介质中的安培环路定理得

$$H \cdot 2\pi r = \frac{I}{\pi R^2} \cdot \pi r^2$$

磁场强度大小为

$$H = \frac{Ir}{2\pi R^2}, \quad r < R$$

磁感应强度大小为

$$B = \frac{\mu_0 Ir}{2\pi R^2}, \quad r < R$$

在圆柱体外，选取环形回路为积分路径，有

$$\oint_L \vec{H} \cdot d\vec{l} = \oint_L H \cdot dl = H \cdot 2\pi r = I$$

磁场强度大小为

$$H = \frac{I}{2\pi r}, \quad r > R$$

磁感应强度大小为

$$B = \frac{\mu_0 I}{2\pi r}, \quad r > R$$

2. 高磁导率材料的磁感应强度的计算

高磁导率材料有把磁场集中到它的内部的作用，高磁导率材料在电磁技术和磁屏蔽技术上有广泛的应用。把线圈绕到闭合铁心或接近闭合的铁心上可以使磁场大大增强，且磁场全部都集中在铁心内部。通过安培环路定理，可以计算出螺线环结构的磁感应强度、磁化面电流、相对磁导率等。或者通过电流计测量磁感应强度。

【例题 8-4】 将磁导率 $\mu = 5.0 \times 10^{-4}$ Wb/(A·m) 的铁磁质做成一个细圆环，环上密绕线圈，单位长度匝数 $n = 500$；形成有铁心的螺线环。当线圈中电流 $I = 4$A 时，试求：（1）环内磁场强度和磁感应强度的大小；（2）束缚面电流产生的附加磁感应强度。

解：（1）选取环路为积分路径，注意到在螺线环外 $B = 0$，因而 $H = 0$。在螺线环内，B 平行于轴线，因而 H 也平行于轴线。根据介质中的安培环路定理，有

$$\oint_L \vec{H} \cdot d\vec{l} = \oint_L H \cdot dl = H \cdot 2\pi r$$

应用磁介质中的安培环路定理，有

$$H \cdot 2\pi r = NI$$

磁场强度大小为

$$H = \frac{NI}{2\pi r} = 2000 (\text{A/m})$$

磁感应强度大小为

$$B = \mu H = \frac{\mu NI}{2\pi r} = \mu n I = 1 (\text{T})$$

（2）束缚面电流产生的附加磁感应强度大小为

$$B' = B - B_0 = \mu nI - \mu_0 nI = (\mu - \mu_0)nI$$

$$B' = \left(1 - \frac{\mu_0}{\mu}\right)B = 0.9975(\text{T})$$

【例题 8-5】 以铁磁质为心的螺绕环导线内通有电流 20A，用冲击电流计测得环内 $B = 1.0 \text{Wb/m}^2$；已知环的平均周长是 40cm，绕有导线 400 匝。试求：（1）磁场强度 H、磁化强度 M 和磁化面电流 i_s；（2）该铁磁质的磁导率 μ 和相对磁导率 μ_r。

解：（1）选取环路为积分路径，根据介质中的安培环路定理，有

$$\oint_L \vec{H} \cdot d\vec{l} = \oint_L H \cdot dl = H \cdot 2\pi r$$

应用磁介质中的安培环路定理，得

$$H \cdot 2\pi r = NI$$

磁场强度大小为

$$H = \frac{NI}{2\pi r} = 20000(\text{A/m})$$

磁感应强度为

$$\vec{B} = \mu_0 \vec{H} + \mu_0 \vec{M}$$

磁化强度大小为

$$M = \frac{B}{\mu_0} - H = 776178(\text{A/m})$$

磁化面电流大小为

$$i_s = M = 776178(\text{A/m}^2)$$

磁感应强度大小为

$$B = \mu H$$

（2）铁磁质的磁导率 μ 为

$$\mu = \frac{B}{H} = 5 \times 10^5 (\text{H/m})$$

铁磁质的相对磁导率 μ_r 为

$$\mu_r = \frac{B}{\mu_0 H} = 39.8$$

第9章 变化的电场与变化的磁场

前面章节分别讨论了静电场和稳恒磁场的基本规律，了解了用高斯定理和环路定理表达的静电场和稳恒磁场的两个基本性质：矢量场的通量性质和环路性质。可以看出在这些表达式中，静电场和稳恒磁场是互不关联的。本章讨论随时间变化的电场和磁场，讨论的重点是电磁感应现象及其基本规律，内容包括电磁感应基本定律、感应电动势产生的机制和计算方法，磁场的能量等。本章还将简单介绍麦克斯韦电磁场理论基础。从本章的学习中可以了解电场和磁场是有内在联系的。

9.1 电磁感应的基本定律

9.1.1 电源　电动势

在闭合回路中形成持续不断的电流，必须要有非静电力的作用，即有电源（图9-1）。电源提供的非静电力克服静电力做功，不断地将其他形式的能量转换成电能。电源是能提供非静电力的装置。

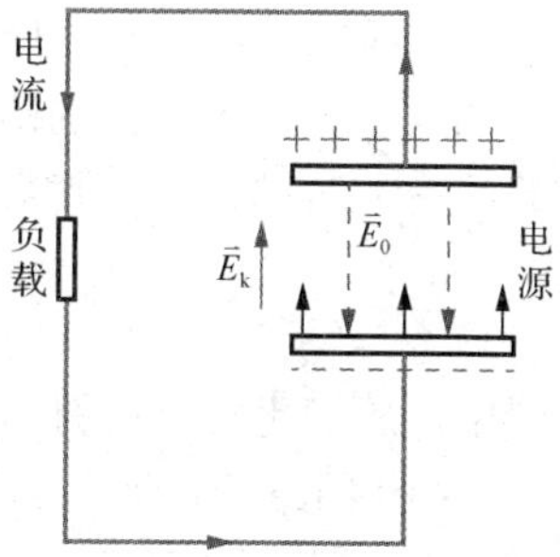

电动势是用来定量描述非静电力做功本领的物理量。把单位正电荷绕回路一周时，非静电力所做的功，定义为电源的电动势，表示如下：

$$\varepsilon = \frac{W}{q} = \int_L \vec{E}_k \cdot d\vec{l} \quad (9\text{-}1)$$

式中，$\vec{E}_k$ 为非静电场的电场强度。

由于非静电场的电场强度 $\vec{E}_k$ 只存在于电源内部，故在电源外部电路上有 $\int_{外} \vec{E}_k \cdot d\vec{l} = 0$ 成立，所以有

$$\varepsilon = \frac{W}{q} = \int_L \vec{E}_k \cdot d\vec{l} = \int_{外} \vec{E}_k \cdot d\vec{l} + \int_{内} \vec{E}_k \cdot d\vec{l} = \int_{内} \vec{E}_k \cdot d\vec{l} = \int_{-}^{+} \vec{E}_k \cdot d\vec{l}$$

图 9-1

上式表明电源电动势的大小等于把单位正电荷经电源内部从负极移至正极时非静电力所做的功。电动势是标量，但有方向。通常把电源内部电势升高的方向，即从负极经电源内部到正极的方向，规定为电动势的方向，即

$$\varepsilon = \int_{-}^{+} \vec{E}_k \cdot d\vec{l} \quad (9\text{-}2)$$

国际单位制中，电动势的单位与电势的单位相同，为伏特（V）。

9.1.2 电磁感应定律

实验表明，当通过一个闭合导体回路所包围面积内的磁通量发生变化时（不论这种变化

是由什么原因引起的），回路中就会产生感应电流，称为电磁感应现象。回路中所产生的电流称为感应电流，相应的电动势称为感应电动势。如图 9-2、图 9-3 所示的回路中，无论是磁感应强度 $\vec{B}$ 发生变化，或是一段导体做切割磁力线运动，或回路的形状发生变化，或回路所在空间的磁介质发生变化，都将在回路中产生感应电流。

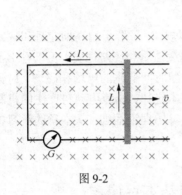

图 9-2

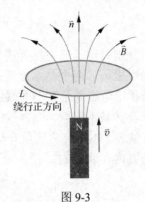

图 9-3

导体回路中出现感应电流表明导体中有电动势存在。在闭合回路中感应电动势的方向与感应电流的方向相同。

感应电流的方向可以用楞次定律来判断。楞次定律表述为：闭合回路中产生的感应电流的方向，总是使其所产生的磁场反抗引起感应电流的磁通量的变化。应该注意的是，感应电流产生的磁通量并不是反抗原来的磁通量，而是反抗磁通量的变化。

法拉第总结电磁感应的实验结果，归纳出电磁感应定律：导体回路中产生的感应电动势 ε_i 的大小与穿过回路的磁通量变化率成正比。该定律也称法拉第电磁感应定律，是电磁学理论的三大基础之一。其数学表达式为

$$\varepsilon_i = -\frac{d\Phi_m}{dt} \qquad (9\text{-}3a)$$

式中，感应电动势的符号可以判断其方向。式（9-3a）中的正负号规定如下：

（1）回路绕行方向 L 与正法线方向 $\vec{n}$ 符合右手螺旋定则。因此面积元 $d\vec{S}$ 的方向和路径 L 满足右手螺旋定则。

（2）由磁通量的定义可知，当 $\vec{B}$ 和 $d\vec{S}$ 的夹角 θ 为锐角时，$\Phi_m > 0$；当夹角 θ 为钝角时，$\Phi_m < 0$。

（3）ε_i 与回路绕行的正方向一致时，$\varepsilon_i > 0$，为正值；反之，$\varepsilon_i < 0$，为负值。

以图 9-3 为例，取闭合回路绕行方向 L，则正法线方向（$\vec{n}$、$d\vec{S}$ 方向）确定；图中 $\vec{B}$ 和 $d\vec{S}$ 的夹角 θ 为锐角，则 $\Phi_m > 0$；磁铁运动使磁场增强，则 $d\Phi_m/dt > 0$；所以由式（9-3a）可得 $\varepsilon_i < 0$，表示电动势方向与回路绕行方向相反，即顺时针方向。可以看出，对闭合回路用楞次定律和法拉第定律来判断感应电流的方向是完全一致的。

式（9-3a）只适用于 1 匝导线回路。对于 N 匝线圈串联的回路，总的电动势为

$$\varepsilon_{i\text{总}} = -\frac{d}{dt}\sum_{i=1}^{N}\Phi_{mi} = -\frac{d\Psi_m}{dt}$$

式中，Ψ_m 称为总磁通量，或磁通链数，是通过整个线圈的总磁通量。

如果穿过各个线圈的磁通量相等，则 $\Psi_m = N\Phi_m$，式（9-3a）可转换为

$$\varepsilon_{i\text{总}} = -N\frac{\mathrm{d}\Phi_m}{\mathrm{d}t} \tag{9-3b}$$

式中，Φ_m 是通过 1 匝线圈的磁通量。

如果导体回路的电阻为 R，回路中感应电流为

$$I_i = \frac{\varepsilon_{i\text{总}}}{R} = -\frac{1}{R}\frac{\mathrm{d}\Psi_m}{\mathrm{d}t}$$

则某时间间隔 $t_1 - t_2$ 内通过回路中导体截面的感应电量为

$$q_i = \int_{t_1}^{t_2} I_i \mathrm{d}t = -\int_{t_1}^{t_2} \frac{1}{R}\frac{\mathrm{d}\Psi_m}{\mathrm{d}t}\mathrm{d}t = -\frac{1}{R}\int_{\Psi_{m_1}}^{\Psi_{m_2}} \mathrm{d}\Psi_m = \frac{1}{R}\left(\Psi_{m_1} - \Psi_{m_2}\right) \tag{9-4}$$

式中，Ψ_{m_1} 和 Ψ_{m_2} 分别是在 t_1、t_2 时刻通过回路的磁通链数。该式说明，感应电量仅由初始和末态通过闭合回路的磁通量决定，而与磁通链数的变化率无关。

【例题 9-1】如图 9-4 所示，一长直螺线管，半径为 $r_1 = 0.020\text{m}$，单位长度的线圈匝数 $n = 10000/\text{m}$。另有一个绕向相同，半径 $r_2 = 0.030\text{m}$，匝数 $N = 100$ 的圆线圈 A 套在螺线管外。如果螺线管中的电流按 $\mathrm{d}I/\mathrm{d}t = 0.100\text{A/s}$ 的变化率增加，计算：（1）圆线圈 A 内感应电动势的大小和方向。（2）圆线圈 A 的 a、b 两端接入一个可测量电量的冲击电流计。若测得感应电量 $\Delta q_i = 20.0 \times 10^{-7}\text{C}$，求穿过圆线圈 A 的磁通量变化值。已知圆线圈 A 回路总电阻 $R = 10\Omega$。（3）利用圆线圈 A 和冲击电流计可以测量螺线管中的磁感应强度。由上一问的结果计算螺线管中的磁感应强度。

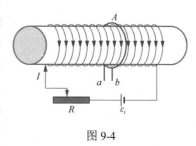

图 9-4

解：（1）长直螺线管内部的磁感应强度为

$$B = \mu_0 nI = 1000\mu_0 t$$

穿过圆线圈 A 的总的磁通量为

$$\Psi_m = NB\pi r_1^2 = 1000N\mu_0 \pi r_1^2 t$$

根据法拉第电磁感应定律有

$$\varepsilon_i = -\frac{\mathrm{d}\Psi_m}{\mathrm{d}t} = -1000N\mu_0 \pi r_1^2 = -1.58 \times 10^{-4}(\text{V})$$

其方向与长螺线管中的电流方向相反。

（2）圆线圈 A 和冲击电流计形成的回路中的感应电流为

$$I_i = \frac{\varepsilon_i}{R} = -\frac{N}{R}\frac{\mathrm{d}\Phi_m}{\mathrm{d}t} \Rightarrow \Delta q_i = \int_{t_1}^{t_2} I_i \mathrm{d}t = -\frac{N}{R}\int_{\Phi_{m_1}}^{\Phi_{m_2}} \mathrm{d}\Phi = \frac{N}{R}\left(\Phi_{m_1} - \Phi_{m_2}\right)$$

$$\Phi_{m_1} - \Phi_{m_2} = \frac{R}{N}\Delta q_i = 20.0 \times 10^{-8}(\text{Wb})$$

（3）由题意，t_1 时刻接通电源，即 $\Phi_{m_1} = 0$，t_2 时刻螺线管电流达到稳恒值 I，有 $\Phi_{m_2} = B\pi r_1^2$，代入上式得

$$B = \frac{R\Delta q_i}{N\pi r_1^2} = 1.59 \times 10^{-4}(\text{T})$$

【例题 9-2】如图 9-5 所示，载流长直导线与矩形回路 $ABCD$ 共面，且导线平行于 AB，

$ABCD$ 不动，长直导线中电流 $I = I_0 \sin\omega t$，求 $ABCD$ 中的感应电动势。

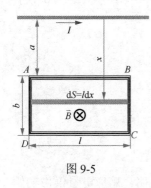

图 9-5

解：建立坐标系，如图 9-5 所示，取穿过线圈上的面积元 $\mathrm{d}S = l\mathrm{d}x$，无限长载流直导线产生的磁场在面积元处磁感应强度为

$$B = \frac{\mu_0 I}{2\pi x}$$

穿过线圈上的面积元 $\mathrm{d}S = l\mathrm{d}x$ 的磁通量为

$$\mathrm{d}\Phi_m = \frac{\mu_0 I}{2\pi x} l\mathrm{d}x$$

穿过线圈 $ABCD$ 的磁通量为

$$\Phi_m = \frac{\mu_0 I l}{2\pi} \int_a^{a+b} \frac{\mathrm{d}x}{x} = \frac{\mu_0 I l}{2\pi} \ln\frac{a+b}{a}$$

矩形回路中的感应电动势为

$$\varepsilon_i = -\frac{\mathrm{d}\Phi_m}{\mathrm{d}t} = -\frac{\mu_0 I l_0 \omega}{2\pi} \ln\frac{a+b}{a} \cos\omega t$$

方向按照余弦规律变化。

9.2 动生电动势

习惯上，按照磁通量发生变化的原因不同，可将感应电动势分为两大类。

（1）动生电动势：磁场恒定的条件下，由于导体或导体回路在磁场中运动而产生的通过导体回路中磁通量的变化，因而在导体或导体回路中产生的感应电动势，如图 9-6 所示。

（2）感生电动势：导体或导体回路不动，由于磁场随时间变化而产生的通过导体回路中磁通量的变化，而在导体或导体回路中产生的感应电动势。

以图 9-7 为例说明动生电动势的成因。长度为 L 的 ab 导体在恒定的均匀磁场 $\vec{B}$ 中以速度 $\vec{v}$ 运动。导线 ab 内每个自由电子受到的洛伦兹力 $\vec{F}_m = -e(\vec{v}\times\vec{B})$，它驱使电子沿导线由 b 向 a 移动。因而使导体棒 a 端出现过剩负电荷，b 端出现过剩正电荷，从而在导线内部产生静电场。其电场强度 $\vec{E}$ 方向从 b 到 a，在其中的电子受到电场力 $\vec{F}_e = -e\vec{E}$，电场力方向从 a 到 b，即电子受到与洛伦兹力方向相反的电场力的作用。

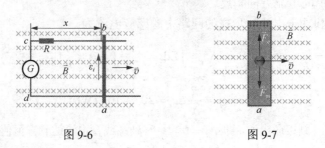

图 9-6　　　　图 9-7

当电子受到的洛伦兹力与电场力平衡时，达到稳定状态，$\vec{F}_e = -\vec{F}_m$。此时电荷积累停止，ab 两端形成稳定的电势差。如果 ab 导体是闭合回路中的一部分，此运动的 ab 导体棒就相当于一个电源，不断地将电源内部的电子从高电势处搬到低电势处，使运动导体内部产生动生电动势，产生感应电流。所以洛伦兹力是产生动生电动势的根本原因。这种情况"电源"

的非静电力是洛伦兹力,有非静电场力 $\vec{F}_k = \vec{F}_m = -e(\vec{v} \times \vec{B})$。相对应的非静电场的电场强度为

$$\vec{E}_k = \frac{\vec{F}_m}{-e} = \vec{v} \cdot \vec{B} \tag{9-5}$$

由电动势定义,运动导线 ab 产生的动生电动势为

$$d\varepsilon_i = (\vec{v} \times \vec{B}) \cdot d\vec{l} \tag{9-6a}$$

$$\varepsilon_i = \int_-^+ \vec{E}_k \cdot d\vec{l} = \int_a^b (\vec{v} \times \vec{B}) \cdot d\vec{l} \tag{9-6b}$$

可以证明,当直导体棒 ab 在均匀磁场 $\vec{B}$ 中做切割磁力线的平动时,在导体内产生的动生电动势 $\varepsilon_i = BLv\sin\theta$,其中 L 为棒的长度,θ 平动速度方向与棒之间的夹角,如图 9-8 所示。特别是,当 $\theta = \pi/2$ 时,最大动生电动势 $\varepsilon_i = BLv$。

对于非均匀磁场中一段任意形状的导线,仍然可以用式(9-6a)求出导线上某一线元的元电动势,再用式(9-6b)对整个导线积分可求出导线上总的电动势。

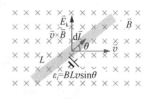

图 9-8

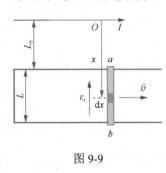

图 9-9

【例题 9-3】如图 9-9 所示,长直导线载有电流 I,导线 ab 与其共面,且以匀速度 v 向右运动,求导线 ab 中感应电动势的大小。

解:选取如图 9-9 所示的坐标系,ab 上线元 dx 产生的电动势为

$$d\varepsilon_i = (\vec{v} \times \vec{B}) \cdot d\vec{l} = -\frac{\mu_0 I v}{2\pi x} dx \Rightarrow \varepsilon_i = \int_{L_0}^{L_0+L} -\frac{\mu_0 I v}{2\pi x} dx$$

导线 ab 感应电动势的大小为

$$\varepsilon_i = -\frac{\mu_0 I v}{2\pi} \ln \frac{L_0 + L}{L_0}$$

方向由 b 指向 a。

【例题 9-4】如图 9-10 所示,长度为 L 的金属细杆 ab 在均匀磁场 $\vec{B}$ 中,金属细杆绕端点 a 以角速度 ω 在公共面内转动,计算 ab 两点的电势差 U_{ab}。

解:取长度元 dl,$v = \omega l$,则有

$$d\varepsilon_i = Bvdl = B\omega l dl$$

方向如图 9-10 所示,各小段的 $d\varepsilon_i$ 相同,所以有

$$\varepsilon_i = \int_a^b d\varepsilon_i = \int_0^L B\omega l dl = \frac{1}{2} B\omega L^2$$

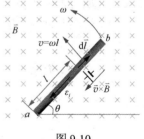

图 9-10

方向由 b 指向 a。

9.3 感生电动势

9.3.1 感生电场

导体或导体回路不动,由于磁场随时间变化产生的通过导体回路中磁通量的变化,而在

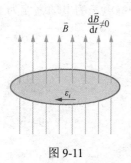

图 9-11

导体或导体回路中产生的感应电动势称为感生电动势,如图 9-11 所示。显然感生电动势的成因不能用洛伦兹力解释。为了解释感生电动势的成因,麦克斯韦提出了关于感生电场的假说,具体如下:

变化的磁场在其周围空间激发了一种具有特殊性质的电场,叫作感生电场。当闭合导体回路存在于该感生电场中时,感生电场的作用使导体中自由电荷做定向运动而产生感生电流。若不存在闭合导体回路,这种感生电场仍然存在,即尽管没有感生电流,感生电动势仍然存在。所以感生电场力是产生感生电动势的根本原因,在这种情况下"电源"的非静电力是感生电场力。可以用 $\vec{E}_p$ 表示感生电场的电场强度。

9.3.2 感生电动势与感生电场的关系

单位正电荷绕闭合回路一周,作用于单位正电荷上的感生电场力的功就是感生电动势 ε_i,即

$$\varepsilon_i = \int_L \vec{E}_p \cdot d\vec{l}$$

将法拉第电磁感应定律、磁通量定义代入上式可得

$$\varepsilon_i = \int_L \vec{E}_p \cdot d\vec{l} = -\frac{d\Phi_m}{dt} = -\frac{d}{dt}\left(\iint_S \vec{B} \cdot d\vec{S}\right) = -\iint_S \frac{\partial \vec{B}}{\partial t} \cdot d\vec{S}$$

所以有

$$\varepsilon_i = \int_L \vec{E}_p \cdot d\vec{l} = -\iint_S \frac{\partial \vec{B}}{\partial t} \cdot d\vec{S} \tag{9-7}$$

这表明感生电场沿闭合路径的积分等于穿过该回路磁通量时间变化率的负值。具体分析如下:

(1)式(9-7)反映变化磁场和感生电场的相互关系,即感生电场是由变化的磁场产生的。

(2)式中 S 是以 L 为边界的任一曲面。平面 S 的正法线方向 $\vec{n}$ 与路径曲线 L 的积分方向成右手螺旋关系(图 9-12)。

(3)式中负号说明 $\vec{E}_p$ 和 $\partial \vec{B}/\partial t$ 非右手螺旋关系,如图 9-13 所示。这一点恰恰与楞次定律相一致。

(4)可以类比得到感生电场中某一段细导线 ab 内的感生电动势为

$$\varepsilon_{iab} = \int_a^b \vec{E}_p \cdot d\vec{l}$$

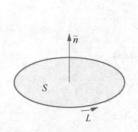

图 9-12

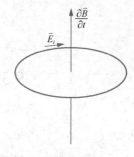

图 9-13

由式（9-7）还可导出感生电场的重要性质如下：对于变化的磁场来说有 $\partial \vec{B}/\partial t \neq 0$ 成立，即

$$\int_L \vec{E}_p \cdot d\vec{l} = -\iint_S \frac{\partial \vec{B}}{\partial t} \cdot d\vec{S} \neq 0$$

换句话说感生电场的环流不为零，这反映感生电场的一个重要的性质：感生电场是非保守力场，其电场线是闭合的、无头无尾的、涡旋状的，所以通常感生电场又称为涡旋电场。因此，在感生电场中，通过任意闭合曲面的电通量恒为零，即

$$\oiint_S \vec{E}_p \cdot d\vec{S} = 0 \qquad (9\text{-}8)$$

式（9-8）表明感生电场是无源场。

感生电场和静电场一样，都对场中的电荷有力的作用，都有能量。感生电场和静电场的区别也很明显。静电场和感生电场的比较如表 9-1 所示。

表 9-1　静电场和感生电场的比较

类型	静电场	感生电场
相同点	感生电场和静电场都对场中的电荷有力的作用，都有能量。如果空间既有静电场 $\vec{E}_s$，又有感生电场 $\vec{E}_i$，空间一点的电场强度 $\vec{E} = \vec{E}_s + \vec{E}_i$	
不同点	静电场是由静止电荷产生的	感生电场是由变化磁场产生的
	静电场是保守力场，可以引入电势概念	感生电场是涡旋场，不能引入电势概念
	静电场是有源场，电场线是起于正电荷、终于负电荷的有头有尾的	感生电场是涡旋状的、无头无尾的闭合曲线

大块导体在变化的磁场或者在不均匀的磁场中运动，在导体的内部会产生感应的电流，称为涡电流，如图 9-14 所示。

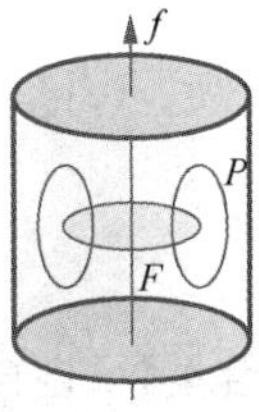

涡电流的特点是涡电流强度很大，具有很强的热效应和磁效应；涡电流具有趋肤效应，导线表面附近电流密度大；涡流可以与原来电流叠加等。由于这些特点，涡电流有许多实际应用，具体如下。

（1）热效应：冶金工业中的真空感应炉，获得纯金属及其合金。
（2）磁效应：电磁阻尼作用，各种电磁开关、电磁制动装置。
（3）趋肤效应：高频电器中的圆柱形导体制作空心金属管，对轴承、齿轮表面进行高频淬火，提高表面的硬度和耐磨性。

图 9-14

虽然涡电流有着广泛的应用，但是有时也有很大的弊害，如电机或变压器的铁心常常因为涡电流不仅消耗了电能，降低了电机的效率，而且可能由于电机发热而影响电机正常工作。

【例题 9-5】 半径为 R 的长直螺线管中载有变化电流，且在管内产生的均匀磁场的横截面。当磁感应强度的变化率 $\partial B/\partial t$ 以恒定的速率增加时，求管内外的感生电场和同心圆形导体回路中的感生电动势。

解： 长直螺线管内各点的磁感应强度大小相等，方向一致，各点的磁感应强度的变化率 $\partial B/\partial t$ 相等，方向也一致。

如图 9-15（a）所示，$r < R$，选取环形回路 L 为闭合回路，积分方向为逆时针，由式（9-7）得

$$\oint_L \vec{E}_i \cdot d\vec{l} = -\iint_S \frac{\partial \vec{B}}{\partial t} \cdot d\vec{S} \Rightarrow E_i \cdot 2\pi r = \frac{\partial B}{\partial t} \cdot \pi r^2 \Rightarrow E_i = \frac{1}{2} r \frac{\partial B}{\partial t}$$

方向逆时针。环形导体中的感生电动势为

$$\varepsilon_i = \oint_L \vec{E}_i \cdot \mathrm{d}\vec{l} = \oint_L \frac{1}{2} r \frac{\partial B}{\partial t} \mathrm{d}l = \frac{\partial B}{\partial t} \pi r^2$$

方向逆时针。

如图 9-15（b）所示，$r > R$，选取环形回路 L 为闭合回路，积分方向为逆时针，由式（9-7）得

$$E_i \cdot 2\pi r = \frac{\partial B}{\partial t} \cdot \pi R^2 \Rightarrow E_i = \frac{1}{2} \frac{R^2}{r} \frac{\partial B}{\partial t}$$

方向逆时针。感生电动势为

$$\varepsilon_i = \oint_L \vec{E}_i \cdot \mathrm{d}\vec{l} = \frac{\partial B}{\partial t} \cdot \pi R^2$$

方向逆时针。

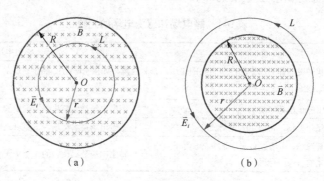

图 9-15

9.4 自感和互感

9.4.1 自感

任何有电流通过的闭合回路，其电流激发的磁场的磁感线必然有部分穿过自身回路。由于该回路中自身电流的变化而在回路中产生感应电动势的现象，称为自感现象（图 9-16），产生的感应电动势称为自感电动势。

根据毕奥-萨伐尔定律式（7-6），电流 I 产生磁场的磁感应强度与电流成正比。因此，一闭合回路中穿过回路自身的磁感线的磁链数 Ψ_m 应正比于回路中的电流 I。所以有

$$\Psi_\mathrm{m} = LI \qquad (9-9)$$

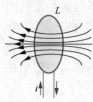

图 9-16

式中，比例系数 L 称为该回路的自感系数，简称自感。如果回路中无铁磁质，自感 L 的大小与电流无关，由回路的匝数、几何形状大小和空间磁介质的磁导率决定。国际制单位中自感的单位为亨利（H），$1\mathrm{H} = 1\mathrm{Wb/A}$。

由法拉第电磁感应定律可得自感电动势为

$$\varepsilon_L = -\frac{\mathrm{d}\Psi_\mathrm{m}}{\mathrm{d}t} = -\frac{\mathrm{d}(LI)}{\mathrm{d}t}$$

当回路的几何形状大小和磁介质的磁导率保持不变时，L 的大小是一个不变的常量。此

时有

$$\varepsilon_L = -L\frac{dI}{dt} \quad (9\text{-}10)$$

式（9-10）表明在电流变化率保持不变的情况下，自感电动势与自感成正比。回路的自感越大，自感电动势就越大，回路中的电流就越不容易改变。自感的这一特性与力学中物体的质量 m 类似。因此，也有将自感视为回路本身的"电磁惯性"的量度。上式中的负号表明自感的方向总是抵抗回路中电流的变化。注意，自感电动势反抗的是电流的变化，而不是反抗电流本身。

以长直螺线管的自感为例，已知长直螺线管匝数为 N，横截面积为 S，长度为 L，假定螺线管线圈中通有电流 i，环形螺线管内部的磁感应强度为

$$B = \mu_r \mu_0 \frac{N}{L} i$$

则穿过管内总的磁通量为

$$\varPsi_m = N\varPhi_m = N(BS) = N\mu_r\mu_0 \frac{N}{L} iS = \mu_r\mu_0 \frac{N^2}{L} Si$$

根据自感系数 L 定义有

$$L = \mu_r\mu_0 \frac{N^2}{L} S = \mu_r\mu_0 \frac{N^2}{L\cdot L} SL = \mu_r\mu_0 n^2 V$$

式中，$V = SL$ 为螺线管的体积。从上式可以看出螺线管的自感系数比真空中增大 μ_r 倍。

9.4.2 互感

一个闭合回路中的电流发生变化时，会使它邻近的另一导体回路中的磁通量发生变化，因而在该邻近的导体回路中就会产生感应电动势的现象，称为互感（图 9-17），产生的感应电动势叫作互感电动势。

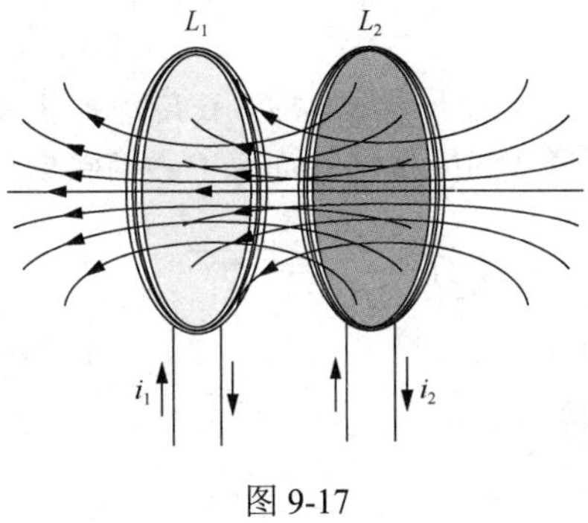

图中，若两回路几何形状大小及相对位置不变，周围无铁磁性物质时，根据毕奥-萨伐尔定律式（7-6），电流 I_1 产生的磁场对回路 2 中产生的总磁通量，记为 $\varPsi_{m21}$，与 I_1 成正比，即

$$\varPsi_{m21} = M_{21} I_1 \quad (9\text{-}11a)$$

式中，系数 M_{21} 称为回路 1 对回路 2 的互感系数。同理电流 I_2 产生的磁场对回路 1 中产生的总磁通量，记为 $\varPsi_{m12}$，与 I_2 成正比，即

$$\varPsi_{m12} = M_{12} I_2 \quad (9\text{-}11b)$$

图 9-17

式中，系数 M_{12} 称为回路 2 对回路 1 的互感系数。可以证明总有 $M_{12} = M_{21} = M$ 成立，其中 M 为两个回路的互感系数，简称互感。如果回路中无铁磁质，互感 M 的大小是一个与电流无关，由回路的匝数、几何形状大小和空间磁介质的磁导率以及两回路的相对位置决定。当这些因素不变时，M 的大小是一个不变的常量。国际制单位中互感的单位为亨利（H）。

由法拉第电磁感应定律可得，由于回路 1 中电流 I_1 的变化而引起回路 2 中产生的互感电动势为

$$\varepsilon_{21} = -\frac{d\varPsi_{m21}}{dt} = -\frac{d(M_{21} I_1)}{dt} = -M\frac{dI_1}{dt} \quad (9\text{-}12a)$$

同理，由回路 2 中电流 I_2 的变化而引起回路 1 中产生的互感电动势为

$$\varepsilon_{12} = -\frac{d\Psi_{m12}}{dt} = -\frac{d(M_{12}I_2)}{dt} = -M\frac{dI_2}{dt} \quad (9\text{-}12\text{b})$$

由式（9-12）可知，互感电动势的一般表达式为

$$\varepsilon_M = -M\frac{dI}{dt} \quad (9\text{-}12\text{c})$$

式中，互感系数 M 反映了两个相邻回路产生互感电动势的能力，可由式（9-11）和式（9-12）求出。

【例题 9-6】如图 9-18 所示，一矩形线圈与长直导线共面放置，求它们之间的互感系数。

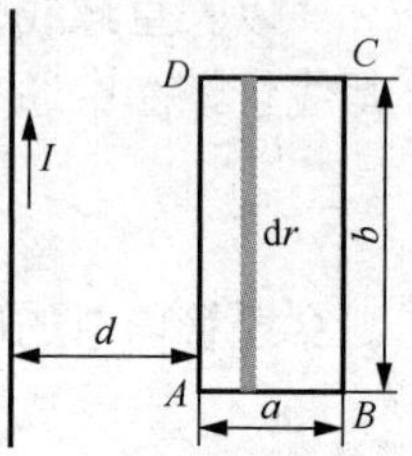

解：设长直导线中的电流为 I，产生的磁感应强度为

$$B = \frac{\mu_0 I}{2\pi r}$$

穿过矩形线圈 $ABCD$ 上面积元的磁通量为

$$d\Psi_m = \vec{B} \cdot d\vec{S} = \frac{\mu_0 I}{2\pi r} l dr$$

图 9-18

穿过矩形线圈 $ABCD$ 的磁通量为

$$\Psi_m = \int d\Psi_m = \int_d^{d+a} \frac{\mu_0 I}{2\pi r} l dr = \frac{\mu_0 l I}{2\pi} \ln\frac{d+a}{d}$$

根据互感系数 M 的定义有

$$M = \frac{\Psi_{m21}}{I} = \frac{\mu_0 l}{2\pi} \ln\frac{d+a}{d}$$

9.5 磁 能

由于电磁感应，在电流产生磁场的过程中，需要克服感应电动势做功，此功是消耗其他形式的能量转化而来的。当磁场建立时，这部分能量以磁能的形式储存于磁场中。下面以无限长直螺线管为例讨论磁场的能量。

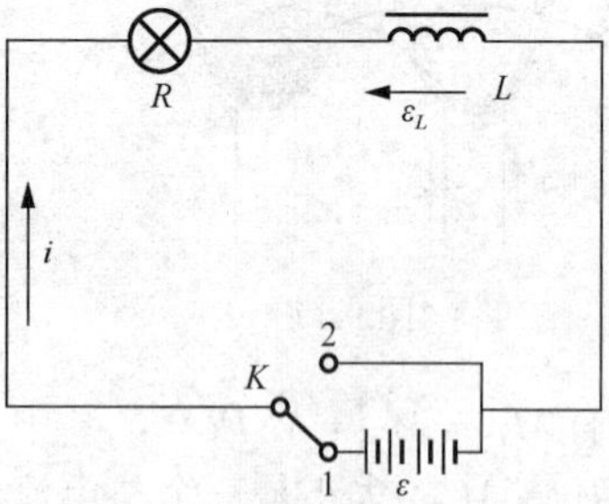

如图 9-19 所示的电路，由线圈 L、电阻为 R 的灯泡和电源 ε 组成。当接通电源，在电流增长的过程中，任意时刻电路中电流强度为 i，线圈中自感电动势的大小为

$$\varepsilon_L = -L\frac{di}{dt}$$

由闭合电路的欧姆定律可知

$$\varepsilon = iR + L\frac{di}{dt}$$

图 9-19

设 $t=0$ 和 t 时刻，回路的电流分别为 0 和 I。对上式两边乘以电流 i 并积分可得

$$\int_0^t i\varepsilon dt = \int_0^t i^2 R dt + \int_0^t Li\frac{di}{dt}dt = \int_0^t i^2 R dt + \frac{1}{2}LI^2$$

式中，$\int_0^t i\varepsilon dt$ 是电源做的功；$\int_0^t i^2 R dt$ 是灯泡的焦耳热；$\frac{1}{2}LI^2$ 是电流变化时电源电动势克服自

感电动势所做的功。由于建立电流的同时在载流回路的周围空间同时建立了磁场，$LI^2/2$ 这部分能量即是磁场建立过程中将电能转换为储存在磁场中的能量。也就是说，该线圈所储存的磁能 $W_m = \frac{1}{2}LI^2$。同理可以证明：当断开外电源以后，释放的储存在线圈中的磁能仍为 $W_m = \frac{1}{2}LI^2$，所以线圈中储存的磁能为

$$W_m = \frac{1}{2}LI^2 \tag{9-13}$$

式（9-13）用描述磁场的 $\vec{B}$ 和 $\vec{H}$ 物理量来表示 $W_m = \frac{1}{2}BHV$，其中 V 是磁场空间的体积。下面用长直螺线管为例导出该式。

长直螺线管的自感 $L = \mu n^2 V$，将其代入式（9-13），并考虑长直螺线管通有电流 I 时有 $H = nI$、$B = \mu nI$ 成立，可得螺线管内单位体积中的磁场能量为

$$W_m = \frac{1}{2}BHV$$

单位体积中的磁能为

$$w_m = \frac{1}{2}BH \tag{9-14}$$

虽然式（9-14）是由长直螺线管的特例导出的，但可以证明，该表达式具有普适性。该式表明，磁场中某点的磁能只与该点的磁感应强度和介质的性质有关。由式（9-14）可知，体积元 dV 内的磁能 $dW_m = w_m dV = \frac{1}{2}BH dV$，应用该式可以求出有限空间内任意非均匀磁场所储存的磁能为

$$W_m = \iiint_V dw_m = \frac{1}{2}\iiint_V BH dV \tag{9-15}$$

【例题 9-7】 已知螺绕环的参数如下：截面积 $S = 1.00 \text{cm}^2$，平均周长 $l = 100 \text{cm}$，螺线环上均匀绕有 $N = 50$ 匝线圈，环内充满相对磁导率 $\mu_r = 100$ 的磁介质。求：（1）螺绕环内所储存的磁能；（2）自感系数 L。

解：（1）设线圈中通有电流为 I，则环内的磁感应强度大小为

$$B = \mu nI$$

环内的磁能密度为

$$w_m = \frac{1}{2}BH = \frac{1}{2}\mu H^2$$

将 $H = nI$ 代入上式得

$$w_m = \frac{1}{2}\mu n^2 I^2$$

磁能为

$$W_m = \iiint_V w_m dV = \iiint_V \frac{1}{2}\mu H^2 dV = \frac{1}{2}\mu n^2 I^2 lS$$

（2）根据式（9-13）得

$$L = \frac{2W_m}{I^2} = \frac{1}{2}\mu n^2 lS = \mu \frac{N^2}{l}S = 3.14 \times 10^{-5} (\text{H})$$

9.6 麦克斯韦电磁场方程

麦克斯韦在"感生电场"和"位移电流"两个假设的基础上,将全部电场和磁场的基本规律概括为一组方程组,即麦克斯韦方程组。本节首先介绍"位移电流"假设,然后简介麦克斯韦方程组的积分形式。

9.6.1 位移电流和全电流

电路中电流是否连续?我们知道,在无分路,包含电阻、电感线圈的电路中,回路中通过任何截面的电流都相等,即电流具有连续性。但这个结论在有电容器的电路中遇到了困难。在如图 9-19 所示电容器的充电电路中,在开关闭合时的电流非稳恒状态下,对于除电容器之外的金属导体内的传导电流,在任意时刻处处都相等,但电流却在电容器的两极板间中断而不连续。因而对整个电路而言,传导电流不连续。如图 9-20 所示,将电源合上,电流开始增长,导线回路中有变化的电流,电容器之间没有电流。在电容器的一个极板附近取一个包围导线的闭合路径 L,以 L 为边界做曲面 S_1 和 S_2 组成闭合曲面。显然这两个曲面 S_1 和 S_2 具有相同的回路 L,对它们分别应用安培环路定理如下:

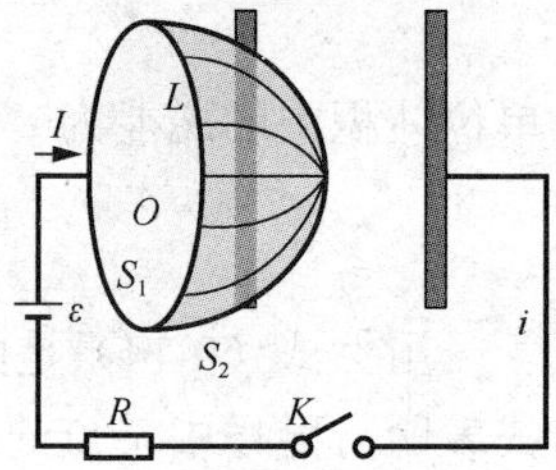

因为有传导电流穿过 S_1 面,对 S_1 曲面应用安培环路定理有 $\oint_L \vec{H} \cdot \mathrm{d}\vec{l} = I$ 成立。由于曲面 S_2 在两极板之间,没有传导电流穿过该

图 9-20

面,对该面应用安培环路定理有 $\oint_L \vec{H} \cdot \mathrm{d}\vec{l} = 0$ 成立。这个结果意味着在电流非稳恒状态下,将安培环路定理应用于同一闭合路径,得到了完全不同的结果。这里矛盾的根源还在于电流的连续性是否成立。

为了解决传导电流不连续的问题,麦克斯韦提出了位移电流的概念。他认为变化的电场也是一种电流,他将电位移通量 Φ_D 随时间的变化率定义为位移电流 I_D。通过电场中某一截面 S 的位移电流的大小等于通过该截面的电位移通量随时间的变化率,即

$$I_D = \frac{\mathrm{d}\Phi_D}{\mathrm{d}t} = \iint_S \frac{\partial \vec{D}}{\partial t} \cdot \mathrm{d}\vec{S} \tag{9-16}$$

相应地,有位移电流密度 $\vec{J}_D$ 为

$$\vec{J}_D = \frac{\partial \vec{D}}{\partial t} \tag{9-17}$$

式(9-17)说明位移电流密度 $\vec{J}_D$ 等于该点电位移的时间变化率。

引入位移电流的概念后,对上述电容器充(放)电的过程的矛盾就可以化解了,具体解释如下:在电容器充(放)电时,电容器两极板间虽然无传导电流,但是电容器极板上的电量 q 和极板间的电场在变化。设极板的面积为 S,则极板的自由电荷的面密度 $\sigma = q/S$。又由于平行板电容器极板间的电位移矢量的大小 $D = \sigma$,因此极板间电位移通量 $\Phi_D = DS = \sigma S = qS/S = q$。于是电位移通量随时间的变化率为

$$\frac{\mathrm{d}\Phi_D}{\mathrm{d}t} = \frac{\mathrm{d}q}{\mathrm{d}t}$$

式中，dq/dt 为导线中的传导电流；$d\Phi_D/dt$ 为位移电流。也就是说，穿过导线的传导电流 I，在极板处中断，但被同等大小的位移电流 I_D 替代，使电路中电流保持连续性。传导电流和位移电流的代数和称为全电流。在引入全电流的概念后，电路中任一时刻全电流是连续的，该结论更具普遍性。

相似地，应用全电流的概念可以理解在非稳恒的电路中的安培环路定理推广为

$$\oint_L \vec{H} \cdot d\vec{l} = \sum_L I_{i0} + I_D = \sum_L I_{i0} + \iint_S \frac{\partial \vec{D}}{\partial t} \cdot d\vec{S} \tag{9-18}$$

式中，$\sum_L I_{i0}$ 为路径 L 所包围的传导电流的代数和；I_D 是通过截面 S 的位移电流的大小。应当注意传导电流和位移电流 I_D 的共性和区别。传导电流与位移电流的比较如表 9-2 所示。

表 9-2　传导电流和位移电流的比较

类型	传导电流	位移电流
相同点	产生磁场方面等效	
不同点	传导电流是电荷的定向运动	位移电流是变化的电场
	传导电流会产生焦耳热效应	位移电流不会产生传导电流中的焦耳热效应，但会有极化电荷产生的热效应

【例题 9-8】 半径为 R 的两块金属圆板构成平行板电容器，对电容器均匀充电，两极板之间电场的变化率为 dE/dt。求：（1）电容器两极板间的位移电流；（2）距两极板轴线距离为 r 点的磁感应强度 B（忽略边缘效应）。

解：（1）如图 9-21（a）所示，两极板之间总的位移电流为

$$I_D = \frac{d\Phi_D}{dt}$$

通过与极板面积相等的面的电位移通量为

$$\Phi_D = DS = \varepsilon_0 E \pi R^2$$

两极板之间的位移电流为

$$I_D = \pi R^2 \varepsilon_0 \frac{dE}{dt}$$

（2）根据位移电流具有轴对称分布特点，磁场也应具有轴对称性。

区域 $r > R$：选取以轴线上的一点为原点、半径为 r 的圆形回路 L_2，回路绕行方向与场强变化满足右手螺旋关系。如图 9-21（b）所示，穿过回路的位移电流为

$$I_D = \pi R^2 \varepsilon_0 \frac{dE}{dt}$$

应用安培环路定理可得

$$B_2 \cdot 2\pi r = \mu_0 \left(\pi R^2 \varepsilon_0 \frac{dE}{dt} \right) \Rightarrow B_2 = \mu_0 \varepsilon_0 \frac{R^2}{2r} \frac{dE}{dt}$$

区域 $r < R$：如图 9-21（c）所示，穿过回路 L_1 的位移电流为

$$I_D = \pi r^2 \varepsilon_0 \frac{dE}{dt}$$

应用安培环路定理可得

$$B_1 \cdot 2\pi r = \mu_0 \left(\pi r^2 \varepsilon_0 \frac{dE}{dt} \right) \Rightarrow B_1 = \mu_0 \varepsilon_0 \frac{r}{2} \frac{dE}{dt}$$

空间磁感应强度分布如图 9-21（d）所示。

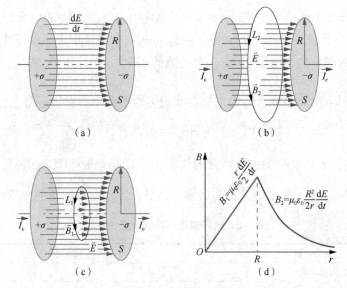

图 9-21

9.6.2 麦克斯韦方程组的积分与微分形式

法拉第虽然发现了电磁感应现象,但是并没有给出全部的数学表达式。其实法拉第很早有过光是磁场力扰动传播的想法,具体的数学计算由麦克斯韦给出。1864 年,麦克斯韦给出了描述变化电磁场的四个公式,称为麦克斯韦方程组。

回顾已学过的电场和磁场,有静电场和稳恒磁场,还有感生电场和位移电流产生的磁场。静电场和稳恒磁场的基本性质用高斯定理和安培环路定理来描述,如表 9-3 所示。

表 9-3 静电场和磁场的比较

类型	静电场	磁场
高斯定理	$\oiint_S \vec{D}^{(1)} \cdot d\vec{S} = \sum_i q_i$ 说明静电场是有源场	$\oiint_S \vec{B}^{(1)} \cdot d\vec{S} = 0$ 说明稳恒磁场是无源场
安培环路定理	$\oint_L \vec{E}^{(1)} \cdot d\vec{l} = 0$ 说明静电场是保守力场	$\oint_L \vec{H}^{(1)} \cdot d\vec{l} = \sum_i I_{i0}$,其中 I_{i0} 为传导电流 说明稳恒磁场是非保守力场

上标符号(1)表示的是静电场或稳恒磁场的物理量

感生电场和位移电流产生的磁场是与变化的电场和磁场相联系的,如表 9-4 所示。

表 9-4 感生电场和位移电流产生的磁场

类型	感生电场	位移电流产生的磁场
高斯定理	$\oiint_S \vec{D}^{(2)} \cdot d\vec{S} = 0$	$\oiint_S \vec{B}^{(2)} \cdot d\vec{S} = 0$
安培环路定理	$\oint_L \vec{E}^{(2)} \cdot d\vec{l} = -\int \frac{\partial B}{\partial t} \cdot d\vec{S}$ 实质是变化的磁场产生电场	$\oint_L \vec{H}^{(2)} \cdot d\vec{l} = I_d = \int \frac{\partial \vec{D}}{\partial t} \cdot d\vec{S}$ 实质是变化的电场产生磁场

上标符号(2)表示的是感生电场或位移电流激发的磁场的物理量

在一般情况下，空间既有静止电荷激发的静电场，也有变化磁场产生的感生电场。既有传导电流产生的磁场，也有位移电流（变化电场）产生的磁场。总电场和总磁场均可以由叠加原理求得。所以有

$$\vec{E} = \vec{E}^{(1)} + \vec{E}^{(2)} \qquad \vec{D} = \vec{D}^{(1)} + \vec{D}^{(2)}$$
$$\vec{B} = \vec{B}^{(1)} + \vec{B}^{(2)} \qquad \vec{H} = \vec{H}^{(1)} + \vec{H}^{(2)}$$

麦克斯韦认为静电场和稳恒磁场的基本规律也应适用于一般电磁场，并将全部电场和磁场的基本规律归纳为 4 个方程。

（1）电场的高斯定理：

$$\oiint_S \vec{D} \cdot d\vec{S} = \sum_i q_i$$

（2）电场的安培环路定理：

$$\oint_L \vec{E} \cdot d\vec{l} = -\iint_S \frac{\partial \vec{B}}{\partial t} \cdot d\vec{S} = -\frac{d\Phi_m}{dt}$$

（3）磁场的高斯定理：

$$\oiint_S \vec{B} \cdot d\vec{S} = 0$$

（4）磁场的安培环路定理：

$$\oint_l \vec{H} \cdot d\vec{l} = \sum_i I_{i0} + I_D = \sum_i I_{i0} + \iint_S \frac{\partial \vec{D}}{\partial t} \cdot d\vec{S}$$

麦克斯韦方程组说明，电场与磁场相互之间是有联系的，必须将它们统一起来研究。

麦克斯韦方程组还有对应的微分形式，利用数学中的高斯定理（也称为散度定理）和斯托克斯定理（也称为旋度定理），可以得到上述形式对应的微分形式。

（1）微分形式的电场高斯定理：

$$\nabla \times \vec{D} = \rho$$

式中，ρ 是自由电荷密度。

（2）微分形式的电场安培环路定理：

$$\nabla \times \vec{E} = -\frac{\partial \vec{B}}{\partial t}$$

（3）微分形式的磁场高斯定理：

$$\nabla \times \vec{B} = 0$$

（4）微分形式的磁场安培环路定理：

$$\nabla \times \vec{H} = \vec{j} + \frac{\partial \vec{D}}{\partial t}$$

式中，$\vec{j}$ 是传导电流密度。

2022 年中国科学院发布王中林院士经过数年研究和实验验证，对麦克斯韦方程组进行了成功拓展。

2016 年 9 月 25 日，国之重器 FAST 在贵州平塘建成，它是我国"十一五"国家重大科技基础设施。FAST 作为大科学装置，其反射面相当于 30 个足球场大小（图 9-22）。对中国天文学实现重大原创突破具有重要意义，正式开启中国探索星辰大海的征途，开创属于我们自己的天文时代。特别值得一提的是，为满足 FAST 建设需要而建立的高精度索结构生产体

系在之后也应用在了港珠澳跨海大桥和国际若干大桥的斜拉索生产上。

图 9-22

天文学的研究需要用到望远镜和电磁学理论。1609 年伽利略发明了折射式望远镜。19 世纪 30 年代，英国物理学家法拉第发现了电磁感应现象，麦克斯韦提出了电动力学理论，使得探索宇宙空间的理论向前推动了一大步。麦克斯韦革命性地引入位移电流，表明了电磁场的空间传播速度是光速。19 世纪末，德国物理学家赫兹验证了电磁波的存在，发明了发射天线，奠定了无线电技术基础，为天文观测带来了福音。1932 年，美国地卡尔·央斯基第一次将无线电技术应用于观测宇宙，发现来自银河系中心地射电辐射。1937 年第一架口径 9.5m 的射电天文望远镜建成。1951 年，哈佛大学物理系研究生欧文自行搭建了一套电子学设备，第一次观测到了来自宇宙的原子氢气的辐射。此后，科学家们提出了各种创新性想法，1963 年建成了阿雷西博望远镜，人类第一次测量了水星的自转。赫尔斯和泰勒因发现了第一粒双星系统的中子星而获得了 1993 年诺贝尔物理学奖。1994 年，我国南仁东等老一辈天文学家提出建设 FAST 构想，2007 年，科技部立项。2011 年开工建设，2016 年中国建造出了世界上最大的，最灵敏的射电望远镜——中国天眼（FAST），口径达 500m。前后经历了 22 年的时间。2020 年正式投入使用。同年，由于阿雷西博望远镜发生故障未及时抢修坍塌了，结束了它传奇的一生。2019 年 FAST 在 60 天中捕捉到 FRB121102 的 1652 次活跃信号，获得了迄今最大快速射电暴爆发事件样本。该项研究成果发表于《自然》杂志，并入选了中国十大科学进展。2021 年中国两院院士评选的十大科学进展也包含了 FAST 的成果。截至 2022 年 7 月已经发现了 660 余颗脉冲星，是同一时期，国际上所有射电望远镜发现脉冲星总数的 5 倍以上。在科研方面，按照科学目标和战略规划，FAST 确立了多个优先和重大项目。在实际应用方面，帮助进行近天体预警；与主动雷达配合，观测到地球同步轨道上 50mm 范围内的物体。射电望远镜已经发展了 90 年的时间，想要获得更多更详尽的天文学数据，就需要有更大接受面积的射电望远镜。更大的接受面积，意味着会有更强的暗、弱信号探测能力，提高发现奇特天文现象的概率。为了追溯宇宙更遥远的历史，建设更大口径的望远镜，一直以来都是科学家们永无止境的追求。FAST 已经完成银河 2900 平方度区域的高清探测。"We will carry on"，人类对宇宙的探索永远不会停下脚步。

> **科学家小故事**
>
> 南仁东
>
> 南仁东，中国天文学家、中国科学院国家天文台研究员，人民科学家。曾任 FAST 工程首席科学家兼总工程师，主要研究领域为射电天体物理和射电天文技术与方法，负责国家重大科技基础设施 500m 口径球面射电望远镜（FAST）的科学技术工作。
>
> 1993 年，国际无线电科学联盟大会在日本东京召开。会上，科学家提出希望在全球电波环境继续恶化前，建造新一代射电望远镜，接收更多来自外太空的讯息。南仁东跟同事说："咱们也建一个吧。"
>
> 20 世纪 90 年代初，中国最大的射电望远镜口径不到 30m。几个重大的全球望远镜计划都不让中国人参与。所以，关于这个提议，没有多少人看好。
>
> 1994 年，南仁东带着团队开始进行 FAST 的选址工作。FAST 的选址要求十分苛刻，简单来说，需要一个巨大的圆坑，位置要偏远，相对安静，没有无线电干扰，交通较方便。还要是喀斯特地貌，地质稳定，地下没有重要矿藏。南仁东团队在卫星测绘地图上筛选出所有的洼地，再对 1000 多个候选地点一一比对分析，挑选出近百个符合条件的地点。这近百个地点到底哪个合适，还需要实地走访、测量才能确定。这一工作异常艰辛，走访地点往往处于崇山峻岭之中，人迹罕至。南仁东团队早上带馒头出发，若是去的地方有农家，就是一件幸事了，因为能吃上一碗热乎的方便面。选址工作历时整整 12 年，在此过程中，南仁东并不知道多久能找到，也不确定是否真的有适合 FAST 建造的台址。更为严峻的现实状况是，项目当时根本没有确定下来，若是没有通过，一切辛苦都将化为泡影。
>
> 经过漫长的苦守，2006 年，南仁东终于找到了完美的 FAST 台址——贵州省黔南布依族苗族自治州平塘县克度镇大窝凼。同样是 2006 年，中国落选了国际大射电合作项目，中国只能靠自己，建设大型射电望远镜。南仁东说："我们没有退路，我们的国家也没有退路。我们只能从高科技当中，冲出一条属于自己的路。"
>
> 2007 年 FAST 项目立项，2011 年开始动工建设。得益于扎实的前期工作，仅用了 5 年时间，我国自主知识产权，世界最大单口径、最灵敏的射电望远镜 FAST 就落成了。
>
> 2016 年，"天眼"工程全面竣工。借助"中国天眼"的高灵敏度，国家天文台已经将脉冲星的计时精度提升至世界原有水平的 50 倍左右。
>
> "天眼"建成一年后，南仁东因肺癌离世，他把一辈子贡献给了"天眼"事业，让中国成为世界上看得最远的国家。2018 年，中国科学院将 79694 号小行星命名为"南仁东星"。
>
> 2019 年 9 月 17 日，国家主席习近平签署主席令，授予南仁东"人民科学家"国家荣誉称号。

9.7　重难点分析与解题指导

重难点分析

本章的难点在于区分两种形式的电动势。动生电动势本质上是运动导体中的电子受到磁场对它的洛伦兹力作用，沿着导线方向有洛伦兹力分量，在此洛伦兹力分量作用下，产生沿着导线的电动势。感生电场是由变化的磁场带来，变化的磁场在周围空间形成感生电场，周围空间无论是否有导体，该感生电场均存在，导体置于感生电场中就会形成感应电动势。

解题指导

1. 感应电动势的计算

（1）法拉第电磁感应定律和楞次定律计算通过闭合线圈的电动势和感应电流。此类问题关键是求出穿过回路的磁通量和时间的关系。磁通量可以由其他载流线圈提供，产生磁通量的磁感应强度分布容易计算。

（2）运动的闭合线圈切割磁感应线产生动生电动势。可以直接用动生电动势的积分公式计算，但由于是闭合线圈，也可以用法拉第电磁感应定律计算。通常情况下，通过闭合线圈的磁通量容易获得，线圈的运动带来磁通量的变化，产生电动势。

（3）运动的导线切割磁感应线产生电动势。通常情况下，直接用动生电动势的积分公式计算，速度和磁感应强度进行向量积运算，再与导线线元进行点积运算，最后沿导线积分。由于不是闭合回路，导线中不会有感应电流；感应电动势会引起电荷在导线两端积累，沿着导线中电动势反方向建立电压，抵消了电动势。

（4）感生电场计算感应电动势。通常情况下，磁场都具有较高的对称性，其产生的感生电场较容易求出，感生电场沿着导线积分获得电动势。对于闭合线圈，既可以根据感生电场的线积分，也可以用法拉第电磁感应定律求解。当然，法拉第电磁感应定律求解时要算出由变化磁场带来的经过闭合线圈的磁通量。

【例题 9-9】如图 9-23（a）所示，两根平行无限长直导线相距为 d，载有大小相等方向相反的电流 I，电流的变化率 $dI/dt = \alpha > 0$，一个边长为 d 的正方形线圈位于导线平面内，与一根导线相距 d。计算线圈中的感应电动势和线圈中感应电流的方向。提示：解题过程中可能会用到积分公式 $\int_a^b \frac{1}{x}dx = \ln b - \ln a = \ln\frac{a}{b}$。

解：应用法拉第电磁感应定律求解。磁感应强度需要用叠加法求出。选取 x 正方向向下，规定线圈中回路的绕行正方向为逆时针，如图 9-23（b）所示。距离导线 x 一点 P 的磁感应强度为

$$B = \frac{\mu_0 I}{2\pi x} - \frac{\mu_0 I}{2\pi(d+x)}$$

穿过线圈上的面积元 $dS = (dx)d$ 的磁通量为

$$d\Phi_m = \frac{\mu_0 Id}{2\pi}\left[\frac{dx}{x} - \frac{dx}{(d+x)}\right]$$

穿过线圈的磁通量为

$$\Phi_m = \frac{\mu_0 Id}{2\pi}\int_d^{2d}\left[\frac{dx}{x} - \frac{dx}{(d+x)}\right] = \frac{\mu_0 Id}{2\pi}\ln\frac{4}{3}$$

线圈中的感应电动势为

$$\varepsilon = -\frac{\mu_0 d}{2\pi} = -\frac{\mu_0 d}{2\pi}\frac{dI}{dt}\ln\frac{4}{3} = -\frac{\alpha\mu_0 d}{2\pi}\ln\frac{4}{3}$$

即 $\varepsilon_i < 0$，ε_i 与回路绕行的正方向相反，感应电流的方向为顺时针方向。

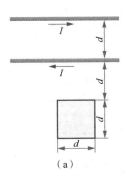 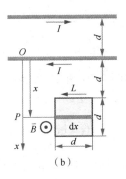

图 9-23

【例题 9-10】如图 9-24（a）所示，通有电流 I 的长直导线旁边平行放置一个匝数为 N 的矩形线圈 $abcd$，$ab=l_1$，$bc=l_2$。$t=0$，ab 边距离导线 r_0。设矩形线圈以匀速度 $\bar{v}$ 垂直于导线向右运动，计算矩形线圈中感应电动势的大小和方向。

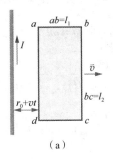 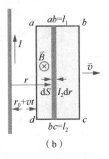

图 9-24

解： 这里用动生电动势的公式直接求解。取闭合路径，选顺时针为积分正方向，如图 9-24（b）所示。

载有电流为 I 的长直导线在空间产生的磁场为

$$B = \frac{\mu_0 I}{2\pi r}$$

方向垂直纸面向里。

根据动生电动势的公式，有

$$\varepsilon_i = \int_a^b (\bar{v} \times \bar{B}) \cdot d\bar{l}$$

可得线段 ca 中产生的动生电动势为

$$\varepsilon_{i1} = N\frac{\mu_0 I v L_1}{2\pi x}$$

方向由 c 到 a。线段 db 中产生的动生电动势为

$$\varepsilon_{i2} = -N\frac{\mu_0 I v L_1}{2\pi (x+L_2)}$$

方向由 c 到 a。

线圈中感应电动势大小为

$$\varepsilon_i = \varepsilon_{i1} + \varepsilon_{i2} = N\frac{\mu_0 I v L_1}{2\pi x} - N\frac{\mu_0 I v L_1}{2\pi(x+L_2)} = \frac{N\mu_0 IS}{2\pi}\frac{v}{x(x+L_2)}$$

式中，$S = L_1 L_2$，动生电动势方向为顺时针。

【例题 9-11】 如图 9-25 所示，长度为 L 的金属细杆 ab 与无限长载有电流 I 的导线共面，金属细杆绕端点 a 以角速度 ω 在公共面内转动，计算 ab 两点的电势差 U_{ab}。提示：解题过程中可能会用到积分公式 $\int_a^b \frac{1}{x}\mathrm{d}x = \ln b - \ln a = \ln\frac{a}{b}$，$\int_a^b x\mathrm{d}x = \frac{(a^2-b^2)}{2}$。

解： 与例题 9-5 相似，应用动生电动势的公式，只是磁场是由长直载流导线提供。如图 9-25 所示，选取积分方向 a 到 b。因为距离导线 r 处的磁感应强度大小为

$$B = \frac{\mu_0 I}{2\pi r}$$

考虑 $r = r_0 + l\cos\theta$。t 时刻导线元 $\mathrm{d}\vec{l}$ 两端的电动势为

$$\mathrm{d}\varepsilon = (\vec{v}\times\vec{B})\cdot\mathrm{d}\vec{l} = -Bv\mathrm{d}l$$

将 $B = \frac{\mu_0 I}{2\pi(r_0 + l\cos\theta)}$ 和 $v = \omega l$ 代入上式可得

$$\mathrm{d}\varepsilon_i = -\frac{\mu_0 I\omega}{2\pi}\frac{l\mathrm{d}l}{(r_0 + l\cos\theta)} = -\frac{\mu_0 I\omega}{2\pi\cos\theta}\frac{r_0 + l\cos\theta - r_0}{r_0 + l\cos\theta}\mathrm{d}l$$

$$= -\frac{\mu_0 I\omega}{2\pi\cos^2\theta}\left(1 - \frac{r_0}{r_0 + l\cos\theta}\right)\mathrm{d}(l\cos\theta)$$

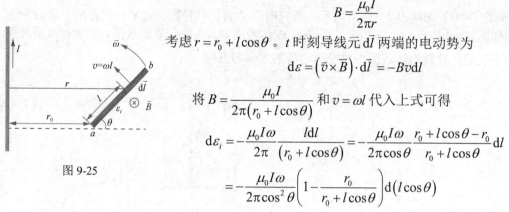

图 9-25

给定的任一时刻，角度一定时对上式积分得

$$\varepsilon_i = \int_a^b \mathrm{d}\varepsilon = -\int_0^L \frac{\mu_0 I\omega}{2\pi\cos^2\theta}\left(1 - \frac{r_0}{r_0 + l\cos\theta}\right)\mathrm{d}(l\cos\theta)$$

$$= -\frac{\mu_0 I\omega}{2\pi\cos^2\theta}\left(L\cos\theta - r_0\ln\frac{r_0 + L\cos\theta}{r_0}\right)$$

将 $\theta = \omega t$ 代入可得

$$\varepsilon_i = -\frac{\mu_0 I\omega}{2\pi\cos^2\omega t}\left(L\cos\omega t - r_0\ln\frac{r_0 + L\cos\omega t}{r_0}\right)$$

负号表示与积分方向相反，电动势方向是 $b\to a$，a 点的电势高、b 点的电势低，可以判断在任意位置，电动势的方向总是 $b\to a$，即在任意位置有

$$L\cos\theta - r_0\ln\frac{r_0 + L\cos\theta}{r_0} > 0$$

所以有

$$U_{ab} = U_a - U_b = -\varepsilon_i = \frac{\mu_0 I\omega}{2\pi\cos^2\omega t}\left(L\cos\omega t - r_0\ln\frac{r_0 + L\cos\omega t}{r_0}\right)$$

【例题 9-12】 法拉第圆盘发电机是一个在均匀磁场中转动的金属圆盘，金属圆盘的半径 $R = 0.2\mathrm{m}$，磁场 $B = 0.70\mathrm{T}$，转速 $n = 3000\mathrm{r/min}$，计算盘心与盘边之间的电势差 ΔU。

解： 利用例题 9-5 的结果求解。将金属圆盘看作有无限多个沿半径方向上的细棒，每个细棒在转动时在棒的两端产生大小和方向相同的动生电动势，盘心和盘边的电动势可以看作

许多个相同电动势的并联,盘心与盘边之间的电势差 ΔU 就是该动生电动势。如图 9-26 所示,取一细棒 ab,细棒上线元产生的电动势为

$$d\varepsilon_i = (\vec{v} \times \vec{B}) \cdot d\vec{l} = Bvdl$$

细棒 ab 的电动势为

$$\varepsilon_i = \int_0^R Bvdl = \int_0^R B\omega r dl = \frac{1}{2}B\omega R^2 = 4.4(\text{V})$$

方向沿 ab 方向。

盘心与盘边之间的电势差为

$$U_{ab} = U_a - U_b = -\varepsilon_i = 4.4(\text{V})$$

b 点电势高,a 点电势低。

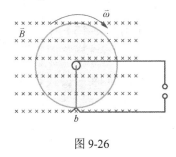

图 9-26

【例题 9-13】如图 9-27 所示,半径为 R 的长直螺线管中载有变化电流,在管内产生的均匀磁场的横截面。当磁感应强度的变化率 $\partial \vec{B}/\partial t$ 以恒定的速率增加时,将长度为 l 的金属棒 ab 垂直于磁场放置于螺线管内,求棒两端的感生电动势大小及方向。

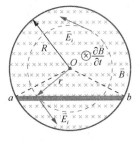

图 9-27

解:取 Oab 为闭合路径,逆时针积分方向,回路 Oab 中感生电动势为

$$\varepsilon_{iOab} = -\frac{d\Phi_m}{dt} = \varepsilon_{Oa} + \varepsilon_{ab} + \varepsilon_{bO} = \frac{1}{2}hl\frac{\partial B}{\partial t}$$

因为 $\varepsilon_{Oa} = \varepsilon_{bO} = 0$,所以 ab 棒两端的感生电动势为

$$\varepsilon_{iab} = \frac{1}{2}hl\frac{\partial B}{\partial t} = \frac{l}{2}\sqrt{R^2 - \frac{l^2}{4}}\frac{\partial B}{\partial t}$$

方向为 $a \to b$。

2. 自感和互感的计算

自感和互感的一般计算方法相似。

(1) 磁介质中线圈自感系数的计算。已知磁介质相对磁导率,得到磁感应强度和电流的关系式,计算通过线圈自身的磁通量,根据定义计算自感系数。

(2) 互感系数计算。互感系数计算中,通过一个线圈的磁通量由另外一个线圈中的电流产生,得到磁感应强度与另外一个线圈中电流之间的关系,计算通过本线圈的磁通量,根据定义得到互感系数。两个线圈之间的互感系数是一样的,通常情况下,选择磁感应强度容易计算的载流线圈上的电流来计算对另外一个线圈产生的磁通量。

一般用式(9-9)和式(9-10)求自感。有时还可以用磁能公式求出自感。

一般用式(9-11)和式(9-12)求互感。

【例题 9-14】一个内部充满相对磁导率为 μ_r 的磁介质的单层密绕环形螺线管,单位长度上的匝数为 n,轴线半径为 R。求螺线管的自感系数。

解:用自感系数的定义求解自感系数。假定螺线管线圈中通有电流 i,环形螺线管内部的磁感应强度为

$$B = \mu_r \mu_0 n i$$

穿过管内总的磁通量

$$\Psi_m = N\Phi = N(BS) = N\mu_r \mu_0 n i S = (2\pi R)\mu_r \mu_0 n^2 i S = 2\pi R \mu_r \mu_0 n^2 i S$$

根据自感系数 L 定义,有

$$L = \mu_r \mu_0 n^2 \cdot (2\pi R)S = \mu_r \mu_0 n^2 V$$

式中,$V = (2\pi R)S$ 为螺线管的体积。

【例题 9-15】 计算一对无限长导线的自感系数,如图 9-28(a)所示。设两个导线放在空气中,导线横截面半径为 a,中心相距为 d,忽略导线内部的磁通量。提示:解题过程中可能会用到积分公式 $\int_a^b \frac{1}{x}\mathrm{d}x = \ln b - \ln a = \ln \frac{b}{a}$。

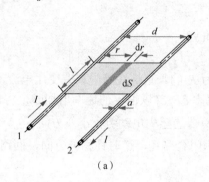
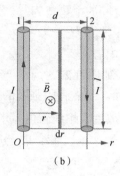

图 9-28

解: 用互感系数的定义求解互感系数。两个无限长导线构成闭合回路。设传输电流为 I,距离导线 1 中心 r 处的磁感应强度为

$$B = \frac{\mu_0 I}{2\pi r} + \frac{\mu_0 I}{2\pi(d-r)}$$

穿过如图 9-28(b)所示的面元 $\mathrm{d}S = l\mathrm{d}r$ 的磁通量为

$$\mathrm{d}\Phi_m = \left(\frac{\mu_0 I}{2\pi r} + \frac{\mu_0 I}{2\pi(d-r)}\right) \cdot l\mathrm{d}r$$

穿过面积 $S = ld$ 的磁通量(不计导线内部的磁通量)为

$$\Phi_m = \int_a^{d-a} \left(\frac{\mu_0 I}{2\pi r} + \frac{\mu_0 I}{2\pi(d-r)}\right) \cdot l\mathrm{d}r = \frac{\mu_0 I l}{\pi} \ln \frac{d-a}{a}$$

根据自感系数 L 定义有

$$L = \frac{\Phi}{I} = \frac{\mu_0 l}{\pi} \ln \frac{d-a}{a}$$

单位长度上的自感为

$$L_0 = \frac{\mu_0}{\pi} \ln \frac{d-a}{a}$$

如果 $d \gg a$,则单位长度上的自感为

$$L_0 \approx \frac{\mu_0}{\pi} \ln \frac{d}{a}$$

3. 磁能的计算

如果是载流线圈类似的系统,已知电流情况下可以通过自感和互感系数计算,或者直接通过磁场能量密度体积分计算。

（1）利用自感系数计算载流导线在周围空间产生的磁能；对于自感元件可用式（9-13）求磁能，一般情况下用于自感系数容易求出的系统。自感系数本身如果难求解，通常情况下直接通过磁场能量密度体积分计算。另外一个原因是，自感系数本身的计算也需要通过电流计算经过自身的磁通量，此时利用自感系数得到磁能在计算上没有简化。

（2）对于给定电流分布通过磁场能量密度体积分计算磁能；用式（9-14）和式（9-15）计算，磁场分布一般可用安培环路定理，通常在磁感应强度分布容易求得时采取这种方式计算磁场能量。

【例题 9-16】 如图 9-29 所示，计算：（1）充满相对磁导率为 μ_r 的磁介质的同轴电缆之间，长度为 l 的一段所储存的磁能；（2）单位长度的自感系数；（3）如果通有变化电流 $I = I_0 \sin\omega t$，单位长度上的感应电动势。

提示：解题过程中可能会用到积分公式 $\int_a^b \frac{1}{x}dx = \ln b - \ln a = \ln\frac{b}{a}$，

$\int_a^b x dx = \frac{a^2 - b^2}{2}$。

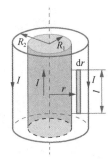

图 9-29

解：根据安培环路定理得

$$\begin{cases} H = \dfrac{Ir}{2\pi R_1^2}, & B = \dfrac{\mu_0 Ir}{2\pi R_1^2}, & 0 < r < R_1 \\ H = \dfrac{I}{2\pi r}, & B = \dfrac{\mu_r \mu_0 I}{2\pi r}, & R_1 < r < R_2 \\ H = 0, & B = 0, & R_2 < r \end{cases}$$

由磁能密度 $w_m = \frac{1}{2}BH$ 可得

$$\begin{cases} w_m = \dfrac{1}{2}\mu_0 \left(\dfrac{Ir}{2\pi R_1^2}\right)^2, & 0 < r < R_1 \\ w_m = \dfrac{1}{2}\mu_r\mu_0 \left(\dfrac{I}{2\pi r}\right)^2, & R_1 < r < R_2 \\ w_m = 0, & R_2 < r \end{cases}$$

长度为 l 的一段所储存的磁能为

$$W_m = \iiint_V w_m dV = \int_0^{R_1} \frac{\mu_0 I^2 r^2}{8\pi^2 R_1^4}(2\pi r \cdot l dr) + \int_{R_1}^{R_2} \frac{\mu I^2}{8\pi^2 r^2}(2\pi r \cdot l dr) = \frac{l}{4\pi}\left(\frac{\mu_0}{4} + \mu\ln\frac{R_2}{R_1}\right)I^2$$

l 的同轴电缆的自感系数为

$$L = \frac{2W_m}{I^2} = \frac{l}{2\pi}\left(\frac{\mu_0}{4} + \mu\ln\frac{R_2}{R_1}\right)$$

单位长度的自感系数为

$$L_0 = \frac{1}{2\pi}\left(\frac{\mu_0}{4} + \mu\ln\frac{R_2}{R_1}\right)$$

通有变化电流 $I = I_0 \sin\omega t$ 时单位长度上的自感电动势的大小为

$$\varepsilon_L = -L_0 \frac{dI}{dt} = -\left(\frac{\mu}{2\pi}\ln\frac{R_2}{R_1} + \frac{\mu_0}{8\pi}\right)\omega I_0 \cos\omega t$$

【例题 9-17】 如图 9-30 所示，用磁能的观点理解动生电动势做功。

解：长度为 l 的 ab 导体在外力 $\vec{F}_{ext}$ 的作用下向右做切割磁力线运动，ab 中的动生电动势和感应电流方向 $a \to b$，ab 导体受到的磁力 $F_m = BIl$，方向向左。为维持 ab 导体做匀速运动，施加在 ab 上的外力 $F_{ext} = F_m = BIl$，方向向右。

单位时间外力做的功为

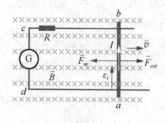

图 9-30

$$P_{ext} = F_{ext}v = BIlv = (Blv)I = I\varepsilon_i$$

ab 导体内动生电动势做的功，即外力做的功转变为动生电动势对电流做的功。

参 考 文 献

曹则贤,2022. 军事物理学[M]. 上海:上海科技教育出版社.
陈林飞,吴玲,徐江荣,2021. 物理学原理及工程应用[M]. 西安:西安电子科技大学出版社.
程守洙,江之永,2006. 普通物理学[M]. 6版. 北京:高等教育出版社.
李晓彤,岑兆丰,2020. 几何光学·像差·光学设计[M]. 杭州:浙江大学出版社.
刘延柱,2018. 趣味刚体动力学[M]. 6版. 北京:高等教育出版社.
苏汝铿,2002. 量子力学[M]. 北京:高等教育出版社.
张元仲,1979. 狭义相对论实验基础[M]. 北京:科学出版社.
赵凯华,陈熙谋,2018. 电磁学[M]. 4版. 北京:高等教育出版社.
赵凯华,罗蔚茵,1995. 新概念物理教程·力学[M]. 北京:高等教育出版社.
R.P.费曼,R.B.莱登,M.桑兹,1983. 费曼物理学讲义[M]. 本书翻译组,译. 上海:上海科学技术出版社.